AF822647

УПРАВЛЯЕМАЯ НАУКА

MARK POPOVSKY

MANIPULATED SCIENCE

Overseas Publications Interchange Ltd
London 1978

МАРК ПОПОВСКИЙ

УПРАВЛЯЕМАЯ НАУКА

Overseas Publications Interchange Ltd
London 1978

Copyright Doubleday & Company, Inc., New York
First Russian Edition, 1978
Copyright Overseas Publications Interchange Ltd.
40, Elsham Road, London W.14, England

All rights reserved.

No part of this publication may be reproduced or translated, in any form or by any means, without permission.

ISBN 0 903868 12 1

Printed in Great Britain by The Anchor Press Ltd,
Tiptree, Colchester, Essex

Татьяне Великановой, математику,
и Юрию Хохлушкину, экономисту
— крестным этой книги — посвящается.

Автор

ОБ АВТОРЕ

Марк Поповский родился 8 июля 1922 года в городе Одесса (Украина). В качестве медика участвовал во Второй мировой войне. Позднее окончил филологический факультет Московского университета и посвятил себя литературе и журналистике. Член Союза журналистов (с 1957 года) и Союза писателей СССР (с 1961 г.). В марте 1977 года, будучи автором 17 опубликованных книг, вышел из Союза писателей в знак протеста против гонения на своих коллег-литераторов. За открытые политические высказывания и распространение запрещенных книг Марк Поповский подвергался преследованиям. В феврале 1976 года было отдано распоряжение, по которому всем издательствам и редакциам страны запрещалось публиковать его произведения. В июне того же года он обратился с открытым письмом к VI Съезду писателей СССР. В ноябре 1977 года Марк Поповский навсегда покинул свою родину.

Многочисленные очерки, эссе и статьи в периодической печати так же как и книги Поповского посвящены людям науки. Он пишет биографии ученых, а также документальные произведения об истории научных поисков. Особенно близка Автору проблема научной нравственности. Наиболее значительными среди своих книг Марк Поповский считает *Путь к сердцу* (1960), *Судьба доктора Хавкина* (1963), *Тысяча дней академика Николая Вавилова* (1966), *Над картой человеческих страданий* (1971), *Панацея — дочь Эскулапа* (1973).

Строгая документальность сочетается в книгах Марка Поповского с остро эмоциональным характером его письма. Автор — эссеист и документалист — всегда любит либо ненавидит тех, о ком пишет.

Самые любимые произведения Автор изданными у себя на родине не увидел. Запрещению подверглась книга *Зачем ученому совесть?* (1975), в столе писателя остались две большие биографии *Беда и вина академика Николая Вавилова* и *Жизнь и житие профессора Войно-Ясенецкого архиепископа и хирурга*, а также ныне публикуемая *Управляемая наука.*

Наука находится на ладони государства и обогревается теплом этой ладони.

Академик Л. А. Арцимович
(1909 – 1975)

К ЧИТАТЕЛЮ

Моим первым литературным учителем был Поль де Крайф. Под пером американского писателя стылые залы науки наполнялись теплым человеческим дыханием, наука школьных учебников становилась вдруг делом личным, даже интимным. В юности, когда товарищи мои зачитывались книгами о революционерах и путешественниках, я жил в мире Пастера и Коха, Мечникова, Беринга, Ру. Они вовсе не казались мне олипмийцами. Поль де Крайф не боялся находить в натуре всемирно знаменитых ученых смешное и странное. Он вообще чувствовал себя с корифеями на равных, равно воздавая должное их гению и чудачествам. Меня поражала эта раскованная манера. И даже теперь, когда я сам стал автором двух десятков биографий русских врачей и биологов, я все еще не могу преодолеть некоторой зависти к американскому коллеге. Не столько даже к его таланту (это, в конце концов, дело врожденное), сколько к легкости, с которой писатель вступал в отношения со своими героями. В ученом любого ранга Поль де Крайф прежде всего видел личность. И он не скрывает своего личного отношения к этой личности. Увы, я очень редко мог позволить себе что-либо подобное. Мои редакторы и цензоры предпочитали видеть советских ученых в сиянии сплошных побед. По отношению к великим ученым, говорили мне, шутки неуместны, упоминание об их ошибках — тем более.

И все-таки мне посчастливилось: многие годы я провел в обществе людей необыкновенных. Наука, как я ее понял, оказалась прибежищем всего лучшего, что создало человечество. Я влюблялся в своих ученых, и они стоили любви: победитель чумы и холеры, спаситель миллионов Владимир Хавкин (1860 — 1930); борец с голодом, путешественник, объехавший планету в поисках культурных растений, Николай Вавилов (1887 — 1943). Здравствующие герои не уступали по своим достоинствам покойным классикам.

Как было не преклоняться перед Михаилом Хаджиновым (род. в 1899 г.). Провинциальный кандидат наук с опасностью для себя и своей семьи в течение многих лет тайком ставил генетические опыты, запрещенные в эпоху лысенковского диктата. Те опыты обернулись позднее выдающимися открытиями, но открытия эти не могли бы осуществиться, не обладай ученый-генетик поразительным мужеством. Другой мой герой, врач Валентин Войно-Ясенецкий (1877 — 1961), блестящий хирург, творец учения о гнойной хирургии, в советское время под именем Луки принял сан епископа. Полтора десятка лет провел он в тюрмах и ссылках оттого только, что не пожелал расстаться ни с наукой, ни с верой. Какие характеры, какие личности! Какой пример новым поколениям!

Но пока я трудился над портретами лиц выдающихся, число ученых в моей стране возросло в **десять раз**. Старики-ученые вымерли, а на смену им пришло племя **научных работников**. Эти принялись решать научные проблемы скопом в больших коллективах. Главной фигурой науки стал массовый ученый, человек толпы, человек из толпы. Роль личности в науке потеряла свое значение почти полностью. Новая научная масса в социальном и духовном отношении ничем не походила на то, что описывал Поль де Крайф. Я продолжал разыскивать героев для своих книг, но розыски становились с каждым годом все более затруднительными. Я все больше убеждался: научных работников 70-тых годов XX столетия едва ли возможно считать продолжателями дела Пастера, Дарвина, Резерфорда и Кюри. В науке (я говорю все время о советской науке) обосновался человек с **массовой** психологией и этикой. Как биограф, тяготеющий к героям с ярко выраженной личностью, я почувствовал себя не у дел среди тысяч однообразных scientists. Вид man of science начал вымирать. Возможно, процесс этот типичен для всего цивилизованного мира второй половины XX столетия. Об измельчении личности ученого, о снижении этического уровня в лабораториях Европы и Америки можно прочитать у Н. Винера, А. Швейцера и у других авторов. Но что мне

Гекуба?.. Я сидел у своего собственного разбитого корыта. Мне не о чем было больше писать, мне не к кому было больше обращаться...

И тогда я вспомнил о своих дневниках. Я вел их много лет, возил их с собой по стране и заносил в эти тетради не предназначенные для чужих глаз впечатления, которые по условиям советской действительности публиковать было невозможно. В дневниках моих оседала та часть жизненной правды, которую на моей родине писатель вынужден скрывать от читателя. В дневниках я давно уже начал делать заметки о **новом** типе ученого, о **новой науке**. Я перечитал эти записи, поднял архивные документы, письма и решил написать книгу, каких прежде никогда не писал. Теперь уже Поль де Крайф ничем не мог помочь мне. Новым героем моим должен был стать нынешний хозяин институтов и лабораторий страны, массовый ученый. Можно, конечно, усомниться, следует ли всю эту массу именовать **учеными.** Но я предпочитаю не спорить с официальной точкой зрения и буду рассматривать в своей книге как ученого или научного работника всякого, кто занимает соответствующую должность в научном учреждении. Итак, имя моего нового героя **миллион**, ибо по последним статистическим данным в Советском Союзе насчитывается один миллион сто шестьдесят девять тысяч научных работников.

Глава 1

МИЛЛИОН

Конечно, с таким запасом нельзя рассчитывать на многое в смысле положительном и творческом, но можно и даже очень можно воспользоваться им как метательным орудием, весьма пригодным для затруднения общественного хода.

М.Е. Салтыков-Щедрин, Полн. собр. соч. в 20 томах (1965 — 1976 гг.), т. 9, стр. 37.

К торжественному юбилею — 250-летию Академии наук СССР — издательство „Наука" выпустило в свет поименный список всех членов, членов-корреспондентов, почетных и иностранных членов бывшей Императорской, затем Российской, а ныне Всесоюзной Академии. Солидное получилось издание. И красивое: светлокоричневый, под кожу, переплет, золотое тиснение, отличная бумага. И цель благородная — восстановить в памяти потомства имена всех тех, кто когда-либо за два с половиной столетия носил высокое звание русского академика. Листаем мелованные листы, всматриваемся в миниатюрные, изящно выполненные портреты бессмертных. Ничего не скажешь — здорово! И вдруг на глаза попадается странная редакционная оплошность: у некоторых, уже советских, академиков дата смерти указана как-то неопределенно, без числа и месяца. А порой и год под сомнением. Академик физико-химик Е.И. Шпитальский, умер не так уж давно, но редакция почему-то обозначила только год смерти — 1931-й. Та же неопределенность повторяется по отношению к таким довольно известным членам Академии, как историк К.В. Харлампович (1932), историк С.В. Рождественский (1934). Без каких бы то ни было пояснений читаем в Справочнике, что в 1937 году (а день? месяц?) умерли историк В.Г. Дружинин и филолог Г.А. Ильинский, что в 1938 году почему-то не стало совсем еще не старого ученого, земледела Н.М. Тулайкова, „не раньше 24 марта 1938 года'' исчез филолог Г.Ф. Церетели; машиностроитель В.Ю. Ган числится покойным „не ранее 1939 года''. Всемирно известный цитолог Г.А. Левицкий перестал существовать, по утверждению составителей справочника „не раньше июля 1945 года'', а астроном К. Д. Покровский — „не позднее 17 ноября 1945 года''. Есть в том списке немало и других роковых дат, столь же расплывчатых и сомнительных.

Едва успели вы подивиться забывчивости эпохи (все-таки речь идет об академиках и не далекого XVIII столетия, а о наших современниках), как замечаете в красивых юбилейных томиках и другие упущения. Многих ученых, про которых доподлинно известно, что они были членами Академии, на страницах „Персонального состава'' обнаружить не удается. И добро если бы составители ограничились изъятием политических фигур вроде Н.И. Бухарина (1888 — 1938) или, скажем, Д.Б. Рязанова-Гольдендаха (1870 — 1938), основателя и первого директора Института Маркса-Энгельса-Ленина-Сталина. Но рядом с „политиками'' недосчитываем мы, например, почетного академика по разряду изящной словесности, Нобелевского лауреата, писателя Ивана Алексеевича Бунина (1870 — 1953). Куда девался? Ведь с ноября 1909 года был в Академии... Вместе с писателем исчезли из списка два всемирно известных химика-органика — Владимир Николаевич Ипатьев (1861 — 1952) и Александр Евгеньевич Чичибабин (1871 — 1945). Между тем оба они не только реально существовали как действительные члены нашей Академии, но и большие научные школы оставили... Нет в книге и таких международно известных личностей как экономист и статистик Петр Бернгардович Струве (1870 — 1944), историки Михаил Иванович Ростовцев (1870 — 1952), Александр Александрович Кизеветер (1866 — 1933). Выпал из списков АН СССР и такой вроде бы приметный академик, как физик и биолог Георгий Антонович Гамов (1904–1968), тот, что сделал первый расчет генетического кода, разработал теорию „горячей Вселенной'', получил Международную премию ООН за выдающийся вклад в популяризацию науки. Был такой у нас академик, да сплыл. Не значится...

Отложим в сторону красивые юбилейные томики и задумаемся над странными „промахами'' составителей. Впрочем, догадливый читатель уже давно очевидно понял, что Главный секретарь Академии наук СССР Г.К.Скрябин никаких „промахов'' не допускал. Просто совершил он вместе со своими помощниками откровенный подлог, вернее, серию подлогов (о каждом из них нет возможности рассказать), назначение которых – скрыть правду о судьбе Академии после 1917 года, об арестах и расстрелах, о бегстве ученых за пределы страны, о разгроме лабораторий и институтов. Можно не сомневаться: в конце концов общественность наша обо всем дознается.[1] Пока же будем признательны составителям двухтомника в светлокоричневом „под кожу'' переплете: сами того не желая, поведали они о том, как после семнадцатого года изничтожались, вымаривались, расшвыривались по заграницам лучшие люди российской науки. Правда, в справочнике узнаем мы только об академиках, но есть достаточно документов и свидетелей, повествующих о планомерном истреблении всей русской научной интеллигенции, истреблении, которое началось тотчас за октябрьским переворотом.

К началу нынешнего века Россия была не слишком богата ученой публикой. Всего в 1914 году вместе с практикующими медиками, профессорами консерваторий и духовных академий в стране числилось 11,6 тысяч людей ученого звания. Даже в Швеции в те годы, не говоря уже об Англии, Франции и Германии ученых было несравненно больше. Расселялся научный люд по стране также крайне неравномерно. Некоторое, весьма, впрочем, скромное число профессоров жило в Москве, Варшаве, Казани, Киеве, Одессе и Томске. Но основная масса предпочитала столицу с ее Императорской

Академией наук, Институтом экспериментальной медицины, Университетом, Военно-медицинской и Лесной академиями, Высшими женскими курсами и другими исследовательскими и учебными учреждениями. Именно отсюда, с Петрограда уничтожать российскую науку и начали. И первой жертвой новой власти стала Российская Акалемия наук.

Весть о крушении монархии Академия встретила с радостью. В своем экстраординарном заседании 24 марта 1917 года АН „единогласно постановила представить правительству, пользующемуся доверием народа, те знания и средства, какими она может служить России''.[2] Но с теми, кто полгода спустя захватил Зимний дворец ученые иметь дело отказались. ,,Если то, что делают большевики с Россией — эксперимент, то для такого эксперимента я пожалел бы предоставить даже лягушку'' — заявил зимой 1918 года академик И.П. Павлов.[3] Эти слова великого физиолога выразили мнение большинства членов Академии. Ученые требовали созыва Учредительного собрания. Они не желали расставаться с демократическими надеждами, которые породил Февраль. И поплатились за это.

Большевики решили взять науку измором. 12 апреля 1918 года Совет Народных комиссаров принял решение впредь производить финансирование лишь ,,соответственных работ'' Академии наук. Председатель СНК Ленин имел ввиду впредь оплачивать только те весьма ограниченные поручения экономического и технического характера, которые ученные станут выполнять по прямому заказу советского правительства. Институты, музеи, лаборатории Академии перестали получать какие бы то ни было средства на свое содержание.

Академия продолжала отстаивать свою независимость, цепляться за ,,нейтральность'' и ,,беспартийность'' науки. Дорого обошлась ей эта ,,нейтральность''. Некто Орлов в 1932 году с явным удовольствием и даже злорадством живописал судьбу главного очага Российской науки: ,,Первые 7 — 8 лет Академия пыталась работать как прежде... Она замкнулась в себе... Сузились ее внутренние и внешние связи... Сократились до минимума поступления новых материалов... Сузился масштаб исследовательских работ... Из года в год АН вынуждена была сокращать выпуск трудов (копилось все больше готового к печати и не печатаемого). Наводнение 1924 года нанесло громадный ущерб ее скученным коллекциям''.[4]

Задыхаясь в финансовых тисках, подчас нищенствуя, Академия долго не сдавала позиций. Выпускала „аполитичные'' труды, принимала в свои члены историков и философов, весьма далеких от диалектического материализма; одновременно с институтами физики, химии, зоологии поддерживала в системе АН такие противоестественные в наших условиях учреждения, как Институт буддийской культуры и Комиссию по научному изданию Библии.

Но если Академия, как учреждение, осаду несколько лет все-таки выдержала, то для многих ученых испытание голодом и холодом оказалось роковым. Они боролись за жизнь как могли. Прежде всего призывая на помощь творчество. Ставил эксперименты Иван Павлов, хотя сотрудникам его приходилось самим ловить на улицах бродячих собак. Фармаколог Николай Кравков пользовался непрестанным холодом в лаборатории, чтобы выяснить, как замораживание действует на живую ткань. А знаменитый физик Орест Хвольсон, одетый в зимнее пальто, сапоги с галошами и нитяные перчатки, при двух градусах мороза писал книгу о значении физики для человечества.

Но голод и холод пересиливали интеллектуалов. Одним из первых умер в Петрограде основатель школы военнополевых хирургов профессор А.А. Вельяминов. За несколько дней до смерти на заседании Пироговского общества старый хирург снял академическую шапочку и, обратившись к бюсту Николая Пирогова, демонстративно произнес: "Ave Pirogov! Morituri te salutant!" Парафраз клича римских гладиаторов как нельзя более подходил к обстоятельствам. Вслед за Вельяминовым один за другим погибли в своих вымороженных квартирах:

гениальный лингвист академик Алексей Александрович Шахматов;

выдающийся математик академик Андрей Андреевич Марков;

создатель теоретических основ кристаллографии, профессор Горного института академик Евграф Степанович Федоров;

воспитатель нескольких поколений геологов, создатель уникальной геологической коллекции, член-корреспондент АН Александр Александрович Иностранцев.

А следом – ботаник Гоби, зоолог Бианки, геолог Казанский. Да мало ли и других...

Позднейшая советская историография объясняла гибель ученых в Петрограде блокадой и интервенцией. Но оба похода Юденича продолжались считанные месяцы (май – ноябрь 1919). А год спустя, осенью 1920-го, профессор (будущий академик) Николай Вавилов писал: „Ряды русских ученых редеют день ото дня и жутко становится за судьбу отечественной науки. Ибо много званных, но мало избранных''.[5]

Проходит еще год, но никто не собирается облегчать страдания Петроградских ученых. Лишенные финансового и продовольственного снабжения, они продолжают вымирать. „...Продовольствия нет, и без преувеличения можно сказать, что в Петрограде скоро начнется голод... Совершенно не представляю себе, как будут жить наши ученые в течение ближайших недель'', – писал М. Горький Уэллсу в марте 1921-го.[6] Проходит еще год. В мае 1922-го директор Института растениеводства Николай Вавилов направил в Наркомат земледелия официальный документ следующего содержания: „Мы совершенно не получаем средств ни для содержания служащих, ни для операционных расходов... Несмотря на полную готовность всех служащих терпеть и довольствоваться самым ничтожным, создается совершенно невозможное положение. Пайки приходят с опозданием на целый месяц... Жалование служащие не получали два месяца...''[7] Но и в следующем, 1923 году, условия жизни ученых не становятся более человеческими. В письме к коллеге растениеводу Вавилов сообщает: „В Питере существовать очень трудно... Переживаем почти то же, что и в 1919 году''.[8]

Мерли ученые и за пределами Петрограда.

В Нижнем Новгороде, потеряв все имущество, в полной нищете, 26 июня 1919 года скончался творец хроматографического анализа профессор ботаники Михаил Семенович Цвет;

В Кузнецке в феврале 1920-го от сыпного тифа умер ученый-доменщик Михаил Курако. Незадолго до того он завершил большую книгу *Конструкция доменных печей*. В обстановке всеобщего беззакония и откровенной ненависти властей к интеллигентам, квартира ученого была разграблена, рукопись уничтожена;

Мортиролог жертв русской науки 20-тых годов можно было бы продолжать до бесконечности. Тех, кого не убили холод и голод, сыпняк и брюшняк — добивали власти. Занятие наукой, там где оно еще хоть сколько-нибудь теплилось, вызвало подозрение. Науку делали люди происхождения чаще всего не пролетарского. Что они там в своих лабораториях колдовали — понять было трудно. Проще арестовать. Или избить, или ограбить, или выгнать из лаборатории. В Известиях Российской Академии наук тех лет читаем: ,,Непременный Секретарь сообщил о насилии, произведенном над членом-корреспондентом АН профессором В. А. Жуковским, изгнанном из вверенного ему учреждения''.[9] Вверенным учреждением была кафедра персидской словесности в Петербургском Университете, а изгнание произведено было большевистскими деятелями в таких формах, что через несколько дней, 4 января 1918 года, шестидесятилетний профессор скончался.

То было лишь начало, но начало многообещающее. В августе 1921-го Петроградская ЧК расстреляла профессора-географа В. Н. Таганцева вместе с 60-ю другими участниками таинственного ,,таганцевского заговора''. Среди расстрелянных кроме поэта Гумилева и скульптора Ухтомского находим геолога Козловского, профессора-технолога Тихвинского, профессора-государствоведа Лазарева.

Таганцевское дело — лишь одно из многих сфабрикованных дел, по которым к ответственности привлекались ученые. Хватали и в Петрограде и в Москве. Но особенно распоясались „органы" после захвата Крыма. В Симферополе после начала Гражданской войны оказались многие крупнейшие ученые страны. Студенты Таврического университета в 1918 — 1922 годах имели возможность слушать лекции геохимика В. И. Варнадского, биохимика А. В. Палладина, математика И. М. Крылова, физика И. Е. Тамма, филолога Н. К. Гудзия. Преподавал в Университете и Яков Ильич Френкель, будущий член-корреспондент АН СССР. В Симферополе Френкель считался красным, сидел в деникинской тюрьме[10], приветствовал приход большевиков. Но едва красные вошли в Симферополь, как так называемый Особый отдел Черноморского флота начал массовые аресты ученых. Университет был разгромлен. Френкель выехал в январе 1921 года в Москву. Он вез с собой обстоятельную докладную записку о положении в Крыму, которую предназначал для первого большевистского наркома просвещения Луначарского. „Наиболее рьяные враги Советской власти уехали по большей части из Крыма. Продолжение террора превращает нейтральных и даже сочувствующих во врагов..." — писал Френкель. Заместитель наркома просвещения М. Н. Покровский передал политическую часть доклада Ленину.[11] Но положение в Крыму после этого нисколько не изменилось. Ибо вовсе не местным самоуправством объяснялись все эти эксцессы.

Еще осенью 1919 года в ответ на письмо М. Горького, который жаловался на бесчинные аресты ученых в Петрограде, Ленин писал:

„Невероятно сердитые слова говорите Вы и по какому поводу? По поводу того, что несколько десятков (или хотя бы даже сотен) кадетских или околокадетских господчиков посидели несколько дней в тюрьме... Какое бедствие, подумаешь! Какая несправедливость! Несколько дней или даже неделю тюрьмы интеллигентам... Мы знаем, что околокадетские профессора дают сплошь да рядом заговорщикам помощь. Это факт.

Интеллектуальные силы рабочих и крестьян растут и крепнут в борьбе за свержение буржуазии и ее пособников интеллигентиков, лакеев капитала, мнящих себя мозгом нации. А на деле это не мозг, а говно.''[12]

Несколько дней спустя Ленин повторил ту же мысль в письме к жене Горького М.Ф. Андреевой:

,,Нельзя не арестовывать для предотвращения заговоров, всей кадетской и околокадетской публики. Она способна вся помогать заговорщикам. Преступно не арестовывать.''[13]

Для Ленина, с его сугубо партийным мышлением, все интеллигенты — только члены партии кадетов (конституционалистов-демократов), потенциальные враги. Она, интеллигенция, **может** при случае помогать заговорщикам, поэтому ее **нужно** сейчас же, немедленно арестовывать. Оно бы лучше вообще перестрелять всю эту профессорскую сволочь, но вот загвоздка: ученые ,,спецы'' необходимы для подъема ,,производительных сил республики''. Дилемму эту вождь революции деловито разрешил в своей речи на VIII съезде РКП в марте 1919 года. Местным должностным лицам в этой речи предписывалось с одной стороны держать ученых под строгим контролем: „окружать их рабочими комиссарами, коммунистическими ячейками, поставить их так, чтобы они не могли вырваться'', а с другой все-таки подкармливать их, ,,ибо этот слой, воспитанный буржуазией, иначе работать не станет''...[14]

Ленинская программа взаимоотношения партии с интеллигенцией (кстати сказать, не претерпевшая никаких перемен в течение 60 лет) окончательно разъяснила ученым России, чего они могут ожидать у себя на родине в будущем. Надо полагать, что большая часть исследователей пришла при этом в уныние. Но нашелся человек, который бесстрашно (хотя и с некоторыми оговорками) бросил властям в лицо свое презрение. Он написал Ленину письмо, в котором среди прочего были такие строки:

,,Прочитал в *Известиях* Ваш доклад о специалистах и не

могу подавить в себе крика возмущения. Неужели Вы не понимаете, что ни один честный специалист не может, если в нем сохранилась хоть капля уважения к себе, пойти работать ради того животного благополучия, которое Вы собираетесь ему обеспечить... Если Вы хотите, чтобы у Вас были не „специалисты" из-за окладов, если Вы хотите, чтобы новые честные добровольцы присоединились к тем специалистам, которые и теперь кое-где работают с Вами не за страх, а за совесть, несмотря на принципиальное расхождение с Вами по многим вопросам, несмотря на унизительное положение, в которое часто ставит их Ваша тактика, несмотря на беспримерную бюрократическую неразбериху многих советских учреждений, губящих иногда самые живые начинания, — если Вы хотите этого, то, прежде всего очистите свою партию и Ваши правительственные учреждения от бессовестных Mitlaufer'ов, возьмитесь за таких рвачей, авантюристов, прихвостней и бандитов, которые... либо по подлости расхищают народное достояние, либо по глупости пресекают корни народной жизни своей нелепой дезорганизаторской возней. Если Вы хотите „использовать" специалистов, то не покупайте их, а научитесь уважать их, как людей, а не как нужный Вам до поры до времени живой и мертвый инвентарь."[15]

Письмо преподавателя Воронежского сельскохозяйственного института профессора М.П. Дукельского — одна из последних попыток русской науки отстоять свою честь и независимость. Но аресты следовали за арестами, расстрелы за расстрелами и перед оставшимися на свободе сохраняются только два выхода: смириться, пойти на компромисс, или уйти в эмиграцию. После Гражданской войны среди трех миллионов русских за рубежом оказалось несколько тысяч человек причастных к науке, искусству, литературе. Но если про Бунина или Рахманинова мы, жители СССР, еще кое-что слышали, то деятельность за рубежом сотен наших соотечественников ученых в эмиграции так и осталась для нас абсолютной тайной.[16]

К началу тридцатых годов дореволюционная профессура, те, кого не успели расстрелять и кто не сумел эмигрировать, была перепугана до последней крайности. Многие еще надеялись на послабления и замирение, которое, казалось бы, неизбежно должно наступить после того, как большевики укрепятся у власти. Но годы шли, а никакого замирения не наступало. Наоборот, антипатия властей к научной интеллигенции только обострялась. В 1929 году произошла чистка Российской Академии наук, в тюрьму пошло несколько академиков и сотрудников АН. В том же году началось ,,Платоновское дело'': арестованы и осуждены академик-историк С.Ф. Платонов и группа его сотрудников. (Платонов умер в ссылке в 1933-м) . В 1930 году новый шумный процесс — ,,Промпартия''. Партии такой никогда в природе не существовало (все кто выжили в лагерях и тюрьмах, получили после смерти Сталина реабелитацию) , но случаем воспользовались для совращения общественного мнения: в университетах и научно-исследовательских институтах прошли открытые голосования — расстреливать ли профессора Рамзина и его коллег или не расстреливать?

В Московском химическом институте им. Карпова из двухсот сотрудников только два человека не подняли руку за немедленную казнь. Какие же нравственные принципы заставили меньшинство все-таки протестовать против смертной казни? Сорок пять лет спустя член-корреспондент АН СССР И.А. Казарновский, один из двух героев 1929 года, вспоминает: ,,Голосование в институте проводил заместитель наркома юстиции. Он спросил меня, почему я высказался против казни. Я прямо сказал ему: ,,Победивший пролетариат может позволить себе роскошь не расстреливать поверженного врага''.

В начале тридцатых годов в ЧК-ОГПУ выработалась новая тактика: ученых арестовывают группами, по, так сказать, профессиональной принадлежности. В тридцатом-тридцать первом схватили большую группу микробиологов (Вольферц, Голов, Суворов, Эльберт, Гайский, Никаноров, Великанов, Бычков и др.) В тюрьму попали сотрудники

Саратовского института „Микроб", преподаватели Харьковского мединститута, ученые Астрахани, Минска, Ташкента, Москвы. Часть из них вскоре расстреляли, остальных свезли в старинный русский городок Суздаль и поместили в монастырь, превращенный в тюремный институт. На языке чекистов это учреждение именовалось БОН — Бюро особого назначения. В БОН'е девятнадцать дипломированных узников получили приказ делать наступательное и оборонительное бактериологическое оружие. Наиболее удачливые вышли потом на свободу (чумологи: Эльберт, Гайский, Суворов). Тех, кто не смогли дать „полезную" научную продукцию — расстреляли (профессор Никаноров).[17]

Вслед за микробиологами ОГПУ взялось за агрономов, земледелов, селекционеров (массовые аресты и расстрелы генетиков еще впереди!). Этим предстояло отвечать за вызванный коллективизацией развал сельского хозяйства. Ранней весной 1933 года, вернувшись из многомесячной экспедиции по Америке, директор Всесоюзного института растениеводства (ВИР) академик Н.И. Вавилов писал профессору А.А. Сапегину: „Свалилась гора событий изумительных. Выбыло двадцать человек из строя, начиная с Г.А. Левицкого, Н.А. Максимова, В.Е. Писарева и т.д., чем дело кончится ни для кого не ясно."[18] Изумление Вавилова понять не трудно: названные сотрудники института цитолог Левицкий, физиолог Максимов, селекционер Писарев — фигуры в науке мирового значения. В политической лояльности своих коллег директор тоже не сомневался. За что же их?.. А вскоре узнал Вавилов, что тот, кому послал он свое письмо, директор Селекционной станции в Одессе, профессор Сапегин тоже арестован, а затем и расстрелян. И пошло... Трижды арестовывали (пока он не умер) крупнейшего в стране знатока кукурузы профессора В.В. Таланова. В Краснодаре схватили и выслали в казахстанский лагерь будущего академика, специалиста по подсолнечнику В.С. Пустовойта. Селекционеров, агрономов, ученых животноводов арестовывали в Днепропетровске, Ростове-на-Дону, в Киеве, по всей стране. Был пущен слух — они-то как раз в сговоре с кулаками и погубили наше сельское хозяйство: травили коров, заражали посевы...

* * *

Думаю, что даже в 1919-м мало кто верил, что академики и профессора готовят государственный переворот. А к началу тридцатых такое объяснение и вовсе приобрело анекдотический характер. Но те, кто в течение многих лет несли нелегкие заботы об истреблении отечественной науки, кроме прямых, так сказать, практических целей, — как это было с микробиологами, — имели одну общую, с далеким расчетом, государственную задачу. Надлежало в кратчайший срок **сделать ученую публику управляемой.** Эта задача четко проступает через все многолетние отношения отечественных властей с учеными. Иногда власти действовали прямиком: наиболее известных, „нужных" ученых подкармливали. Так, в 1921 году, после того, как академик И.П. Павлов в письме к Ленину потребовал выпустить его за границу (в России, в голодном Петрограде заниматься наукой он не мог), — появился часто цитируемый у нас декрет о государственной помощи великому физиологу. Но поскольку подкормка была дорогой и действовала далеко не на всех, то считалось за лучшее бросать против науки работников ЧК-ОГПУ. Дело чекистов состояло не столько даже в том, чтобы изымать наиболее неукротимых, сколько в том, чтобы запугать, деморализовать, духовно раздавить всю массу научных работников. Вытравить у интеллигента-ученого самую память об элементарной порядочности. Чтобы профессор, академик, лобзал карающую руку, чтобы он, говоря словами Орвелла „полюбил Старшего Брата..." Средства для этого годились любые.

Профессор-селекционер Виктор Евграфович Писарев (1882-1971) близкий друг и сподвижник академика Николая Вавилова, рассказывал мне, как в 1934 году в Саратовской тюрьме от него требовали написать донос на Вавилова. Донос на друга, на того, с кем ты связан самыми тесными духовными нитями... Писарев некоторое время уклонялся, говорил, что ничего предосудительного про директора Института не знает. Ему пригрозили: убьем детей, замучаем жену, убьем тебя самого. Он сдался, написал какой-то вздор о заговорах, о тайных партиях и вредительстве во Всесоюзном институте растениеводства. Между тем в то самое время, как в Саратовской тюрьме сочинялась эта бумага, академик Вавилов делал все, чтобы спасти Писарева. Писал в ЦК ВКП (б), обращаясь к „всесоюзному старосте" М.И. Калинину. В конце концов Писарева удалось вытащить из тюрьмы. Недавний узник приехал в Ленинград, разбитый морально и физически, и в первые же дни во всем повинился перед оболганным другом. Вавилов простил его. Но дурная слава доносчика витала потом над Виктором Евграфовичем Писаревым всю его жизнь. И даже после смерти его слышал я от ученой публики разговоры о недостойном его поведениии. Этого-то как раз и добивались чекисты: свары, ссоры, подозрения. И чтобы никакого единства, никакой духовной солидарности...

Тридцатые и сороковые годы были урожайны на подобные ситуации. Уничтожаемая физически и разрушаемая нравственно, старая профессура сдавала одну позицию за другой. Почти никому из тех, кто сохранил место в Академии, во главе института или на университетской кафедре, не удалось сохранить себя в самой элементарной чистоте. Компромиссы, компромиссы...

Вот типичная биография сына века. 1920-й год. Молодой талантливый профессор растениевод, профессор Воронежского Сельскохозяйственного института Иван Вячеславович Якушкин, пытается укрыться от большевиков в Крыму. Он преподает в Таврическом университете. Потом намеревается вместе с отступающей армией Врангеля уйти в Турцию. Не удалось. Гражданская война кончилась. Незадачливый беглец решил, что грехи его забыты и перебрался в Воронеж. Однако в 1930-м его схватили. Многие тогда канули без следа, но Якушкин уцелел и даже вышел из тюрьмы с поощрением. Много лет спустя он рассказывал: ,,В 1931 году, тотчас после моего освобождения из заключения в Воронеже, я был завербован сотрудником ОГПУ в качестве секретного сотрудника ОГПУ, каковым и являлся до 1 ноября 1952 или 1953 года, когда меня освободили от этой работы.''

Прелестное по своей искренности и простоте признание профессора Якушкина, Действительного члена Всесоюзной Сельскохозяйственной академии имени Ленина, обнаружил я в следственном деле академика Николая Вавилова. ,,Дело'' это № 1500, с грифом ,,Хранить вечно!'' в одну счастливую ,,либеральную'' весну (1965 года) показали мне в Генеральной прокуратуре СССР. И вот вместе с судьбой жертвы открылась не менее живописная судьба одного из убийц. ,,Являясь секретным сотрудником ОГПУ, я направлял в ОГПУ агентурные донесения, в частности о Вавилове'', сообщил Иван Вячеславович Якушкин прокурору Колесникову. Показания эти потребовали от него уже после смерти Сталина, когда прокуратура занималась реабилитацией умершего в тюрьме академика Вавилова. За время своей ,,службы'' профессор Якушкин, по его собственному признанию написал несколько сот доносов. И не только на Вавилова, но и на академика Комарова (Президента АН СССР), на академика-физика Ф.А. Иоффе, на академика геохимика Ферсмана и на многих других. Показания доносчика прочитали и отпустили его с миром: стукачей у нас не карают...

Чтобы развратить профессора Якушкина его пришлось арестовать. Но подчас, для того, чтобы добиться крушения личности, и этого не требовалось. Академик физиолог Алексей Александрович Ухтомский (1875-1942) и как ученый и как человек, заслужил самое высокое уважение современников. Его теория доминанты вошла во все учебники физиологии, как одно из крупнейших открытий века. А опубликованные недавно в СССР письма явили нам личность огромного обаяния. Но и этого достойного человека не миновала машина деморализации. Ухтомские — старинный княжеский род, восходящий к XII столетию. Одного этого достаточно, чтобы в начале революции имение их в Костромской губернии, вместе с огромной библиотекой было разграблено и сожжено, а два брата — физиолог Алексей и епископ Андрей — брошены в тюрьму. Позднее судьбы братьев разошлись. Страстный христианин Андрей Ухтомский посвятил себя борьбе за права православной церкви, Алексей же с головой ушел в науку. Епископ десятилетиями не выходил из тюрем и ссылок, физиолог пребывал в сравнительном благополучии, заведуя кафедрой в Ленинградском Университете. Но вот пришел достопамятный 1937 год и, по наущению ли партийных органов, или по приказу чекистов, на открытом партийном собрании в Университете, профессор биолог Немилов призвал коллег пристальнее присмотреться к облику академика Ухтомского. На кафедре социологии недавно арестовали трех студентов, а он, академик, не покаялся, не отрекся от них. И с братом своим продолжает тайные сношения, оказывает ссыльному епископу, откровенному врагу народа, материальную помощь. Разве такое поведение — не двурушничество?

Сам Ухтомский на собрании не был, но когда сотрудники рассказали ему о возводимых на него обвинениях, ученый пришел в ужас. По настоянию сотрудников сочинил он слезное прошение на имя первого секретаря Ленинградского Обкома Жданова и в том послании отрекся и от брата епископа и от арестованных студентов. Может быть он канул бы в небытие, этот горький и постыдный эпизод из истории российской науки, но случилось так, что через много лет, когда Ухтомского уже не было в живых (он умер от голода во время Ленинградской блокады), один из тех, кого он предал, вернулся из лагеря. Нищий, потерявший здоровье, на костылях, бывший студент добрался до Ленинграда и решил воздать долг учителю, написать его биографию. Недавний лагерник пришел в архив, поднял бумаги покойного... В письме ко мне этот ученый (теперь он доктор наук) написал: „А.А. оставил черновик — свидетельство испуга и эмоции страха. Нас троих он расписал как людей скрытных и лукавых, душа у коих была сущими потемками. И он-де по старости лет и наивности не усмотрел, что имеет дело с отчаянными террористами, коих славные чекисты разоблачили!

Никогда я не испытывал такой скорби и жалости к своему учителю, как в тот момент, когда держал в руках этот документ.''[19]

Близилась война 1941-1945 гг. Дореволюционная генерация ученых уже завершала свой жизненный путь. Так что великий террор всей тяжестью своей обрушился на новое поколение, на тех, кто сложился как ученый в советское время. У молодых никакого конфликта с большевиками не было, многие из них вступили в партию, и вообще генерация эта в целом отличалась искренним политическим и научным энтузиазмом. Но жернова государственной мельницы перемололи и их. В тюрьмах, лагерях и ,,шарашках'' побывали тысячи деятелей науки. Многие годы провели в тюрьмах биофизик Чижевский, тангутовед Невский (через пятнадцать лет после смерти в лагере получил Ленинскую премию) , эпидемиолог Здродовский, самолетостроитель Туполев, физик Ландау, ракетостроитель Королев, биологи Крепс и Баев, медик Парин. Те из них, кто вернулись, создали эпоху в своей области науки. Но сколько же их вернулось?..

Особый отряд мучеников составили специалисты в области генетики во главе с академиком Николаем Ивановичем Вавиловым. Я десять лет собирал материалы о жизни и гибели гениального биолога и с гордостью за своего героя могу сказать: его убили, но сломить не смогли. Основатель и первый директор Всесоюзной академии сельскохозяйственных наук, член многих академий и научных обществ мира, великий путешественник, объехавший 52 страны в поисках культурных растений, он вел себя в тюрьме как в трудном походе. Его истязали, но он не потерял ни мужества, ни достоинства. Перенес за одиннадцать месяцев следствия (август 1940 — июль 1941 гг.) четыреста допросов, на суде, продолжавшемся несколько минут, выслушал свой смертный приговор и при всем том, сидя в камере, написал большую книгу *История земледелия земного шара.*[20] Потом уже, в камере смертников (еще восемь месяцев) читал таким же обреченным лекции, поддерживал ослабевших, успокаивал отчаявшихся. Николай Вавилов умер 26 января 1943 года в Саратовской тюремной больнице. Человек, который дал своей стране миллионы тонн хлеба, умер от крайнего истощения. В истории болезни, которую я обнаружил в тюремной больнице, значилось: „Дистрофия. Отечная болезнь.”. Другие генетики тех лет вкусили более легкую смерть: Левита, Агола, Карпеченко просто расстреляли.

Но оставим страшные картины прошлого и задумаемся над таким удивительным фактом: в то время, как наиболее талантливые, яркие, широко известные ученые погибали или годами гнили в тюрьмах и лагерях, **масса науки** продолжала возрастать. Если верить официальной статистике, к началу войны в стране насчитывалось уже 98,3 тысячи научных работников, почти в десять раз больше, чем в 1914 году! А к началу 1973 года число это снова удесятерилось. По последним данным в стране миллион двести тысяч научных работников! Немного найдется других профессий, которые вот так же удесятеряли свой состав каждые четверть века! У нас еще будет возможность задуматься о характере современного ученого и сравнить его с исследователем начала века. Пока же попытаемся проследить, по каким законам, благодаря каким условиям возникла громадная масса, причастная к развитию современной отечественной науки.

Лозунг о всеобщей и обязательной грамотности большевики осуществляли может быть более планомерно и настойчиво, чем все другие свои обещания. Никогда прежде в России не садилось за парту столько людей сразу, как в двадцатые-тридцатые годы. Впрочем, как и все свои **политические** лозунги, новые хозяева и этот проводили без всякого учета **экономических** возможностей. В стране не хватало ни учителей, ни классных помещений, ни учебников, ни тетрадей. Я помню, как моя мать, сельская учительница в Вологодской деревне, занималась одновременно с тремя классами. В большой бревенчатой избе стояли три ряда парт. Задав третьеклассникам сочинение, поручив второму классу заниматься устным счетом, мать начинала объяснять нам, малышам, как буквы складываются в слова. На пять человек приходился один букварь, так что мы сидели на скамье, сбившись по пятеро, заглядывая в книгу друг другу через плечо. Много ли мы, школьники, выносили из такого рода занятий, уже не помню, но мать после уроков валилась с ног от усталости. В подобных условиях училась тогда вся Россия. Именно такое элементарное образование получили в свое время многие нынешние доктора и кандидаты наук.

С изрядным опозданием начали повсеместно открывать педагогические институты. И снова тот же стиль: за считанные годы их наплодили десятки (еще одно достижение советской власти!) . В институтах с самого начала воцарился простой принцип: набрать как можно больше студентов, и как можно скорее, скорее, скорее выпустить их. А как же иначе, ведь в деревнях не хватает учителей! То и дело в провинцию бросали третьекурсников. Ничего, потом доучатся! На вечернем, на заочном... Недоученные плодили недоученных. Это касалось не только учителей, но и врачей, инженеров, агрономов. Лозунг „Дадим стране больше..." равно относился к углю, металлу, калошам и специалистам с высшим образованием. И результаты получались соответствующие...

Передо мной одна из книг, каких немало выпущено было перед войной: торжественный сборник, посвященный двадцатилетию медицинского института в Ташкенте. Если продраться сквозь бесконечные славословия в честь великого Сталина, партии и советской власти, то можно обнаружить в сборнике несколько строк, дающих представление о подлинном положении дел, о том, как и каких врачей выпускали в Узбекистане в те годы. Главную свою заслугу руководители Узбекского мединститута видели (по словам автора вступительной статьи) в том, что под сенью их учреждения ,,шла упорная борьба за твердую руководящую роль пролетарского студенчества... за классовый отбор студентов''.[21] Детей ученых, врачей, учителей, инженеров и просто служащих в Институт почти не принимали. Вторая заслуга института, высоко оцененная властями, заключалась в том, чтобы впредь готовить врачей в основном из коренных местных национальностей. Молодые узбеки, правда, не знали русского языка и не получили в средней школе даже тех элементарных основ, которые имели русские школьники двадцатых годов. Но какое это имело значение! ,,На первое время пришлось даже пойти на понижение требований к поступающим студентам у коренных национальностей''[22], — пишет автор. Для них выпускали упрощенные учебники, им читали упрощенные лекции. А сверху поторапливают: ,,Скорее, скорее!''. И тогда студентов кое-как усвоивших курс упрощенной терапии, облегченной хирургии, совсем простенькой фармакологии начали выпускать не за пять лет, а так же, как уголь, металл и калоши — за четыре. ,,Все это не могло не привести и у нас к резкому снижению подготовленности выпускаемых врачей'', — сокрушается один из авторов статьи сборника. Но тут же добавляет, что часть этих только что выпущенных ,,ординаторов-узбеков была направлена на должности исполняющих обязанности ассистентов для ускорения подготовки из них научных работников и преподавателей.''[23]

Через год-другой и.о. ассистента становился заведующим отделением больницы, заведующим кафедрой института и начинал штамповать новые колонны врачей и ученых по образу и подобию своему.

Так готовили специалистов и ученых по всей стране. В начале 1931 года ЦК ВКП (б) потребовал от Наркомата просвещения и Наркомзема резко ускорить подготовку специалистов для сельского хозяйства. Президенту ВАСХНИЛ, академику Вавилову, предложили разработать план мероприяний. Подготовка ученого — труд громадный и долгий.

Не без некоторого раздумья Вавилов принял решение: за пять лет обучить в институтах Сельскохозяйственной академии пять тысяч исследователей. Эти тысячи молодых генетиков, селекционеров, почвоведов, зоотехников надо было подготовить на ходу, не останавливая, не замедляя работу научно-исследовательского механизма. Задание нелегкое. Одна надежда на богатую опытом старую научную интеллигенцию, она уж не пожалеет сил, она вырастит себе смену. Вавилов публично заявляет о новой государственной задаче и его слушатели — ученые и агрономы — обязались поддержать доброе дело. Но план Президента не удовлетворил вышестоящие инстанции. Начальство из Наркомата земледелия настаивало на том, чтобы вместо пяти тысяч ученых подготовить пятнадцать-двадцать пять тысяч. И не за пять лет, а за два года. Эту идею поручили высказать Вице-президенту ВАСХНИЛ профессору Бурскому. И вот под аплодисменты присутствующих Бурский изложил мнение руководства:

,,Мы выдвигаем сейчас лозунг: призыв десяти тысяч рабочих в сельскохозяйственную науку и дальше (надеемся получить еще) примерно 15 тысяч научных работников. Как этот лозунг осуществить? Мы строим крупные научно-учебные совхозы. В эти совхозы мы набираем со всего СССР лучших изобретателей и рационализаторов. Получается концентрация мозговой энергии специального коллектива над одним вопросом и мы ускоряем движение вперед, ускоряем нашу научную мысль на десятки лет вперед... Крупный совхоз позволяет концентрировать пятьсот лучших изобретателей, тысячу лучших изобретателей. Такой коллектив действительно может выдвинуть дело сельскохозяйственной науки на десятки лет. Никакой институт растениеводства я не променял бы на научно-учебный совхоз, где собран опыт и энергия наших сотен лучших работников.''[24]

Сорок пять лет спустя речь эта кажется не просто вздорной, но в какой-то степени пародийной. Однако современникам она представлялась наоборот чрезвычайно убедительной, ибо несла в себе все элементы официальной идеологии и официальной государственной методологии: гибриды концентрационного лагеря с институтом дожили до нашего времени и, по мнению властей, всегда оправдывали себя как учреждения **легко управляемые.**[25] Правда, скоростной выпуск ученых для сельского хозяйства в совхозах не состоялся. Академику Вавилову (он был в то время членом ВЦИК) удалось отстоять немудреную истину: специалистов следует все-таки учить в институте. Но при обсуждении в Центральном комитете партии и в правительстве много голосов прозвучало за ,,классово-революционный метод обучения''.

Тогда же при Всесоюзном институте растениеводства в Ленинграде была открыта так называемая спец-аспирантура, куда приказано было набирать аспирантов, обладающих двумя доблестями: опытом комсомольской и партийной работы и рабоче-крестьянским происхождением. Нельзя сказать, чтобы среди набранных не было способных людей, но принцип их подбора и дальнейшая обстановка в аспирантуре вели к полной деморализации будущих ученых. От руководителей института — профессоров и академиков — **требовалось во что бы то ни стало выпустить этих юнцов в** строго определенные сроки с ученой степенью. Профессорский состав ВИР был в те годы великолепен, но даже высокообразованные и талантливые профессора ничего не могли поделать с дремучей непросвещенностью некоторых своих партийных питомцев. Академик ВАСХНИЛ М.И. Хаджинов, работавший в 30-е годы в Институте растениеводства, рассказывает, как в 1938 году его вызвали в партком. Разговор был коротким:

— Шунденко ваш аспирант?

— Мой.

— Почему он до сих пор не подал к защите диссертацию?

— Шунденко безграмотен, учиться не хочет, диссертацию ему просто не осилить.

— Но вы **обязаны** его выпустить кандидатом наук. Не **смогли научить — пишите за него сами!**

Распоряжение партбюро обсуждать нельзя. Научному руководителю пришлось **продиктовать** аспиранту текст для диссертации. Тупой, безграмотный Шунденко очень быстро защитился и почти немедленно был назначен заместителем директора Института растениеводства **по науке.**[26]

Интересна судьба и других скороспелых ученых из этого помета. В середине 60-х годов, собирая материалы для книги об академике Вавилове, я познакомился со многими из них. Все они были докторами наук, членами ВАСХНИЛ, занимали высокие должности. Беседуя с бывшими аспирантами, я в конце концов дознался, каковы истоки их блестящей карьеры. Свое служебное восхождение молодые начали с организованного массового... предательства. В пору восхождения Лысенко и первых атак на генетику, аспиранты оказались своеобразной пятой колонной внутри Института растениеводства. Они очень быстро уловили, что сила на стороне Лысенко, что, вместо того, чтобы корпеть над науками под руководством Вавилова, они легко смогут сделать карьеру, поддерживая его противника. Усвоив стиль дискуссий Лысенко, аспиранты стали на каждом собрании шпынять свою профессуру, и в том числе Вавилова, за отсталость и безграмотность. Вот один из типичных образцов публичной риторики тех лет. Время действия — 8 мая 1937 года. Место действия — Всесоюзный институт растениеводства.

Аспирант Куприянов: — „Вы боитесь критики, до смерти боитесь. Она по шкуре бьет. Почему Розанова и Вульф (профессора ВИР'а) пытаются так поставить вопрос? Потому что они защищают теорию Вавилова. Это вредная теория, которая должна быть каленым железом выжжена, ибо рабочий класс без буржуазии справился со своими задачами и сам начал править и добился определенных результатов... По всей стране знают о дискуссии, которая происходит между Вавиловым и Лысенко. Вавилову надо будет перестроиться, потому что товарищ Сталин сказал, что нужно не так работать, как Вавилов, а как Лысенко..."

Аспирант Донской. — „Лысенко прямо заявил — или я или Вавилов. Четко и очень толково. Он говорит: пусть я ошибаюсь, но одного из нас не должно быть... Пора понять и учесть, что наступил такой период, когда необходимо достижения экспериментальной науки направлять на службу социалистическому отечеству. Отсюда (?) острая борьба и неприязненное отношение к школе Вавилова.''[27].

Я взял эти строки из первой же подвернувшейся мне в архиве папки, среди десятков стенограмм тех лет. На пороге своего ареста директор института вынужден был часами выслушивать подобные поучения. ,,Едва ли **из этих** что-то получится'' — сказал он однажды о спец-аспирантах и **добавил: ,,А жаль, есть способные.''**

В науке эти люди действительно не оставили никакого следа. Но зато с их именами связаны самые непристойные, самые губительные для науки эксцессы, и в том числе трагическая Августовская сессия ВАСХНИЛ 1948 года. По отношению к ,,скоростным ученым'' сбылось другое предсказание Николая Ивановича Вавилова: ,,Уж если генов порядочности нет, — ничего не поделаешь...''.

,,Гены порядочности'' эпоха изгоняла самым решительным образом. Героем дня в 30-е годы был инженер. Выше его по престижной лестнице стоял только летчик. Мальчишки, не попавшие в летное училище, мечтали попасть в Политехникум. На любой факультет, только бы строить, возводить, создавать. Ибо по представлениям тех лет социализм был совсем рядом, он должен придти, как только мы построим сколько-то там заводов и электростанций. И тогда — светлое будущее. Ворваться в это будущее первым хотелось каждому выпускнику средней школы. Но не так-то легко было проникнуть в стены заветного Политехникума. Число претендентов на каждое место достигало двадцати пяти. Для детей интеллигенции квота во много раз меньшая, чем для остальных. А тут же рядом, почти без экзаменов и вовсе без конкурса входили под институтские своды такие же, вроде, как и ты, парни и девушки. Но нет — **не такие. Это были парттысячники.**[28]

Старый химик, поступивший в Киевский Политехникум в 1930-м году, вспоминает, что среди тех, перед кем буквально распахнулись двери института были начальник губфинотдела, секретарь райкома партии, секретарь райкома комсомола, адъютант командира дивизии, сестра командарма. Средний возраст этой новой привилегированной касты — 26-30 лет, общекультурная и научная подготовка — ниже некуда.

Парттысячники, — а они составили в тридцатые годы изрядную и наиболее влиятельную часть студентов во всех технических ВУЗ'ах, внесли в институты дух доселе неведомый. Эти юные победители попросту презирали своих учителей. Парттысячник мог запросто накричать на профессора, оскорбить его. А их шуточкам над ,,хлюпиками интеллигентиками'' конца не было. Обучение приняло характер какой-то непрерывной партизанской войны, в которой дозволялись любые приемы и методы.

Один такой студент из военных, приходя на экзамен, имел обыкновение класть на стол перед профессором заряженный наган. В атмосфере годами поддерживаемого озлобления и недоброжелательства преподаватель физики на практических занятиях мог попросить у студента ножик и потом бросить как бы мимоходом: ,,Какой же ты большевик — без ножа?'' Ни о каком уважении младших к старшим, ни о каком увлечении наукой, ни о каком творческом порыве в таком институте и речи не было. Это было не постижение знаний, а вымогательство их у поверженного противника.

На последних курсах заговорили о том, ,,кто пойдет в ученые''. И снова выбор падает на бывшего комиссара Балтфлота, на секретаршу известного политического деятеля. Идти в науку им не слишком хотелось : зарплата в лабораториях и на кафедрах была в те годы невысока, общественное реноме профессуры стояло еще ниже. Но партия требовала, вождь твердил, что кадры (и в том числе научные) решают все. В 1933 году при наркоматах начали создаваться первые научно-исследовательские отраслевые лаборатории и институты. В парткоме парттысячникам говорили: ,,Надо, Федя, момент такой...'' И Федя шел в ученые. Были среди выпускников и таланты, были и природные одаренные физики, химики, биологи. Слишком велик был поток, чтобы не вынести в себе вместе с булыжниками и какое-то количество алмазов. Но вся система преимуществ классовых и партийных, вся система отбора по признаку общественной активности, вела к тому, что в громадном большинстве своем в лаборатории, клиники, на опытные станции и в НИИ приходили не самые лучшие, не самые способные, не самые искренние. Но приходили. И масса науки росла.

А после войны — рывок: Сталин удвоил, утроил заработную плату кандидатов и докторов. Академики помимо зарплаты стали получать 5.000 рублей в месяц академических... У вождя на сей счет были свои имперские расчеты. Блеск его победоносной империи, поддержанный блеском золотых, недавно введенных офицерских погон и золоченых крестов на куполах недавно же открытых храмов, желательно было поддержать сиянием наук и искусств. Сияние же, как известно, требует хорошей зарплаты. А кроме того назревали большие планы милитаризации науки, связанные с атомными, водородными и прочими оружейными делами. В голодные нищие сороковые годы офицеры, священники и ученые оказались вдруг людьми наиболее обеспеченными. И тут перед каждым врачем, инженером, заводским химиком, учителем с их копеечной зарплатой возникла удивительная, все проблемы развязывающая, возможность: защити диссертацию и будет тебе благо. Благо для защитившего выступало в самом неприкрытом, в самом бесстыдно обнаженном своем виде: едва утверждена диссертация, как недавно еще скупая бухгалтерия автоматически с того же дня начинала одаривать тебя довольно солидным ежемесячным содержанием.

Не пошли — повалили в науку молодые и старые. После войны и возможность устроиться для физика, химика или инженера неостепененного и остепененного стала иной, нежели прежде. Военные лаборатории и институты стали плодиться как грибы. Если ты не еврей, под судом и следствием не был, родственников за границей не имеешь — милости просим в секретный институт. Там зарплата выше и защита диссертации (секретной) легче. Благодать!

Как громадная аэродинамическая труба заработала Высшая аттестационная комиссия (ВАК) [29]. Коллегия ВАК проворачивала, случалось, по 400 докторских диссертаций за одно заседание. Пять тысяч докторов в год! А кандидатов — этих вообще не счесть. За десять лет, с 1950 года по 1960-й число ученых в СССР удвоилось. Для следующего удвоения оказалось достаточно шести лет (1960-1966 гг.[30]).

Социальный заказ? А может быть социальная оказия?

Не обошел своим вниманием науку и Хрущев. После каждого нового запущенного спутника над институтами, делающими ракеты, проливался не только дождь орденов, но и ливень ученых степеней. Сверху спускался приказ: „В связи с успешным запуском... дать инженерам-ракетчикам двадцать кандидатских и десять докторских диссертаций''. Приказ — секретный. Никто его не оспаривает, никто не обсуждает. Награжденный пишет на нескольких страничках отчет. Ученый Совет секретным же решением рекомендует сей ,,научный труд'' в ВАК, а там проштамповывают ученую степень „Honoris Causa''. Сколько таких докторов и кандидатов выстрелено в нашу науку — неведомо. Но можно догадываться — изрядно.

Итак, рост научных кадров устраивал всех: от чиновников, ответственных за науку, до самого скромного МНС'а лаборанта с высшим образованием. Потому что нельзя же семейному человеку, неостепененному младшему научному сотруднику жить на 84 или даже на 105 рублей в месяц. Это и директор института понимает и все доктора в Ученом Совете, и прямой начальник младшего научного — завлаб-кандидат. Знают и сочувствуют. Сочувствуют и (до тех пор, пока это не мешает им лично?), продвигают диссертацию неостепененного к степени, к приличной зарплате. Качество диссертации при этом может и учитываться, а может и не учитываться. Потому что не в качестве, в конце концов, дело. Жить же человеку как-нибудь надо. Так она и растет, научная масса. Нынче за миллион перевалила...

Говорят, несколько раз за последние годы высокопоставленные чиновники принимались обдумывать создавшееся положение. Нет, их беспокоил не высокий процент случайных людей в науке, а совсем другая проблема. С одной стороны, кандидаты и доктора нужны, с другой — **накладно их всех кормить.** Ведь кормятся по повышенной норме не только нужные „для дела" физики и электронщики, а и тьма филологов, историков, философов. К тому же ежегодно поток претендентов на высокую зарплату растет... Придумывали, как бы утихомирить этот поток, ввести его, так сказать, в берега. Всякие утяжеления для жаждущих попасть в научное лоно придумывали (количество публикаций и пр.), недавно перелопатили ВАК. Но остановить поток невозможно, потому что идти в науку **выгодно** во всех отношениях. Наука кроме своей основной функции (впрочем, какая же из них основная?) стала осмысляться для тысяч людей как место где легче, проще, спокойнее прокормиться.

Официально, однако, никто по поводу вышедшей из берегов научной массы караул не кричит. В официальных высказываниях поддерживается по этому поводу, наоборот, вежливый оптимизм. Пропагандные барабаны даже усиливают в последнее время свою дробь: НТР... НТР... НТР... Что означает Научно-Техническая Революция. И она, эта революция, требует новых научных армий. НТР, говорят нам теперь, вообще единственный путь к светлому будущему. Больше ученых — больше научных знаний, сильнее поступательное движение. Насчет светлого будущего помолчим, а вот о количестве знаний кое-что сказать можно.

Дело в том, что связь между объемом познанного в этом мире и числом познающих совсем не такова, как может со стороны показаться. Современный процесс познания движется вперед, поглощая с каждым годом все большие и большие средства. При этом количество приборов, сырых материалов, людей, занятых в науке возрастает несравненно более, нежели количество познанного. В частности, для того, чтобы объем наших знаний увеличился **вдвое** надо, чтобы число людей, занятых наукой, выросло в **сто раз**! Эти расчеты, принадлежащие крупнейшему современному американскому социологу-науковеду Прайсу, никто пока не отверг, да никто их и не оспаривает. А если Прайс прав, значит не так уж безумно велик прямой научный прок от миллионной армии ученых. А что ждет нас в 2000 году? Десять миллионов научных сотрудников? А в 2025-м... Не слишком ли велика плата?...

Я полушутя толковал об этом феномене с группой молодых кандидатов в одном из московских НИИ. В НИИ этом выступал я с беседой „Зачем ученому совесть'' и те, кто обступили меня после беседы, были, как мне показалось, люди наиболее неравнодушные к этическим проблемам. Итак, мы стояли в институтском вестибюле, и обменивались мнениями о разных аспектах будущей науки, когда у меня вырвалось это слово — „плата''. И тогда мои собеседники как-то очень уж дружно оживились. „Плата не слишком велика, — сказал при общем одобрении своих товарищей молодой парень в ярком галстуке. —. Ну что такое 280? Право же, 500 — лучше. И все мы предпринимаем героические усилия, для того, чтобы приблизиться к этой заветной сумме!'' Такой поворот беседы всех развеселил. Это был разговор о главном, о том, что зарплата доктора наук почти вдвое выше жалованья кандидата. И поэтому к ней надо стремиться. Увидя, что я поскучнел, один из физиков (каждому из них не более тридцати пяти) постарался утешить меня: „Не оскорбляйтесь за Святую Деву Науку. Она давно потеряла свою невинность и стала просто Матерью Кормящей. Это, впрочем, вовсе не значит, что мы охладели к ней. Но то, что я люблю физику — мое личное дело. Любовь моя к науке в нашем институте мало кого интересует. И не за то мне платят деньги...''

Примечания

1. Первая такая попытка уже предпринята. Приношу благодарность неизвестному автору, который выпустил в Самиздате рукопись *Над одним юбилейным изданием* (октябрь 1975 г.), откуда я смог почерпнуть некоторые факты из истории АН СССР.

2. *Известия Российской Академии Наук*, 1917 г. № 2.

3. Проф. Б. Бабкин: *И. П. Павлов. Биография*. Чикаго, 1951 г.

4. *Известия Российской Академии наук*, 1932 г. № 2.

5. Н. И. Вавилов: Предисловие к книге проф. В. Э. Регеля *Хлеба в России*. Сам Регель умер от сыпняка, выехав из Петрограда к семье в Вятку.

6. Цитирую по книге *Горький и наука*. М. 1964. Издат-во „Наука".

7. Архив Всесоюзного института растениеводства.

8. Там же. Письмо профессору Зайцеву.

9. *Известия Российской Академии наук*, 1918 г. № 7.

10. Из тюрьмы в августе 1919 года Френкель писал матери: „Я совершенно не скучаю: довольно много занимаюсь чтением... Начал писать свою статью, теперь выжидаю получения своих лекций, которые мне до сих пор не передали. Поигрываю в шахматы..." В. Я. Френкель: *Яков Ильич Френкель*. Издательство „Наука" М —Л 1966 г., стр. 73.

11. Центральный партийный архив Института марксизма-ленинизма, фонд 461, дело 31286, листы 1, 2, 3.

12. Ленин: *Полное собр. соч.* Изд. V, том 51, стр. 47 — 49. Письмо к Горькому в Петроград от 15 сентября 1919 г.

13. Там же, том 51, стр. 52. Письмо М. Ф. Андреевой 18 сентября 1919 г.

14. Ленин: *Полн. собр. соч.* Изд. V, том 51, стр. 166.
Речь на VIII съезде РКП.

15. Ленин: *Собр. соч.*, том 38, стр. 218.

16. А для того, чтобы и не узнали никогда, со страниц Персонального состава АН СССР даже имена их вымарали.

17. Среди арестованных в 1930 — 31 годах оказалась большая группа специалистов, занимавшихся чумой и туляремией. Я столкнулся с этой трагической историей, работая над очерком о победе над туляремией. В каком-то урезанном виде судьба арестованных микробиологов отражена в моей книге *По следам отступающих*, М. 1963, Из-во „Молодая гвардия" и в книге *Над картой человеческих страданий*, М. 1971 г.

18. Ленинградский Гос. архив Октябрьской революции и Социалистического строительства (ЛГАОРСС), фонд ВИР, дело 520, лист 12.

19. Письмо к автору от 14 апреля 1975 г.

20. Вместе с четырьмя другими научными рукописями эта была уничтожена. Об этом стало известно из письма Председателя КГБ Семичастного Вице-Президенту АН СССР Кириллину от 4 сентября 1965 г. № 2008–С.

21. *Двадцать лет Ташкентского Медицинского института им. В. М. Молотова.* Ташкент, 1939. Статья проф. М. И. Слоним, стр. 22 – 23.

22. Там же.

23. Там же.

24. Архив ВАСХНИЛ, опись 805, связка 102, дело 16 (опись 1, дело 198). Стенограмма совещания при Президиуме ВАСХНИЛ 29 мая 1931 г. Доклад Бурского.

25. По этому принципу работало во время войны несколько лагерного типа городков („шараги''), в которых арестованные ученые разрабатывали новые типы вооружения. Наиболее известна „Туполевская шарага'', где под руководством академика-самолетостроителя Туполева большая группа докторов и кандидатов наук проектировала боевые самолеты. Более подробно о принципе „шараг'' см. в главе 7 „Города и люди''.

26. В дальнейшем по заданию НКВД, кандидат биологических наук Шунденко „оформлял'' арест Вавилова, и вторую половину жизни провел уже в должности работника „органов''.

27. ЛГАОРСС, Архив ВИР, фонд 9708, ед. хр. 1377, лист 15-16, 23.

28. Парттысячники – несколько тысяч молодых коммунистов, люди пролетарского происхождения, которые по рекомендации партии были направлены в науку независимо от их образования и общей культуры.

29. ВАК – Высшая аттестационная комиссия при Совете министров СССР, учреждение утверждающее решения Ученых советов институтов и университетов о присуждении ученых степеней.

30. Д. Гвишиани: *Социальная роль науки и научная политика.* Доклад на научном симпозиуме „Управление, планирование и организация научных и технических исследований''. Москва, май 1968 г., стр. 4. По самым последним данным (1978 г.) в СССР насчитывается уже более 1 миллиона 200 тысяч научных сотрудников.

Глава 2

ТОВАРИЩ ДИРЕКТОР И ДРУГИЕ

> **На образование и умственное развитие их большого внимания не обращается, так как предполагается, что эти лица ничем заниматься не обязаны, а должны только руководить...**
>
> М.Е. Салтыков-Щедрин, Полн. собр. соч. том 8, стр.241.

Когда в отечестве нашем произносим мы: ,,советская физика'', ,,советская химия'' или ,,советская биология'' (а мы любим такие словосочетания), иностранцы иронически улыбаются. Для них, иностранцев, давно стало прописной истиной, что наука едина и неделима, что Менделеев, и Павлов, Резерфорд и Бор, Винер и Ганс Селье равно принадлежат мировой науке. А то, что к мировой науке не принадлежит, то вообще не наука. Все это так, все это верно, и все же я утверждаю: — **советская наука** в массе своей, как социальное явление, есть нечто иное, нежели понимают под словом наука на Западе. Отличие наше имеет корни давние, исторические.

Не в пример Западу наука в Росиии с самого зарождения своего в XVIII веке оказалась государевой, государственной.[1] Государственными были всегда и наши университеты и сама Академия наук. Возникшее на пол века раньше Лондонское Королевское общество оттого только и звалось королевским, что короли за честь считали покровительствовать сообществу свободных исследователей. У нас же императорское правительство распоряжалось в стенах императорской Академии наук, как в собственной кладовой. В то время как европейские университетские профессора учились и учили в обстановке демократизма и независимости, русский профессор всегда был только чиновником более или менее высокого ранга. В этом смысле Советы, по логике революции, имели такое же основание для разгрома царской науки, как и всякого другого царского учреждения, ибо наука в совокупности своей была организована на тот же манер, что прочие департаменты.

Разрушив до основания буржуазную экономику, частновладельческое сельское хозяйство, аппарат царской власти и даже науку, большевики остановились в своем разрушительном порыве на том самом рубеже, который не преодолела пока еще ни одна революция: разбивая витрины, они сохранили в неприкосновенности присущий России с ее самых ранних истоков **культурный стереотип.** По традиционному этому стереотипу отштамповались уже в новое время партия, советская власть, ЧК-ОГПУ-НКВД-КГБ и советская наука. Матрицей для всех этих ведомств послужили такие, отвека существующие на Руси учреждения, как армия и церковь.

Американский физик Оппенгеймер писал, исходя из научного опыта западных университетов, что по своей сути наука демократична. Советская наука с самого своего начала (что-нибудь с года 1930-го) отвергла этот принцип. Один из основных элементов нашего культурного стереотипа всегда состоял в том, что все в стране (и в том числе ученый, наука) принадлежит верховной власти, а младший по чину безраздельно подчинен старшему. Равенство старших и младших перед научной истиной, право младшего научного сотрудника публично оспаривать старшего по должности — для советской России это звучало таким же абсурдом, как для России царской. Военизированной по своей структуре и по внутреннему духу советская наука оказалась задолго до того, как ее сделали придатком военного ведомства.

Основным научным учреждением для Советского Союза стал отдаленный от Университета, от профессуры НИИ —

Научно-Исследовательский Институт. На Западе форма НИИ в 30-е годы да и сейчас распространена крайне мало, ибо подавляющая часть фундаментальных открытий делалась и делается там в университетах. Директор, заместители директора, завсектором, завлабораторией, старшие научные, младшие научные, лаборанты — эта система НИИ с самого начала предполагала неравенство в науке, подчинение в науке, казарменную систему отношений между людьми науки. И не случайно, говоря об институтах и лабораториях, мы и сегодня пользуемся военным термином — подразделения.

Военизированная структура науки потребовала, чтобы на всех ,,этажах'' ее работники строго соответствовали должности, месту в занимаемой иерархии. Союз мыслящих личностей большевикам не годился, ибо мыслящий может и не учитывать указаний, спускаемых сверху. Правда, сперва на должности директоров многих академических институтов пришлось все-таки призвать крупных ученых. Но очень скоро выяснилось, что податели идей, такие как академики химик Ипатьев, химик Чичибабин, геохимик Вернадский, генетик Вавилов, физик Иоффе, микробиолог Омелянский, математик Крылов — хуже справляются со своим делом. Они никак не могли взять в толк, что дело директора вовсе не в том состоит, чтобы подавать идеи, а в том лишь, чтобы передавать идущие сверху директивы. Крупные ученые, мало пригодные для роли простых проводников, быстро начали сходить на нет. И не удивительно. Настаивает, к примеру, академик-агрохимик Прянишников на том, что в стране надо строить заводы для производства азотных удобрений. Объясняет с точки зрения науки, что без удобрений поля станут истощаться и урожаи год от года падать. Но по каким-то высшим соображениям **там** строить заводы удобрений не желают. Они **там** лучше знают, что надо, и в конце концов находят более подходящего для себя ученого, который в полном согласии с их планами подтверждает: никаких удобрений не нужно, земля наша велика и обильна, в ней и без удобрений всякого добра достаточно (Вильямс). Надо ли удивляться, что академик Прянишников в такой ситуации годами ходит в положении пустого болтуна, а академик Василий Вильямс становится директором института и всесоюзно прославляется как носитель подлинного прогресса. А что потом дошла российская нива до полного истощения, что приперло нам хлеб в Америке покупать, так это уже при других чиновниках случилось, нынешние чиновники за это не в ответе. Одним словом, от академических светил пришлось отказаться. И не только по причинам чисто научным.

В 1911 году царский министр просвещения Кассо призвал для расправы над бунтующими студентами полицию. Поведение министра возмутило профессуру Московского Университета, 124 профессора подали прошение об отставке и покинули здание, оскверненное полицейским вторжением. Восемнадцать человек потом вернулись и просили у министра восстановить их на покинутых кафедрах, но подавляющее число ученых предпочли остаться без работы, но не кланяться министру-хаму. Русский профессор знал себе цену. Даже в мундире он был личностью. Он ценил себя, он знал, что общество в целом на его стороне, ибо профессор в тогдашнем мире был лицом значительным, в какой-то степени даже уникальным. Те, кто стали ведать делами советской науки, учли опыт прошлого. Первую и наиболее важную задачу свою увидели они в том, чтобы новую науку сделать внеличностной, не зависящей от знаний, умственных и нравственных качеств каждого отдельного профессора.

Сначала взялись за перекройку Академии наук. В 1927 году Совнарком сделал Академии „подарок" — удвоил число академических вакансий. Одновременно введена была новая выборная система. С помощью этих подарков уже в следующем году удалось провести в академики большую группу партийцев („целый троянский табун", — как прокомментировал те давние выборы один из моих ученых собеседников). Чтобы укрепить Академию партийцами и тем самым создать кадры легко управляемых академиков — директоров институтов — начальство пускалось во все тяжкие. Личного друга Ленина Кржижановского произвели сначала в академики-философы, потом перевели „на укрепление" в отделение физико-математическое. Протолкнули в академию весьма среднеобразованного, но зато высокопартийного Луппола (позднее умер от голода в лагере). Сбой произошел, когда в Академию наук начали впихивать И.И. Скворцова-Степанова, человека с неполным средним образованием, но зато члена партии с 1896 года. По рассказам современников академики провалили партийца с треском. Власти пошли на обходный маневр. Кто-то из тогдашних вождей обратился за помощью к академику-физиологу Павлову. Иван Петрович уже начинал привыкать к советской власти, ему щедро выделяли деньги на опыты, строили лаборатории. И вот на очередном Общем собрании Российской АН Павлов обратился к коллегам с речью. Сводилась она к тому, что Калигула, пожелавший сделать своего коня консулом, в конце концов настоял на своем, хотя как известно, сенаторы противились превращению Консулата в конюшню. „Но то был конь, господа, — воскликнул в этом месте академик Павлов, — а вы взгляните на Ивана Ивановича Скворцова-Степанова, ведь это вполне симпатичный человек! К чему же нам упорствовать?!" После такой „рекомендательной" речи, безнадежно махнув рукой на предрассудки прежних лет, академики избрали большевика единогласно.[2]

По мере заполнения научных вакансий партийцами и ухода со сцены **личностей**, управляемость науки возрастала. Никто из вновь поставляемых на должность, уже не требовал, подобно Вавилову, чтобы ему во что бы то ни стало разрешили экспедицию в дальние страны или строили заводы азотных удобрений, как об этом без конца твердил Прянишников. Всяк академик и профессор стал знать свое место и стал дорожить этим местом, стараясь не беспокоить начальство по пустякам.

Правда, вымирание и выбивание классиков науки, равно как замещение их кантонистами[3] растянулось на многие годы. До сих пор занимают директорские кресла около дюжины бывших крупных ученых, бывших подателей идей, которые однако успели за это время вполне перестроиться. Смена функции, полный переход в чиновное состояние внешне пошли им на пользу: бывшие получили золотые звезды Героев Социалистического труда, Ленинские и Сталинские премии, они нежатся на своих дачах и за государственный счет ездят по заграницам. Но разрыв с подлинной наукой оскопил их, поразил полным творческим бесплодием. Среди бывших достойны упоминания биолог Энгельгардт, химики Семенов и Несмеянов, физик Скобельцын, математик И. Виноградов, генетик Дубинин.

В своих институтах и лабораториях бывшие — этакие британские монархи на российский лад. Они царствуют, не неся почти никаких обязательств перед наукой и подчиненными. Мой знакомый социолог знакомился со стенограммами Ученых советов и совещаний при директоре в Институте молекулярной биологии АН СССР. На одном из таких совещаний стенографистка записала слова директора академика Владимира Александровича Энгельгардта, только что вернувшегося после очередной развлекательной международной поездки. — „Вы хоть расскажите, что вы делаете, — обратился академик к заведующим лабораториями, — я давно не знаю, что у вас делается, не понимаю даже, чем вы теперь занимаетесь..." Энгельгардт — один из самых прочно сидящих на своей должности директоров, лицо чрезвычайно ценимое в партийных сферах.

Должность директора научно-исследовательского института — одна из наиболее вожделенных в нашем отечестве. Она дается только в награду за большие заслуги перед партийной и государственной администрацией. Претендент может быть порой даже не членом партии, но должен быть безоговорочно послушен и удобен в управлении. Малейшее, самое невинное уклонение от воли райкома, горкома, а тем более ЦК КПСС наказывается немедленным изъятием с поста. Тут уж не помогают никакие заслуги перед наукой, и вообще никакие прошлые заслуги. Время от времени партийные органы производят среди директорского состава своеобразную проверку на преданность и управляемость. Тесты при этом используются самые различные, иногда индивидуальные, чаще массовые. Например, объявляется, что в Академию наук будет баллотироваться сам заведующий Отделом науки Центрального Комитета КПСС. В науке он ничего не сделал, это все знают. Но директоры также знают: непослушный, который осмелится бросить на выборах начальства черный шар, будет уличен и немедленно наказан. Рядовые академики могут себе позволить игру в демократию, но директор — ни в коем случае. Он не раздумывая поддерживает чиновника на выборах, не рискнет даже в мыслях произнести то, что когда-то вслух говорил на выборах Скворцова-Степанова академик Павлов.

Другой тест на покорность — письма в газету с проклятиями по адресу академика Сахарова.[4]

Когда сверяешь имена ,,подписанцев'' (так именует эту категорию своих коллег академик М.А. Леонтович) с академическим справочником, то обнаруживаешь, что 75 процентов публично ,,негодующих'' — руководители научно-исследовательских институтов.

Проверка ничуть не обижает директоров-академиков. Наоборот, они любят тесты на управляемость. Для них проверка — средство лишний раз продемонстрировать свою верность власти и, следовательно, полное соответствие свое с занимаемой должностью. Вспоминается рассказ врача-кардиолога, работающего в академической больнице (Москва). В дни, когда готовилось очередное публичное письмо против академика Сахарова, пациенты больницы страшно волновались, у многих подскочило давление крови. Рядовые профессора-доктора беспокоились о том, чтобы их не заставили подписывать насильно (некрасиво, противно, позорно). Академики-директоры, члены Президиума АН СССР и другие функционеры наоборот, страшно беспокоились, как бы, лежа в больнице, они не остались в стороне от важного для их карьеры мероприятия. Особенно нервничал академик-биохимик Александр Евсеевич Браунштейн (1902 год рождения). Он несколько раз в день обращался к врачу с вопросом, нет ли для него пакета из Президиума АН СССР с вожделенным письмом. Еще более тяжелые переживания выпали на долю академика Глеба Михайловича Франка. Директор Института биологической физики в подмосковном научном городке Пущино, Франк подписал письмо против Сахарова, но когда вышла газета, не нашел в ней своего имени. Удрученный и напуганный академик прибежал к Ученому секретарю Академии, чтобы дознаться, какие именно козни и интриги врагов привели к исключению его из числа подписавших. Его успокоили: никаких интриг, просто фамилию пропустили типографские наборщики...

Директоры — золотой фонд управляемой науки. В массе своей это люди железные. Их, при исполнении служебных обязанностей, не останавливает ничто. Это, впрочем, и не удивительно. Директору есть что отстаивать в этом мире, есть за что бороться. Сказать, что наука для директора НИИ — дойная корова, значит ничего не сказать. Ибо не с подойником подходит такой руководящий товарищ к науке-кормилице, а с железнодорожной цистерной. И получает все, что ему необходимо в избытке и переизбытке. Если, к примеру, вновь назначенный директор не имеет докторской диссертации, ему ее напишут. Весь институт будет работать, а товарища директора выручат. И, насколько мне известно, не бывало еще ни разу, чтобы **такая** диссертация не была утверждена Ученым советом и Высшей аттестационной комиссией. Потому что сама должность директорская требует, чтобы владелец ее председательствовал в Ученом совете своего Института. А председателю Ученого совета пристало быть доктором. Директору же академического института подобает (не нахожу для данной ситуации более подходящего слова) быть также членом-корреспондентом или академиком. Партийные власти, которые назначают директоров и это предусмотрели: будешь **хорошим директором — станешь и академиком.**

Случается, что у вновь назначенного руководителя Института мало или совсем нет научных публикаций. Ничего, и это поправимо. Ему не придется даже давать никаких специальных распоряжений. Каждый мало-мальски понятливый сотрудник института включает директора в число соавторов своих публикуемых работ. Причем в списке соавторов ставит как правило имя начальника на первое место. Мало кто из руководителей НИИ уклоняется от таких подношений. Процесс приписывания своего имени к чужим работам стал ныне массовым. То, что очевидно представлялось бы бредом академику Ф.А. Иоффе или академику И.М. Крылову (у которых и своих идей было сколько угодно) теперь стало научным бытом: ведь нынешнему директору-чиновнику и впрямь некогда писать статьи, а тем более монографии — он большую часть времени проводит там, где дают директивы: в райкомах, министерствах, в ЦК.

Мало, очень мало я знаю руководителей НИИ, которые отвергают научные подношения своих подчиненных. И уж совсем не осталось таких, кто мог бы выгнать из кабинета сотрудника, пришедшего с такого рода ,,подарком'' — как это делал академик ВАСХНИЛ селекционер Аведикт Лукьянович Мазлумов (1897-1972). — „Меня коробит, когда статья начинающего исследователя подписана двумя фамилиями, ниже его собственной, а вверху — руководителя'' — писал Мазлумов, много лет возглавлявший научную работу во Всесоюзном НИИ сахарной свеклы (Рамонь, поселок под Воронежем). Для него, человека, который вывел более полусотни сортов сахарной свеклы (в сороковые-пятидесятые годы каждый второй кусок сахара, который в России клали в чай, был мазлумовским) такая позиция вполне естественна, как и для ленинградского фармаколога Николая Васильевича Лазарева (1895-1974), который в конце жизни признался мне, что своей рукой написал и отредактировал **девяносто** книг. Но, как говорит современный остроумец: ,,Иные времена, иные правы...''.

Система приписывания себя к чужим научным работам породила среди директоров НИИ подлинных гигантов мысли и титанов работоспособности. Сколько научных публикаций может сделать за жизнь исследователь? Кандидат технических наук Б.Н. Волгин сообщает: „По материалам недавно проведенного обследования тридцати одного научно-исследовательского института Ленинграда оказывается, что в среднем научный сотрудник пишет одну статью в год, причем среди них есть ученые, публикующие по десятку статей, и десятки сотрудников на каждого такого ученого, не публикующие ни одного.''[5]

Если подмеченную выше закономерность распространить на всю научную публику, и в том числе на академиков преклонного возраста, то окажется, что после 30-40 лет научной деятельности ученый может иметь максимум 300-400 опубликованных работ. Между тем, по наведенным справкам, большая часть академиков-директоров насчитывает в своем списке по 500-600 и более научных трудов, и среди них много монографий. Интересен список трудов самого молодого академика директора Института химии природных соединений АН СССР Ю.П. Овчинникова. За пятнадцать лет пребывания в науке Овчинников опубликовал 300 трудов и среди них несколько книг. Но истинным гением трудолюбия является академик Александр Николаевич Несмеянов: за его подписью вышло в свет 1200 трудов! Вот уже сорок лет без перерыва он выдерживает в науке поистине бешенный темп: каждые 12 дней публикует статью или монографию. Вот что значит быть директором!

Директор современного НИИ чувствует себя подготовленным к победам в любых сферах. Захочется, например, ему прославить свое имя на изобретательском поприще, изобрести что-нибудь этакое — машину, лекарственный препарат или метод повышения яйценоскости кур. Пожалуйста. Не возбраняется. И авторское свидетельсво можно получить и до международного патентования дело дойдет. А уж тем более до Ленинской премии. И все это — не прикладая рук. Только потому что — директор.

Таких начальственных ,,изобретений'' мог бы я перечислить десятки, если не сотни, потому что всякое крупное изобретение, сделанное в НИИ, по неписаному этическому статуту советской науки конечно же среди своих соавторов имеет директора. Без директора никакого даже самого гениального изобретения не бывает, потому что ни райком партии, в котором территориально находится Институт, ни министерство, которому Институт подчинен, никогда не поддержат изобретение, к которому не причастен товарищ директор.

Однажды, правда, я слышал трагикомическую историю о директоре, который (в одном случае!) погубил себя как изобретатель. Но власти при этом вовсе не были виноваты. В столичном академическом институте в недавние времена комиссия Комитета по делам изобретений и открытий обсуждала два варианта только что завершенной машины. Представитель Комитета высоко оценил вариант машины номер один, но директор Института, академик, в громогласной речи именно этот вариант подверг резкой критике: машина недоработана, плоха, о ней нечего даже говорить. Зато очень хорош вариант номер два...

— Простите, — изумленно воскликнул представитель Комитета. — Может быть первая машина действительно недоработана, но среди авторов конструкции, которую вы так строго критикуете, мы видим ваше имя. Оно стоит первым...

Возникла пауза, сильно смахивающая на заключительную сцену из *Ревизора*. Всем присутствующим стало ясно: директор института так часто и так беззастенчиво приписывал себя к чужим изобретениям, что в конце концов перепутал, какую именно конструкцию ему сегодня следовало отстаивать как „свою''...[6]

Последняя история показывает, что есть свои трудности и у директоров, но в целом живется этому околонаучному клану совсем неплохо. Конечно, до поры до времени. Пока не сняли. Не подумайте, однако, что руководителей НИИ снимают по старости. Должность эта (особенно в институтах академических) возрастом не ограничена. Я помню, как 89-летний академик А.Н. Бах по старческому слабоумию уже не узнавал своего первого ученика и заместителя академика Опарина, но это не мешало Баху занимать свой пост до самой смерти. Не снимают директоров также за творческое бесплодие и за бездарность. Безнравственное общественное поведение также не угрожает директору серьезными карами.

Работая в архивах над биографией академика Николая Вавилова, я разыскал ряд доносов, которые сделали на него сотрудники. Тридцать лет спустя один из доносчиков, некто С. Сидоров, все еще работал в том же институте и занимал должность заместителя директора. В 1967 году я выступил перед научными сотрудниками ВИР и в частности прочитал им давний донос. После этого доносчику пришлось из института уйти, однако Ленинградский Обком КПСС (где были крайне раздражены моим выступлением) тут же назначил доносчика на такую же точно должность в другой институт.

Этика вообще не такая сфера, в которой ученый может вызвать недовольство партийного начальства, разве только до растления малолетних дело дойдет. Но есть для директоров зона крайне опасная, приближаясь к которой они ставят свою карьеру на край пропасти. Директору ни в коем случае нельзя отклоняться от линии партии или, проще говоря, нельзя даже в самом малом уклоняться от того, что его партийные руководители считают обязательным.

Летом 1975 года, будучи в Ленинграде, я стал свидетелем крушения карьеры весьма известного академика-физиолога Евгения Михайловича Крепса. Как и у многих советских ученых судьба Крепса (род. в 1899 году) была пестрой. При Сталине он несколько лет сидел в Магаданских лагерях, перенес тяжелое заболевание позвоночника. Затем возвращен в столицу. Обласкан. Лет пятнадцать назад его срочно вызвали из зарубежной командировки для того, чтобы после смерти академика Л.А. Орбели он возглавил Институт эволюционной физиологии в Ленинграде. Пять лет спустя, в 1966-м, Крепс был избран действительным членом АН СССР, еще год спустя стал академиком-секретарем Отделения физиологии. К 250-летию Академии наук получил высшую в стране награду — золотую звезду Героя социалистического труда. В нравственном отношении академик Крепс человек вполне гуттаперчевый и никаких нареканий со стороны начальства не вызывал. В науке пользовался уважением коллег и даже приобрел кое-какое международное имя. Все оборвалось в одночасье, после того, как директор прогневал партийного секретаря своего Института, некоего Данилова.

Не академик и не герой Данилов, однако, обладал силой и общественным весом во много раз большим, нежели его патрон. Стоило Данилову пожаловаться на Крепса в райком партии, как академик был призван к ответу. Первый секретарь Выборгского райкома партии В.М. Никифоров напрямик спросил академика, не собирается ли тот на покой. Крепс, которому пошел 76-й год, ответил, что у него есть еще в науке кое-какие незавершенные дела. Через некоторое время первый секретарь райкома снова призвал директора и снова задал тот же вопрос. А затем по своим партийным каналам обжаловал поведение академика, который-де не желает прислушиваться к советам партийных органов. Из ЦК КПСС последовал окрик, после которого Президент АН СССР Келдыш тут же снял Крепса с его поста. Была, правда, в соответствии с уставом Академии наук, еще процедура ,,переизбрания'', но это уже к сути дела отношения не имело.

Что же такое совершил бедняга Крепс? Чем вызвал раздражение своих партийных хозяев? Со стороны может показаться, что проступок яйца выеденного не стоит. Директор Института эволюционной физиологии и биохимии попытался уклониться от заключения ,,шефского договора'' с одним из пригородных ленинградских совхозов. Суть таких договоров, если оставить в стороне болтовню о единстве тружеников города и деревни, заключается в том, что в совхозах не хватает рабочих рук на уборке урожая, и ученые должны каждую осень ездить на несколько недель убирать картошку. Такой порядок сам по себе никого в стране не удивляет. Миллионы горожан ежегодно бросают свои институты, заводы и конторы ради того, чтобы заменить на уборке убежавших в город крестьян. Но Герой социалистического труда, академик Крепс предположил, что ему уже можно уклониться от системы, при которой картофель копают доктора и кандидаты наук. Он был прав по существу, но существо вопроса никакой роли не играло. Райком партии связывал успех своего руководства наукой с такого рода ,,шефскими договорами''. Ни один институт не имел права оставаться в стороне от ,,шефства''. Крепс заупрямился, проявил в какой-то степени неуправляемость и был свергнут. А новый директор извлек из истории вполне рациональный опыт: он сделал секретаря партийной организации института Данилова своим первым заместителем.

История с академиком Крепсом — чистый эксперимент: тут все элементы на виду — преступление и наказание. Незадолго до того однако, в Ленинграде тот же Выборгский райком партии продемонстрировал свою власть над другим ученым не столь откровенно, хотя и столь же решительно. В 1964 году Академия наук избрала в члены-корреспонденты сорокачетырехлетнего одаренного метеоролога, специалиста по вопросам геофизики атмосферы и гидросферы Михаила Ивановича Будыко. Вскоре затем молодого специалиста назначили на пост директора Центральной геофизической обсерватории в Ленинграде. Ученая карьера Будыко шла по восходящей. Его избрали в Бюро Отделения океанографии, физики атмосферы и географии, его выдвинули в академики. И вдруг грянул партийный гром. На Общем собрании академиков, когда публика приготовилась к выборам, Президент Келдыш вдруг прочитал письмо, полученное из Ленинграда. Писал Первый секретарь Ленинградского Обкома партии Романов. Писал сердито: извещаю Президиум Академии наук, что член-корреспондент Будыко в своей директорской деятельности не прислушивается к советам парторганизации Института, конфликтует с институтским партсекретарем. Романов не рекомендовал избирать Будыко в академики. И хотя вроде бы и не подчиняется Академия наук СССР Ленинградскому Обкому КПСС, но тем не менее большинство академиков проголосовало так, как требовало партийное начальство. Будыко академиком не стал. А вскоре перестал он быть и директором Обсерватории. Подлинная вина его состояла в том, что нарушая секретный приказ Обкома партии Будыко взял на работу несколько евреев. Команду нарушил, а главное — выявил свою неуправляемость. И погорел. А на место его поставили того самого партсекретаря, который донес в райком на своего директора.

У двух этих историй есть общая концовка. Поскольку внутренний механизм увольнения директора, как правило, держится в строжайшем секрете, то сотрудники Института эволюционной физиологии долгое время сомневались, действительно ли в изгнании их руководителя повинен райком. Ученым было как-то не по себе от простоты, с которой маленькие вроде партийные чиновники могут расправляться с видными деятелями науки, с международной величиной. В институтских кулуарах высказывались по этому поводу различные „смягчающие'' догадки: может быть академик Крепс погорячился, разговаривая в райкоме, а может быть и всерьез проштрафился перед руководством Академии наук... Но однажды на очередное партийное собрание в Институт пришел молодой инструктор райкома и с гордостью разъяснил своим ученым слушателям, что именно Выборгский райком партии (да, да райком!) сместил двух директоров академических институтов. Операция эта была преднамеренной и составляет несомненную заслугу партийных работников. Пусть ученые это знают доподлинно и не забывают, кто настоящий хозяин науки.

Отношения между наукой и властью, однако, совсем не так просты как, скажем, отношения между конем и всадником. Есть и нюансы.

Живя весь век под прессом насилия, человек не может постоянно пребывать в напряжении. Нельзя вечно ощущать себя только жертвой или только борцом за справедливость. Человек стремится создать более уравновешенную, психологически более комфортную систему отношений с внешним миром. Он начинает искать объяснения и даже обоснования гнета, пытается убедить себя и окружающих, что в общем-то терпеть можно, и, как написал мне после разгрома и разгона его лаборатории в Тарту эстонский социолог: „Тяжелее бывало. И блокаду переносили...".

Такая новая система отношений с внешним миром позволяет не только примириться с самыми гнусными фактами бытия, но даже начать (безо всякого цинизма, подчас!) сотрудничать со своими гонителями. Из лучших, так сказать, побуждений, ради пользы науки. Один из ближайших сотрудников Нобелевского лауреата академика химика Н.Н. Семенова слышал от него целую „кадровую" концепцию. Труд ученого — огромная ценность. В наших условиях быть директором института или руководителем сектора ученому не по силам, количество административных обязанностей таково, что полностью глушит творческий потенциал исследователя. Поэтому нет ничего плохого, если на руководящих должностях в науке окажутся партийные товарищи или иные должностные лица, владеющие административным талантом. Конечно, их придется за это обеспечить учеными степенями и академическими званиями, но зато сколько драгоценного времени высвободится у настоящих ученых!

У академика Н.Н. Семенова теория не расходится с практикой. На очередных выборах в Академии он голосует за то, чтобы сорокапятилетний экономист Владимир Алексеевич Виноградов стал членом-корреспондентом. Может быть Николай Николаевич Семенов (в ту пору он был Вице-Президентом АН СССР) не знал, что его протеже ни к какой экономике отношения не имеет, а много лет, имея крупный чин КГБ, сначала замещал заведующего Иностранным отделом АН, а потом сам возглавлял сей отдел, чьи функции общеизвестны? Нет, Семенов хорошо все знал. Но это вовсе его не смущало. У него же есть на этот счет **теория**. И даже более того — принципиальная позиция. Член-корреспондент химик, гуляя как-то с академиком Семеновым по дорожкам академического санатория „Узкое", спросил его, между прочим, зачем он тащит к руководству Академией некоего Х., который в науке, как всем известно, полный нуль.

— В науке он — нуль, — согласился Семенов, — но в

органах очень весомая фигура. Надо же нам иметь кого-то из госбезопасности...

Академик Н.Н. Семенов — не циник, не карьерист. Он всемирно известный ученый и у себя дома в Советском Союзе достиг высших почестей. Но при всем том он считает, что руководство Академией не может существовать без чинов КГБ, без партийных боссов. И он не единственный ученый, который в этом убежден.

В дни моей журналистской молодости я забрел как-то в администрацию Советского Красного креста. Меня принял темноволосый, темпераментного вида господин, который очевидно от скуки начал рассказывать занимательные истории о своей работе в качестве медика в Эфиопии, Иране и других столь же экзотических странах. По его рассказам он много лет организовывал советские госпитали в странах Азии и Африки, дабы оказать бескорыстную помощь народам развивающихся стран. Увлеченный интересными подробностями жизни этого необычного человека, я сказал, что напишу о нем в одном из тех журналов, которые СССР выпускает для заграничного читателя.

— Не стоит, — сказал мой собеседник с несколько кривой улыбкой. — Они и так слишком хорошо меня знают...

Смысл этой странной фразы дошел до меня через несколько лет, когда я узнал, что мой собеседник — полковник КГБ О. Бароян по должности своей полуразведчик-полуподрывник международного класса. Он действительно пользовался нашими госпиталями в странах Африки и Азии для своих далеко не медицинских целей. В конце концов его изгнали из Всемирной Организации Здравоохранения после чего агент задумал прибиться к более спокойному месту. И тут его благодетелем оказался никто иной как блестящий вирусолог, творец вирусной теории рака, ныне покойный академик АМН СССР Лев Александрович Зильбер.

Зильбер (1894-1966) помог разведчику обзавестись докторской диссертацией, похлопотал, чтобы Медицинская Академия избрала его протеже в члены-корреспонденты и академики. Зачем? Когда Зильбера, человека бешеного темперамента, рискованного и постоянно брызжущего научными идеями, спрашивали, зачем он поднимает этого подонка, академик смеялся: „И подонок пригодится". Еврей Зильбер, трижды сидевший при Сталине в тюрьме, боялся, что у него снова отнимут возможность вести любимую научную работу. Как говорят, Бароян служил некоторое время своеобразным телохранителем гения. Но гений умер, а Бароян остался. Ныне он полный академик и директор очень большого научно-исследовательского института (НИИ эпидемиологии, микробиологии и иммунологии им. Гамалеи АМН СССР).

Став большим хозяином, этот бывший разведчик-подрывник успешно подрывает корни науки. В институте организована система непрерывного террора. Ко мне несколько раз обращались сотрудники института — доктора и кандидаты наук с просьбой написать в газете о творимых академиком Брояном безобразиях. Дважды всесильный, как академик и как заслуженный деятель КГБ (на покое?), он третирует своих подчиненных на Ученых советах, выгоняет с работы всякого, кто ему не по душе, разрушает с особым ожесточением именно те лаборатории, которые продолжают дело Зильбера. Об одной из своих жертв, талантливом докторе наук Т. Крюковой, Бароян публично (1974г.) заявил: „Я верну ее в институт, если она сегодня же подаст мне заявление и станет на колени в моем кабинете. Если же она сделает это завтра, то ей придется ползти со своим заявлением на коленях от вестибюля до моего кабинета." Очевидно, о таком академике можно сказать многое, но может быть более серьезного осуждения достоин тот, кто ввел Барояна в науку?

Такую смену, — кто из цинизма, кто от недоумия и нравственной нищеты, выращивают себе многие ученые и сегодня. Особенно прославился этим академик экономист Абел Гезевич Аганбегян, из Института экономики и организации промышленного производства АН СССР (Новосибирский Академгородок). Для местных партийных руководителей Аганбегян открыл самую широкую возможность защищать диссертации в своем институте. В том числе и самые привлекательные — докторские. Надо ли удивляться, что среди местных обкомовцев и горкомовцев академик Аганбегян пользуется самой горячей поддержкой.

В то время, как Семенов действовал по интуиции, а Зильбер создавал Барояна из расчета, Аганбегян, как ученый, знакомый с социологией, постиг важную закономерность, касающуюся партийного босса — партбосс сегодня хочет сохранить свои преимущества и в то же время как-то еще более укрепить свою безопасность. Создав для ректоров, проректоров и директоров род „сладкой жизни", партийные функционеры в один прекрасный день обнаружили, что привилегии ученых, хотя и не так велики, как их собственные, но зато являются более устойчивыми, более верными. Жизнь директора НИИ или ректора Университета куда спокойнее и безопаснее, нежели существование аппаратчика, каждую минуту рискующего, по манию вышестоящих, сорваться со своей вершины. Докторская степень, а тем более академическое звание оберегают своего носителя от всевозможных бюрократических катаклизмов лучше, чем любая должность в Обкоме или в Министерстве. Ученый диплом в наших условиях — своеобразная рента, по надежности превосходящая всякое другое обеспечение.

Усвоив эту истину, чиновник пошел в науку. Пример подают министры. Министр здравоохранения СССР — хирург Б.В. Петровский добился, что его избрали в Академию наук, хотя по уставу медиков туда не принимают. На случай непредвиденных перемен министр также открыл для себя научно-исследовательский институт, в котором считается директором, хотя бывает там крайне редко. Сделал рывок в Академию наук и министр высшего образования В.П. Елютин. Но неудачно. Перед началом голосования один из академиков попросил разъяснить, что собственно сделал в науке товарищ министр. К удивлению присутствующих (в том числе металлургов) оказалось, что Елютин — руководит лабораторией в Институте Стали. „Но каков все-таки его личный вклад в науку?" — продолжали допытываться в зале.

Секретарь Отделения не мог сообщить по этому поводу ничего определенного. В зале засмеялись. Академическая судьба министра Елютина пока не состоялась. Впрочем, случай этот относится к числу исключительных и не остановил новые **чиновные колонны, штурмующие научный Олимп.**[7]

Заместители министров тоже спешат обеспечить себе белый хлеб на черный день. Каждый заместитель министра здравоохранения СССР, например, за время своей службы ,,в верхах'' успевает не только обзавестись докторской степенью (это программа минимум) , но и подобрать тот институт, куда он, в качестве директора, пересядет, когда министерская фортуна повернется к нему задом. А для этого приходится хлопотать также о том, чтобы его выбрали в Академию медицинских наук. Хлопоты эти как правило оканчиваются успешно и на сегодня мы всех замминистров видим в сиянии академического ореола, а также руководителями **своих будущих** институтов и лабораторий. Эта механика недавно была даже предметом специального обсуждения в Совете Министров СССР. К концу 1975 года, в преддверии XXV съезда партии, в ЦК стали приходить письма трудящихся со всякого рода жалобами. Среди этого потока — десятки тысяч писем! — большая половина жалобщиков, пожилые люди, писали об ужасном состоянии нашего бесплатного здравоохранения. В связи с этим в Совете Министров СССР был заслушан доклад Министра здравоохранения Б.В. Петровского. Прямого начальника Петровского, члена Политбюро Мазурова, доклад не удовлетворил. Перечисляя причины развала нашего здравоохранения, Мазуров отметил среди прочего странное тяготение министра Петровского и его заместителей к научным должностям и к академическим званиям. Как рассказывают, Мазуров кричал медикам, что они поставлены на свои высокие должности не для того, чтобы делать **научную** карьеру, а для того, чтобы страна имела хорошо работающую систему здравоохранения. Чиновники, естественно, клялись и каялись, но никто из них **своих** институтов не покинул.

,,Научное'' поветрие охватило за последние годы и другие

ведомства. Срочно защищают диссертации руководящие сотрудники министерств (химики, геологи, железнодорожники, агрономы), благо в их распоряжении — отраслевые институты, где десятки, а то и сотни сотрудников, по своей и не по своей воле, сочиняют сегодня диссертации для начальства. Упорно „тянутся к науке" сотрудники Госплана и Центрального Статистического Управления (ЦСУ). Им защищать докторские тоже нетрудно: огромное количество цифрового, вполне „диссертабельного" материала поступает на их столы, так сказать, самотеком, в силу их должностного положения.

Партийные руководители страны, как люди наиболее практичные даже узаконили для своей подрастающей смены обзаведение ученой степенью почти автоматическое. Каждый, кто оканчивает Академию общественных наук, выходит из ее стен кандидатом философских наук. Правда, о докторской приходится потом беспокоиться самому. Докторских пока в законном порядке не раздают.

Диссертационная горячка среди партийных и должностных лиц началась не вчера. Первые всплески ее можно проследить уже с начала 50-х годов. Но к средине 70-х она обратилась в настоящий всесметающий шквал. „Я счастлив, что ухожу из науки в пору, когда ее оккупирует чиновник", — сказал незадолго до смерти герой нескольких моих книг профессор-фармаколог Николай Васильевич Лазарев. Уже после его смерти в 1974 году я совершил несколько больших поездок по стране и убедился, что оккупация, о которой с болью говорил мой старший друг, в разгаре. В Краснодаре, в Научно-исследовательском Институте сельского хозяйства, где я бывал за последние два десятка лет несколько раз, меня встретило всеобщее уныние: Крайком КПСС назначил нового директора. Человек этот, некто И.В. Калашников, восемь лет перед тем просидевший в качестве заведующего сельскохозяйственным отделом Крайкома, не проявил на этой должности ни знаний, ни таланта. Зато приказал своим подчиненным собрать материал для диссертации. Собрали. Написали. И вот свежий кандидат экономических наук водрузился в кресло директора и руководит ныне работой десятков ученых. В том же Краснодаре руководить Научно-исследовательским Институтом гражданской (сельскохозяйственной) авиации в 1975 году назначен бывший Председатель Краснодарского Крайкома Рязанов. Диссертацию на степень кандидата экономических наук сочинили ему тоже благодарные сотрудники. Правда, в ученую сферу попал Рязанов не совсем по собственной воле. В городе рассказывают, что хозяин края слишком „неаккуратно" развлекался, пьяные дебоши и разврат его побудил Крайком КПСС убрать этого „ученого" в тихое место, в науку...

Далеко от плодородных кубанских нив до Уральского хребта, а нравы — те же. Свердловская творческая интеллигенция семь лет терпела хамские выходки и грубые оскорбления третьего секретаря крайкома КПСС по культуре. Руководитель театров, издательств, газет, всей культурной жизни миллионного города, М.С. Сергеев даже среди своих коллег отличался редкой неинтеллигентностью. Откровенный душитель любых культурных начинаний снискал общую ненависть актеров, журналистов, писателей и художников. И наконец, радостная весть: Сергеева снижают! Куда же он теперь, этот культуртрегер? В науку! Все было сработано по стандартному, но безотказному сценарию: загодя присмотрен Институт экономики Уральского Научного центра. Заказана подчиненным диссертация по экономике. И вот уже партийный чиновник на вожделенной должности в Академии наук СССР (1975 г.) Одновременно Сергеев стал Вице-Председателем Уральского Научного Центра АН СССР. А поскольку Председатель УНЦ — С.В. Вонсовский — академик, то как-то неудобно, чтобы заместитель его не стал бы на первый случай хотя бы членом-корреспондентом. Ему это по должности полагается. И, можно не сомневаться, все, что полагается, товарищ Сергеев получит...

Большому начальству — и в науке большие должности. Кто поменьше чином, тот и в науке получает более скромное, но в общем-то сытое кормление. Заведующий отдела агитации и пропаганды Свердловского Обкома КПСС Мызников, выгнан с работы за разврат (в городе это называется „уволен по бабской части") . Но и он без работы не оставлен. Кандидат исторических наук Мызников ныне преподает в Партийной школе. При встрече с прежними своими товарищами по работе, ученый Мызников хвалится: жить ему стало веселей и вольготнее, — работать почти не надо, зато зарплата такая же, как и в обкоме. Редактор газеты *Вечерний Свердловск* Панфилов, более известный в городе под кличкой „сексуал-демократ", чувствуя, что его постоянные пьянки и дебоши до добра не доведут, обратился к юриспруденции. Юридическая наука действительно оказалась для него спасительной. Ныне кандидат юридических наук Панфилов преподает в Свердловском юридическом институте, учит молодежь основам права и законности.

Есть ли нужда продолжать этот список, приводить примеры, взятые из Владивостока, Воронежа или Новосибирска? Едва ли. Чиновник пошел а науку. Его не остановишь, не урезонишь. За ним будущее. А что это несет самой науке, остальным членам научного коллектива?

Здесь мне хочется предоставить слово двум москвичам: доктору биологических наук Г.И. Абелеву из Института эпидемиологии и микробиологии им. Н.Ф. Гамалея АМН СССР и его жене кандидату наук Э.А. Абелевой, сотруднице Института биологии развития АН СССР. Супруги Абелевы написали нигде не опубликованную до сих пор статью „Этика как элемент организации науки". Среди прочего в этой статье читаем:

„Если ученый твердо знает, что занимает свое место по праву, что признание его коллегами заслужено, то это порождает в нем чувство устойчивости, независимости, внутренней свободы и уравновешенности, т.е. создает те условия, в которых легко услышать голос совести. Такой человек дорожит честью и совестью, он чувствует себя частью науки, ее носителем и деятелем. ... В подобной ситуации служебная обязанность ученого просто быть собой, следовать своему интересу и совести, искать справедливость, опираясь на собственное внутреннее чутье и опыт. Здесь можно быть спокойным за все сферы профессиональной этики.

Иное дело — **человек не на своем месте**... У него нет внутренней уверенности ни в себе, ни в собственном мнении. Нет не только внутренней, но и внешней независимости, так как своим положением он кому-то обязан. Надо казаться не тем, что ты есть, надо не жить, а играть роль, надо организовать себе научное признание, надо подбирать людей от тебя зависимых. Человек не на своем месте неизбежно порождает себе подобных, так как только на них он может надежно опереться... Человек не на своем месте — ... враг научной этики. Ибо этика поддерживает естественную структуру науки, естественную иерархию ее членов, основанную на научном авторитете, или точнее, на авторитете в той функции, которую исполняет ученый или администратор. Человек не на своем месте явление гораздо более грозное, чем просто пустое место, — это активно опустошающая сила, создающая вокруг себя мертвую зону. Из-за них, — людей не на своем месте, — простые нормы научной этики становятся временами недостижимым идеалом, требующим подлинного гражданского мужества, риска и энергиии..."

Кого именно имели ввиду супруги Абелевы, говоря о „человеке не на своем месте", из всего предыдущего очевидно ясно.

Зададимся еще одним вопросом: есть ли в этой напирающей со всех сторон толпе людей не на своем месте хоть какой-нибудь шанс для подлинного гения? Мог бы, например, у нас стать кандидатом наук Альберт Эйнштейн? Ну да, тот самый великий физик Эйнштейн...

Как известно, в 1905 году безвестный служащий Бюро патентов в Берне, Эйнштейн, сгруппировав результаты нескольких статей, представил диссертацию на тему „Новое определение размеров молекул". Вся диссертация уместилась на 21 странице. Два профессора Цюрихского Университета ее одобрили, и в том же году Эйнштейн стал доктором философии, что примерно соответствует нашей степени кандидата наук. Попробуем мысленно перенести молодого гения на семьдесят лет вперед и проследить, что бы случилось с ним в нынешних наших условиях.

Во-первых, он должен был бы сдать экзамены кандидатского минимума и, в том числе, по языку и философии. Говорят, что даже прожив двадцать лет в США, Эйнштейн скверно владел английским. Что же касается философии, то тут его ждали бы почти непреодолимые трудности: ведь даже позднее, когда гениальность великого физика была признана во всем мире, в СССР его кляли как отъявленного идеалиста. К тому же он был верующим, таким нет места в советской науке. Но допустим, что кандидатский минимум все же сдан. Бюро патентов, где, естественно, нет своего Ученого совета, посылает диссертацию Эйнштейна в Университет. При этом, согласно существующему порядку, с места работы ему должны дать характеристику с указанием о выполняемой общественной работе, партийности, авторитете среди сотрудников. Есть все основания полагать, что замкнутый, погруженный в науку Эйнштейн не получил бы достаточно обтекаемой характеристики. Вдобавок, как известно, директор Бюро патентов Галлер не одобрил новаторских идей своего молодого сотрудника. В наших условиях такая ситуация полностью исключает прием диссертации к защите.

Ну, а как проходила бы современная защита? Диссертация сводилась к истолкованию броуновского движения, исходя из существования атомов и молекул. Между тем, ведущие, наиболее авторитетные ученые того времени — Мах и Оствальд отрицали самую физическую реальность атомов и молекул. В 1905 году это обстоятельство не имело для соискания никакого значения. Но в 1975-м молодой Эйнштейн был бы затоптан авторитетами. Он едва ли получил бы положительные отзывы на разосланный автореферат диссертации. Да и о практическом внедрении результатов диссертации говорить не приходится. Поэтому, в соответствии с инструкцией Высшей аттестационной комиссии (ВАК) и существующей практикой, нетрудно предположить, что диссертация ,,Новое определение размеров молекул'' была бы забаллотирована Ученым советом.

Но сделаем еще одно допущение: Ученый совет Университета все-таки одобрил диссертацию, и она поступила в ВАК. Весьма мало шансов, что ее утвердили бы за три месяца, как это происходит со всякой другой малозаметной и малозначительной кандидатской работой. Скорее всего, что, как всякую нестандартную диссертацию, ВАК направил бы труд Эйнштейна к „черному'' оппоненту из числа его научных противников, сторонников Маха и Оствальда. Диссертацию послали бы и на вторую и на третью ,,черную'' рецензии также в связи с вопросом о невозможности практического внедрения. Это затянуло бы решение ВАК'а на два-три года. Наконец, эксперты ВАК'а, конечно же, не могли не обратить внимание на еврейскую фамилию соискателя. Это еще более ухудшило бы судьбу диссертации.

Итак, будем честны: Альберту Эйнштейну ни за что не удалось бы стать сейчас кандидатом физико-математических наук. Ему не удалось бы преодолеть тот стандарт, который необходим советскому ученому 70-х годов XX века. Да и сам он, живя в наших условиях и зная о предстоящих ему мытарствах, едва ли стал бы подавать диссертацию на соискание ученой степени. Все-таки он был серьезным и занятым человеком, Альберт Эйнштейн, и искать высокую должность было не в его натуре...

Примечания

1. Академик Михаил Ломоносов по самой академической должности своей обязан был писать оды в честь царицы-благодетельницы, а во время дворцовых празднеств заниматься устройством фейерверков.
2. Впрочем большевик И. И. Скворцов-Степанов не успел занять преподнесенного ему академического кресла. Он умер в 1928 году тотчас после знаменитых „выборов'' в Академию наук.

3. „Самый лучший способ избавиться от специалистов — это заменить их кантонистами... Всякий знает наверное, что любого кантониста можно призвать, сказать ему: „исследуй природу человека!'' — и он исследует. Мало того, что исследует, но в то же время ни до каких подозрительных результатов не дойдет. Химик-специалист никогда не остановится во-времени, а все хочет что-то исчерпать, до чего-то дойти; химик-кантонист дойдя до известной границы, не только сам благоразумно отретируется, но и другим скажет „цыц!'' (М. Е. Салтыков-Щедрин: *Полн. собр. соч.*, том 1, стр. 317).

4. Этот тест — из самых давних. Один из образцов (*Правда*, 28 января 1937 года) выглядел так: „Мы требуем беспощадной расправы с подлыми предателями нашей великой Родины!'' И подписи: биохимик А. Бах, растениевод Б. Келлер, генетик Н. Вавилов, ученый секретарь АН СССР Н. Горбунов, геолог-нефтяник И. Губкин, паразитолог Е. Павловский, физиолог А. Сперанский, паровозостроитель Н. Образцов, эпидемиолог П. Здродовский, физик Б. Лаврентьев. Академики. Элита.

5. Волгин Б. Н.: *Молодежь и наука*. М. 1971, Издательство „Знание'', стр. 38.

6. Личное сообщение Заместителя Председателя Комитета по делам изобретений и открытий А. А. Иноземцева.

7. Более удачливым оказался Министр геологии Александр Васильевич Федоренко. За время своего министерства он успел стать и членом-корреспондентом (1953 г.) и полным академиком АН СССР (1966 г.).

Глава 3

НАУКА: ОБРОК ИЛИ БАРЩИНА

Но глуповцы тоже были у себя на уме. Энергии действия они с большой находчивостью противопоставили энергию бездействия.

М.Е. Салтыков-Щедрин.
Полн. собр. соч. т.8 стр.338

Итак, все те, кому надлежит надзирать за советской наукой, могут быть спокойны: в пяти тысячах научных учреждений страны царит полный порядок: вторжения Эйнштейнов не предвидется. Те пятнадцать-двадцать тысяч ректоров, проректоров, директоров, завсекторов, что приставлены к этому делу, не считая освобожденных партсекретарей с учеными степенями, прочно держат в узде подведомственный научный миллион.

А миллион, что бы там ни говорили, величина впечатляющая. Правда, с разных точек зрения впечатление получается разное: у властей одно, у каждой одной миллионной — другое. Государи старой России видели в императорской (то есть своей) Академии наук и в императорских университетах предмет личной гордости: вот, и мы не хуже Европы. Наука представлялась бриллиантиком в императорской короне, камешком, единственное назначение которого — украшать и придавать вес власти. Нынешние хозяева тоже переполнены собственническим чувством по отношению к науке. В каждой речи поминают они о том, что наука — не сама по себе, а состоит при государстве, служит и должна служить государственным надобностям. А поскольку служит, то и награждается. Речи руководителей партии и правительства на всякого рода научных торжествах выдержаны обычно в тоне, в котором благодушный Хозяин обращается к справному работнику. Примерно так:

„Коммунистическая партия, Советское государство... высоко ценят и, как вы знаете, достойно отмечают труд выдающихся ученых... Однако в дальнейшем, товарищи, работать придется еще больше, еще настойчивее, еще эффективнее. Более миллиона человек трудятся у нас в различных областях науки. Это великая сила, и очень важно правильно ее использовать; в общем, товарищи, я бы сказал так: чем выше партия ценит работу наших ученых и их роль в коммунистическом строительстве, тем большего она от них ждет, тем более высокие требования к ним предъявляет."[1] И т.д. и т.п.

Но хозяйственная рачительность, звучащая в начальственных речах, блекнет и линяет, когда дело доходит до практики, до жизни. Мы живем в государстве политическом и вожди наши руководятся не экономическими и даже не идеологическими расчетами, а расчетами сегодняшней политики, интересами сиюминутной прагматической выгоды. Политический по существу характер носят и отношения власти с наукой. По мнению ряда видных экономистов и философов-науковедов, которых мне удалось опросить, для выполнения государственных заказов миллион сто шестьдесят девять тысяч человек, занятых в науке в 1973 году, а тем более миллион двести тысяч человек в 1978-м вовсе не нужны. Тут мы переборщили так же, как и со многими другими категориями специалистов (в СССР в 2,5 раза больше инженеров, чем в США, перепроизведены также химики, физики, учителя-историки и т.д.) В этом смысле здание советской науки напоминает те старинные православные соборы, что можно увидеть в Киеве и Владимире. В этих строениях поражает несусветная толщина стен, мамонтова мощь перекрытий и опор. К чему это? Нынешние архитекторы знают: храмы можно строить и не столь массивными. Но строители прошлого, не слишком сведущие в сопромате[2], более уповали на запас прочности. Властители нынешней России возводят советскую науку по тому же привычному для Руси принципу. Грандиозная масса научных сотрудников рас сматривается прежде всего как предмет пропаганды: „Каждый четвертый ученый в мире — наш!". Но главное назначение научного миллиона — обеспечивать резерв прочности. На всякий случай. Так крепче держит.

Держит действительно крепко. Когда, например, японцам понадобилось провести монорельсовую дорогу от столичного аэропорта до Токио, они пригласили 7-9 видных немецких специалистов-инженеров и этого оказалось достаточно. В нынешней России для той же цели создается лаборатория монорельсовой промышленности. Мы богаты: можем бросить на создание особенно необходимого на сегодня военного самолета несколько тысяч инженеров и ученых, в то время как фирма Юнкерс строит тот же самолет с помощью полусотни квалифицированных инженеров.

Русские может быть и не менее талантливы, чем японцы или немцы, но для того, чтобы что-то построить в советских условиях, действительно нужен громадный „резерв прочности", ибо неисчислимое количество времени у специалистов уходит на согласование, на беганье по чиновничьим кабинетам. От бюрократии, от согласований мы никогда не откажемся, но мы восполним растраченное попусту время ученых и инженеров количеством исполнителей. Они будут, правда, исполнять при этом обязанности техников и мастеров, но и это ничего. Их все равно много. Слишком много. То, что было бы невыгодно и абсурдно для любого западного и вообще цивилизованного государства, то вполне естественно для России.

Я позволю даже утверждать, что в бюрократической волоките, во множественности утверждающих и согласующих инстанций есть своя логика и даже своеобразная государственная мудрость. В то время, как творческая мысль сильна и ценна своей неожиданностью, партийный и советский аппарат построен так, что всегда имеет возможность пресечь любую нежелательную инициативу. Такова защитная реакция тоталитарного государства на самую возможность любых неожиданностей. Власть не беспокоит при этом, что советская наука медлительна, убога, неэффективна (хотя об эффективности много пишут и кричат). Партийный аппарат заботит только одно: чтобы даже на минуту, даже на миг наука не оказалась без партийного руководства, без указующего начальственного перста. Орава чиновников, надзирающая над учеными и мешающая ученым работать, действует не бессистемно и не бессмысленно. Она делает то, что ей, ораве, необходимо.

Таким образом огромное число лишних людей в нашей науке — не случайность, они нужны как резерв компенсирующий „особенности" нашей экономики, нашего административного механизма. Наверху, конечно, знают, что „массовый ученый" — как и всякий другой „массовый товар" — не первосортен. Но и это никого не пугает.

Стандартного научного работника, человека средних знаний и способностей легко и нехлопотно заменить другим таким же середняком. С личностями и талантами — возни не оберешься, а тут — просто. Простота же замены деталей, как известно, повышает надежность любого механизма и в том числе механизма научного.

Есть в переизбытке научных сотрудников и другая высоко оцененная властями выгода. Маленькие лаборатории и небольшие институты, где личная творческая ценность человека была на виду, ныне заменяются институтами-гигантами. Пресса и радио раздувают миф о том, что подлинно ценные плоды науки можно выращивать ныне только в массовых коллективах. Появляются НИИ, имеющие тысячу, а то и две, и три тысячи сотрудников. Беседуя с сотрудниками таких гиганстских „фабрик", я многократно слышал, что люди чувствуют себя там потерянными. Они жалуются на то, что в больших институтах утрачивают ощущение личной значимости, самоценности и даже перестают верить в свои способности. Их преследует чувство неуверенности в себе, зависимости. Постепенно теряя себя как личность, научный сотрудник института-гиганта испытывает все большую робость перед начальством. Он заменяем и знает об этом. Знает и с тяжелым сердцем ожидает каждой новой переаттестации и даже просто вызова к начальству. Кажущаяся или реальная неполноценность делают научных сотрудников все более пассивными и равнодушными.

Этот психологический эффект „массовой науки", как говорят, знаком и исследователю на Западе. Но там ученый, особенно если он талантлив, имеет возможность перейти в другую лабораторию. У нас же наибольшую степень духовного угнетения испытывает как раз тот, кто более талантлив и духовно развит. Таких сильнее всего поражает психологическая деструкция, и закрепощены они более чем другие. Нестандартный научный сотрудник, желающий покинуть институт, чтобы испытать свои силы в другой области или просто потому, что он ищет лабораторию с более интересной тематикой, не может по собственной воле сменить место работы. Ректоры университетов и директоры НИИ связаны между собой круговой порукой, им ничего не стоит перекрыть дорогу в институт любому слишком яркому или слишком независимому на их взгляд исследователю. О том, как это делается, рассказал мне недавно заведующий сектором в одном из московских академических институтов доктор наук Р.

Его подчиненный, молодой МНС, пожелал перейти на лучше оплачиваемую работу в соседний институт. Но едва молодой человек подал документы соседям, как моему собеседнику немедленно позвонили оттуда. —„НН уходит от тебя? Ты его отпускаешь?" — спросил заведующий сектором. Люди одного должностного уровня, одной области знания, два начальника, связанные друг с другом по делам издательским, академическим, партийным в подобных случаях хорошо понимают друг друга. Первому при желании не надо даже чернить своего уходящего подчиненного. Достаточно сказать: „Да, пусть идет, если хочет", чтобы на другом конце провода поняли: МНС или слишком ярок или, наоборот, малоспособен, во всяком случае он чем-то прогневал начальство. Такого брать не стоит. И даже документы его читать не следует. После обмена мнениями „в верхах", младший научный будет месяцами без толку бродить из института в институт. Как муха станет он биться в незримых сетях незримых телефонных переговоров и не получит работу, невзирая на высокий уровень своей одаренности, ума и склонность к научному творчеству.

Молодой ученый, однажды переживший такую встряску, постигает простую истину: он не властен **сам** изменить свое положение, властны улучшить его положение только начальники: их надо почитать, слушать и служить не упрямясь там, где они предлагают. Если же станешь утверждать в институте свои вкусы или, не дай Бог, отстаивать свои права — берегись! — можешь и вовсе лишиться возможности заниматься наукой. При огромном научном резерве и централизованном управлении научными учреждениями по всей державе, сделать это очень просто. Среди моих друзей и знакомых есть несколько человек, которым из-за их религиозных, политических взглядов или еврейского происхождения навсегда закрыт вход в науку. Ученые-экономисты, биологи, специалисты в области математической лингвистики и языкознания, они стали ныне плотниками, столярами или просто сидят дома, лишенные возможности вернуться к творческой работе.

Надо ли объяснять, что в такой обстановке научный сотрудник с юных лет приучается лицемерно утаивать свои чувства, взгляды, свои способности. Способность и яркость особенно опасны — они могут вызвать подозрение и антипатию начальства. Нобелевский лауреат Уотсон в книге *Двойная спираль* рассказывает, как, приехав в Париж на научный конгресс, он обнаружил, что забыл взять с собой брюки и вышел с докладом на кафедру в шортах. Зная множество советских докторов и кандидатов наук, я убежден: никто из них в подобной ситуации на трибуну не вышел бы. И совсем не от природной стыдливости, а оттого лишь, что нельзя, невозможно советскому ученому демонстрировать хоть в какой-то степени свою независимость, нельзя выделяться, нельзя быть не как все. Это наказуемо. Такова альфа и омега поведения человека из миллиона.

...Среди моих московских знакомых немолодой уже биофизик Александр П. отличается пожалуй наибольшей оригинальностью идей и научной самодеятельностью. (Его книга о роли биомагнитных полей в живой природе переведена и издана в США). Занимая крайне скромное должностное положение в науке, П. дорожит возможностью делиться своими идеями с молодежью. Его факультативные лекции по биофизике проходят как правило при полной аудитории. Но вот недавно мой знакомый вернулся из Университета в настроении довольно пасмурном. В перерыве к нему подошел студент-выпускник и произнес монолог, который сводился к следующему.

,,Все, что вы нам рассказываете увлекательно. Настолько увлекательно, что мне и моим товарищам не терпится самим разобраться во всем этом, поставить собственные опыты и наблюдения. Нам даже кажется, что мы способны в чем-то продолжить, а в чем-то опровергнуть ваши мысли. Но где та лаборатория, где мы сможем поставить эти эксперименты? Пройдет не менее десяти-пятнадцати лет, прежде чем самые счастливые из нас станут хозяевами своего времени и смогут поставить свой эксперимент. Недавно мы были на практике в академическом институте. Там нас предупредили: ,,Если хотите, чтобы после Университета вас взяли в институт, оставьте собственные научные замыслы на вешалке. Автором новой идеи можеть быть только академик или в крайнем случае доктор наук, завлаб''. Если это верно, то к чему весь тот фейерверк идей, которые рассыпают перед нами наши лекторы? Зачем звать, если некуда идти?...''

— Откровенно говоря, мне нечего было ответить этому парню, — признался ученый. — Студент вполне достоверно провидит свою судьбу в науке. Так все оно и будет, если, конечно, он не поможет себе средствами, выходящими за пределы науки...

Мой знакомый не объяснил, что именно он имеет ввиду под ,,вненаучными средствами'', но тому, кто годами имеет дело со студенческой молодежью, не нужно пояснений. Когда я рассказал про монолог студента-выпускника двум преподавателям Ленинградского университета, они согласно закивали головами. Да, эта ситуация им хорошо знакома.

Давно миновали те времена, когда Университет и научная лаборатория, подобно соединяющимся сосудам, служили для естественного перетекания наиболее талантливых в сферу творчества и поиска. Теперь, определяя будущее выпускника, ректорат, партийная и комсомольская организация как правило берут в расчет качества, очень далекие от творческих. Не важны для них ни высокая культура молодого человека, ни его интеллектуализм, ни даже склонность к науке и какие-то уже сделанные в студенческом кружке научные работы. Для судей из парткома значительно важнее — являлся ли студент, претендующий на научную карьеру, комсомольским активистом, выступал ли на собраниях, выпускал ли стенную газету, проводил ли политбеседы. Если являлся, выступал, выпускал, проводил — быть молодому деятелю ученым. Впрочем, для тех, кто учится в Ленинграде (и, добавлю, в Москве) важен кроме прочего еще и такой параметр, как соответствующая прописка. Тамбовский или псковский житель имеет меньше шансов приобщиться к науке, нежели тот, у которого родители прописаны на Невском проспекте или, скажем, на Арбате. Это требования уже не партийных, а милицейских органов, но и они во многом определяют состав будущих наших Лавуазье и Ферми.

О том, что политическая лояльность, политическая активность — главный критерий подбора будущих творцов науки, говорят у нас открыто. Старая профессура еще иногда ворчит по этому поводу, но с официальной точкой зрения не поспоришь. Несколько лет назад известный патофизиолог из Ленинграда, академик АМН СССР, Иоаким Романович Петров прислал мне экземпляр *Медицинской газеты* с подборкой статей под общим названием „Кто может стать ученым?". Вопрос этот живо интересовал И.Р. Петрова, который вырастил большую школу — 35 докторов и 53 кандидата наук. Он и сам прошел нелегкую школу, этот крестьянский сын, бывший ротный фельдшер, вошедший в науку единственно в силу личного таланта и трудолюбия.[3] В присланной газете он пометил вопросительным знаком статью с многозначительным заголовком: „Прежде всего — высокая идейность". Статейка эта сохранилась, и мне нетрудно понять, что именно в ней вызвало раздражение моего героя: „Советский ученый... должен не только защищать принципы советской науки, но и уметь доказать преимущества ее перед буржуазной наукой. Это особенно важно сейчас, когда так расширяются международные связи. Нам кажется, все это объясняет необходимость при подборе кадров сотрудников в НИИ и высшие учебные заведения более серьезно оценивать наряду с деловыми качествами и степень их политической зрелости".[4] Так писали в 1968 году. Но и сегодня я мог бы найти сколько угодно столь же непримиримых газетных статей. Ибо отбор ученых на верность, а не на талант — официальная, десятилетиями лелеемая властями доктрина. „Высокая идейность" — один из фундаментальных кирпичей управляемой науки.

Молодого человека, стремящегося к научному творчеству, начинают искушать очень рано. Преподаватель литературы Новосибирского Университета Г. рассказывает: „На первом и втором курсах студенты ведут себя довольно раскованно. В разговорах между собой и с преподавателями высказывают довольно независимые суждения. В туристском походе, на студенческой вечеринке можно услышать „идеологически невыдержанную" песенку или анекдот. Среди первокурсников нередки разговоры о попираемой справедливости, они нетерпимы, когда кто-то пытается покуситься на их права. Но на третьем курсе ребят как-будто подменяют. На третьем происходит резкое духовное перерождение студента. Никаких невыдержанных песенок, никаких споров с преподавателями „из принципа" — студента будто пригладили. Он внимательно и преданно смотрит в глаза профессора и доцента, его голос все чаще звучит на комсомольских собраниях. Потому что на третьем курсе надо выбирать научного руководителя дипломной работы. От этого первого шефа многое зависит в будущем. Шеф может послать в аспирантуру, а может и завалить несимпатичного ему студента, не рекомендовать его в науку. Это первый искус губит не всех, кое-кто сохраняет свою душевную структуру до конца института, но такие в науку как правило не попадают."

Новосибирский собеседник обратил мое внимание на то, что профессиональные и моральные качества исследователей, как правило, выше в тех областях науки, куда слабее проникает идеология. Кстати, и успехи этих наук, как правило, выше, нежели в науках идеологизированных. Происходит это оттого, считает преподаватель из Новосибирска, что к математикам, физикам, химикам и даже биологам хозяева студенческих душ из парткомов предъявляют сравнительно более мягкие требования идеологического характера. Способные математики и физики проскальзывают сквозь партийное сито, благодаря рекомендации своих профессоров. Но уже молодой географ, которого интересует география зарубежных стран, подвергается самому бдительному досмотру. Его идеологический „багаж" перетряхивают как в таможне и если, не дай Бог, обнаружат у него хоть самую малость недозволенного — прощай научная карьера. Об историках, философах, экономистах, литераторах — и говорить не приходится: этих разглядывают с самым пристальным вниманием, пользуясь самыми сильными увеличительными стеклами.

У научного миллиона, впрочем, есть одно преимущество: при таком количестве народа, как не просеивай, а всех одаренных и увлеченных все-таки вышвырнуть не удается. Да и нужны они, эти одаренные. Ведь надо же кому-то дело делать. В целом миллион содержит творческих работников не так уж много. С этим соглашается и официальная пресса.[5] Отечественные социологи установили даже, сколько людей в науке работает и сколько при ней состоит. Оказывается больше половины научной продукции производит десять процентов ученых. По моим наблюдениям число научных сотрудников, способных к оригинальному научному синтезу, значительно меньше. Но сколько бы их ни было, этих одаренных искателей истины, именно им в науке нашей приходится тяжелее всего.

...Несколько раз мне приходилось слушать доклады Вице-Президента Академии медицинских наук СССР В.В. Кованова, читать в научных журналах его статьи об открытии так называемого ишемического токсина. Открытие это действительно примечательное, если не сказать замечательное. Выделен и изучен продукт, который накопляется в тканях живого организма, лишенных на какое-то время кислорода. Вещество это ядовито и появление его вызывает тяжелейшие, подчас смертельные шоковые состояния у людей, придавленных в шахте (краш-синдром). Убийственно действует ишемический токсин также при попытках хирургов пришить раненому оторванную руку или ногу. Одним словом, проблема ишемического токсина — одна из важнейших в современной патофизиологии и хирургии. В связи с этим открытием медики ждут очень важных практических благ для своих пациентов.

Итак, академик рассказывает об открытии действительно ценном и перспективном. Беда лишь, что сам Кованов к открытию этому никакого отношения не имеет. Он только **хозяин** той лаборатории, где открытие сделано. Кстати, он даже узнал о нем после того, как токсин был с большим трудом выделен и изучен двумя молодыми учеными Татьяной Оксман и Михаилом Далиным. И тем не менее хозяин (заведующий) лаборатории повсеместно выступает с речами и статьями об этом достижении и подписывает статьи, которые для него сочиняют все те же Оксман и Далин.

Я много лет знаю всех трех участников этой мистерии.[6] Помню, как много лет назад профессор Кованов, который всегда занимал высокие административные посты в науке, не дал возможности талантливому студенту Далину стать аспирантом и не взял столь же одаренную студентку Оксман в свою лабораторию, потому только, что оба они — евреи. Но потом академику понадобилось пополнить новыми ветвями почета свой лавровый венец и он открыл этим двоим двери в **своей** лаборатории. Нет, он вовсе не злодей, этот академик Кованов. Без его высокого должностного положения, без его лаборатории, без его имени молодые ученые никогда бы не смогли доказать, что они действительно открыли что-то ценное. И если вы спросите у Татьяны Оксман и Михаила Далина, довольны ли они своим шефом, то они скажут, что, конечно же, довольны. Он ведь дает им возможность быть учеными. А мог бы и не дать.

Они не просто довольны, они признательны ему. В марте 1974 года я навестил Татьяну Михайловну уже дома. Она лежала с гипсом на сломаной ноге. „Долго ли собираетесь болеть?" — спросил я. — „Надо бы полежать еще недели две, но придется через три дня ехать в Ленинград". — „Что за спешка?" — Оказывается, в Ленинграде открывается Сессия Академии медицинских наук, на которой академик Кованов снова будет делать доклад об ишемическом токсине. Доклад она ему написала и надо полагать, прочитать он сумеет. Но ведь будут еще и вопросы из зала. На вопросы Вице-Президенту не ответит, потому что он весьма туманно представляет себе проблему. А если не ответит на вопросы, то вызовет тем самым недоверие к проблеме. Этого Татьяна Михайловна Оксман допустить не может. Надо поехать помочь ему. Хоть на одной ноге...

Раздосадована ли доктор наук Оксман на то, что не она, а кто-то другой делает доклады о ее открытии? Ничуть. Она привыкла. Она знает, что нечто подобное каждый день происходит в сотнях институтов и лабораторий страны. Таков порядок современной науки, таков его быт. На это и обижаться смешно. Иногда она шутит не без тайной горечи: „Разделение труда...", но чаще старается не думать об этом. Ведь по-другому у нас просто не бывает!

Доктор Оксман скрывает свое унижение. От всех, даже от себя. Тайным унижением своим платит она за возможность двигать науку, заниматься любимым делом. По сравнению с другими хозяевами ее шеф еще не худший экземпляр. Пользуясь пушкинским стихом, можно сказать, что академик В.В. Кованов в своей лаборатории:

Ярем он барщины старинной
Оброком легким заменил...

Далин и Оксман делают ту работу, которую сами замыслили, сами спланировали, работу, в которую они верят. В лаборатории шеф не командует ими. Будучи крупным чиновником Академии медицинских наук и заведующим кафедрой в Мединституте, он и не слишком-то утруждает себя посещением лаборатории. Но когда появляются **результаты**, заведующий требует свою долю. Даже не требует. Ему и так дают. Преподносят с благодарностью. Потому что он не отнимает всего (есть и такие шефы!) , а берет ровно столько, чтобы поддержать свое академическое реноме. Ну, а написать академику доклад для выступления на Сессии АМН или статью в журнал — разве это так уж трудно?..

Оброк — наиболее распространенная система отношений между руководителями и руководимыми советской науки. Администраторы научного миллиона просто не смогли бы существовать без подобных воздаяний. Не могли бы занимать свои должности, продвигаться по службе, получать государственные премии, произносить доклады в Академии и ездить на международные конгрессы. Ведь в науке они только потребители.

В этой единой для всей страны системе каждый ,,хозяин'' действует на свой образец, однако оброк Кованова и впрямь легок по сравнению с той барщиной, которую завел у себя, например, академик Ю.А. Овчинников, Вице-Президент Академии наук СССР, он же председатель двух академических Советов по важнейшим проблемам биохимии, он же заведующий кафедрой биохимии в Московском Университете, он же заведующий большой биохимической лабораторией в подмосковном научном городке Пущино, он же Главный редактор журнала *Биоорганическая химия.* Сорокалетний Юрий Анатольевич Овчинников добился полной монополии в биохимической науке. В своих **научных имениях завел он стиль почти военный.**[7] Главный смысл его исследований — произвести впечатление на начальство и зарубежных коллег. Достигает он этого эффекта следующим образом. Избирает особо выгодную с пропагандистской точки зрения проблему. Например, расшифровку химического строения одного из белков (среди пятисот, уже расшифрованных, исследует структуру пятьсот первого). Пользуясь своим высоким административным положением, академик стягивает дефицитные приборы, химикаты, прекращает в своих институтах и лабораториях все остальные исследования и дает сотрудникам команду заниматься только главным „изделием". Люди лезут на проблему как муравьи, каждому выделена крайне узкая доля, сотрудники не знают общей цели, не ведают, что делают смежники, не видят, к чему служат их усилия. Все нити сходятся только к академику Овчинникову: он один видит удачи и ошибки, один представляет суть поиска. И он один, в конце концов пожинает славу успеха. Система таких штурмов и сделала Юрия Анатольевича в 36 лет членом Академии наук, а в сорок — Вице-Президентом АН.

Сотрудникам Овчинникова, этим безвестным труженикам на научной барщине конечно не позавидуешь. И не только оттого, что шеф кричит и топает на них ногами. Им значительно горше оттого, что поставленные к конвейеру, они лишены радости подлинного творчества. Но о творчестве Овчинников не хочет слышать. Он откровенно говорит, что головы ему не нужны, у него и своя голова не плохая. Руки и только руки необходимы для его целей.

Метод Овчинникова тоже быт, тоже обыденность нашей науки. Крупные партийные руководители даже ставят нынешнего Вице-Президента в пример остальным ученым. Вот где энергия! Вот где организованность! По общему мнению к 1980 году именно Овчинников станет Президентом АН СССР. Именно он, ибо никто другой не постиг лучше него, какие великолепные плоды может получить (нет, не наука!) личность, умеющая организовать массовую научную барщину.

Тип независимого, свободно осуществляющего свои идеи исследователя перевелся у нас почти полностью.[8] Ученый может быть только хозяином или работником. Даже не барщина и оброк, а вот эта жесткая, все более коснеющая разделенность творческих и должностных лиц, работников и поставленных на кормление княжат, более всего подавляет и приводит в уныние творческую молодежь. Тот, кто вступает под сень научного миллиона, очень скоро начинает понимать, что **без власти** он в науке ничто. Чтобы иметь возможность заявить о своих идеях в лингвистике или педиатрии, кристаллографии или астрономии, надо прежде всего заявить себя администратором. Надо доказать, что ты способен руководить сектором, институтом, исполнять должность секретаря парторганизации или на крайний случай, командовать лабораторией. Иначе с тобой не станут разговаривать. В борьбе за должнось ученый оказывается в невыгодном положении: чиновник, спускаемый **сверху**, значительно легче захватывает руководящую должность в науке, нежели гений, идущий **снизу**. Чиновник к тому же имеет возможность выбора: вместо директорства в НИИ он может в крайнем случае возглавить театр, банно-прачечный трест или Союз писателей. У талантливого физика или ботаника выхода нет. Должность нужна ему для того, чтобы состояться в качестве ученого. Должность — это телефон-**вертушка**[9] **, по которому только и можно дозвониться до** власть имущих, это субсидии на покупку аппаратуры, ко**мандировки, и в том числе заграничные, это дополнитель**ные штатные должности для сотрудников и место на страницах научных журналов. Должность — это разрешительный билет для доступа в науку. Без него — никуда. Таковы правила игры. Так что если ты из тех самых десяти процентов, что способны творить и изобретать и при этом не хочешь провести свой век на барщине — дерзай, борись за должность, ввязывайся в свалку, где рвут друг другу чубы твои антиподы чиновники.

Многие записи в моих тетрадях повествуют как раз об этом — как они сочетаются: ученый и должность. В зависимости от характера и личных принципов ученого ситуация эта оборачивается по-разному — то своей комической, то трагической стороной.

...Хирургу-экспериментатору Г.Б. лет сорок. Это динамичный, напористый человек, любящий науку и себя в науке. Работает профессор Б. в небольшом городке Иошкар-Ола. О местоположении этого городка не слишком хорошо осведомлены даже московские интеллектуалы. Между тем Иошкар-Ола — столица автономной Марийской республики. Недавно там открыт университет с медицинским факультетом, где профессор Б. и читает лекции. Профессору, однако, хочется заниматься научными исследованиями. У него даже идея на этот счет есть (хотя и не собственная): он желал бы разрабатывать и испытывать лекарства, которые повышают регенерацию тканей после операции. Проблема — реальная, серьезная. Ему нужна лаборатория. У Б. есть на эту тему немало опубликованных статей. Но одно дело клиника и статьи, другое — лаборатория. Он согласен руководить ею даже не получая за это зарплату.

С чего начать? Профессор Б. идет в Марийский обком КПСС. Он очень популярно, очень доступно разъясняет суть своей идеи партийному чиновнику-марийцу, ведающему культурой в республике. Тот соглашается: действительно лучше, когда раны заживают сразу, а не мучают человека три месяца, как это было с ним самим, когда он был председателем колхоза. Партийный мариец дает профессору одобрительную бумагу, без которой вообще нельзя предпринимать никаких хлопот о научной лаборатории. Однако это только начало. Право открыть лабораторию дает Москва. Профессор Б. едет в столицу. Он приезжает в Москву два-три-четыре раза. Потом шесть-восемь... У него целый портфель рекомендательных писем, в том числе от Президента Академии медицинских наук СССР. От председателя Ученого совета Минздрава СССР. Дело за малым: два министра, один ведающий здравоохранением РСФСР и другой, занятый высшим образованием СССР, должны одобрить начинание профессора Б. Но к министрам сразу войти нельзя. Вопрос надо ,,подработать'' на всех министерских этажах. Набегавшись за день по кабинетам, профессор вечером рассказывает:

,,... Потом я добился приема у заведующего отделом науки. Я подарил ему национальный марийский сувенир —

деревянный ковш, а также бутылку хорошего коньяку. Он выслушал меня милостиво. Вызвал инспектора и приказал „готовить вопрос" на Коллегию министерства. Инспектор, совсем молодая дама, получила от меня коробку шоколадных конфет и обещала подготовить бумаги к самой ближайшей Коллегии. Но затем вопрос будет обсуждаться на Коллегии Министерства Высшего образования. С какими дарами идти туда? Может быть, отнести заместителю министра несколько хороших книг из своей библиотеки?.. Не знаю... Я и так уже изрядно издержался...

Рассказ ученого я записал осенью 1973 года. Но Лаборатория регенеративных процессов в Марийском Университете и три года спустя (весна 1976 года) не получила всех причитающихся разрешительных бумаг. Правда, есть надежда, что через год-другой профессор Б. все-таки сможет приступить к экспериментам. Зато у другого моего знакомого положение куда более сложное.

Кандидат биологических наук Станислав Г. — типичный „десятипроцентник", человек с идеями. Пользуясь собственными подходами и методиками, молодой человек (ему сейчас около сорока) выделяет ген. Место его работы — Институт общей генетики АН СССР, где директорствует академик Н.П. Дубинин. Дубинин ждет от молодого сотрудника интересных результатов и в ожидании „своего куска" предоставил этому старшему научному несколько большую свободу, чем имеют другие работники института. Слава трудолюбив, готов сидеть в лаборатории дни и ночи. Но одним трудолюбием и талантом в современной генетике многого не достигнешь. Нужны приборы, нужны люди. А между тем молодой энтузиаст не заведует той лабораторией, в которой работает. У него лишь небольшая группа помощников. Людей мало и дело затягивается. Старший научный идет к директору, чтобы обсудить свои проблемы. Академик Дубинин внимательно выслушивает его. Он понимает, он сочувствует, у него есть даже хороший совет для молодого человека. Почему бы Славе не спихнуть нынешнего заведующего лабораторией и не занять его место? Тогда все проблемы разрешатся сами собой. Став завлабом, Станислав может заставить работать над своей темой всю лабораторию.

Совет — вполне в духе академика Дубинина. Но молодому кандидату этот план не по душе. Он исповедует нравственные принципы, мешающие ему подсиживать коллегу. ,,Я слышал вы — верующий? Христианин?'' — осведомляется академик. Да, Слава верующий. Он не скрывает этого, хотя такое признание в академическом институте не безопасно. Дубинин с легким презрением глядит на своего подчиненного. ,,Ну что ж, как вам угодно...'' — цедит он.

Директору уже докладывали о религиозности сотрудника. При случае этот факт сможет дирекции пригодиться. Не сейчас, но когда-нибудь. А пока академик-материалист лишний раз убедился в бессилии и бесплодности всякой религии.

Станислав Г. возвращается в лабораторию и удвоенными силами берется за работу. Однажды он уже был завлабом и вовсе не стремится на эту должность. Возглавляя лабораторию, большую часть времени строчишь отчеты, сидишь на заседаниях, вместо опытов занимаешься бюрократической писаниной. Правда, другие в это время работают за тебя и на тебя, но Славу не прельщает роль захребетника. И все-таки как же быть? Кандидату наук Станиславу Г. еще не раз придется задать себе этот вопрос. А годы идут, а работа не двигается. А в ушах звучат слова директора Института: ,,Вы бы спихнули своего конкурента... И вам лучше и наука от этого выиграла бы...''

Польза науки — одно из любимых заклятий нашего времени. И тот, кто спихивает завлаба, чтобы занять его место, и тот, кто эксплоатирует своих подчиненных, чтобы с их помощью скорее выкрикнуть заветное ,,Эврика!'' — все желают облагородить свою деятельность ссылкой на пользу науки. Что же до институтских парткомов, то там без слов о научной пользе буквально не делают ни шага.

Работает себе в Ленинградском физико-техническом институте имени А.Ф. Иоффе кандидат физических наук Икс. Икс как Икс — труженик и молчальник. Таланта, правда, отпущено ему маловато, но он и не задается. Тих, на все мероприятия — на демонстрацию ли, на уборку ли картошки — является без лишних разговоров. Подлости за ним вроде бы не замечено, трусоват, правда, но кто нынче не трусоват? В один прекрасный день Икса приглашают в партком института. Разговор заходит самый сердечный.

— Давно к вам приглядываемся. Вы в науке величина растущая. Дисциплинированы. У товарищей пользуетесь авторитетом. Подавайте-ка заявление в партию. Мы вас поддержим.

— Да я... да мы... — мнется кандидат наук. Он и в мыслях не имел ничего такого. Ну ее, эту политику, физикой он хочет заниматься, только физикой. Вслух он этого, конечно, не говорит, но память подсказывает спасительную формулу:

— Я еще не чувствую себя достаточно зрелым! — выпаливает он и с надеждой глядит на секретаря парткома: отпустит или не отпустит? Ведь идейная зрелость — это так важно...

Но секретарь отмахивается от навязшей в ушах фразы как от надоедливой мухи.

— Зрелость дело наживное — говорит секретарь. — Главное — пользу науке принести. Вот вы скоро за докторскую диссертацию приметесь, не так ли? Вам помощники потребуются, аппаратура, средства. Откуда их взять беспартийному? Ведь в советской науке **все** идет через партийную организацию: и деньги, и ученые звания и приборы и ставки должностные. Вступите в партию — мы вас на заведывание лабораторией рекомендуем. А там уж, как завлаб, вы по своему усмотрению сможете распоряжаться и средствами и людьми. Организуете все, чтобы науке была наибольшая польза... Так что не упрямьтесь, дорогой Икс, а подзубрите Устав и Программу и приходите с заявлением.

Физик бредет в лабораторию, рассказывает своим ребятам о беседе в парткоме. Не хочется ему в партию. Физикой заниматься хочется, а сидеть на партсобраниях, выступать по бумажке — нет, не тянет. Еще хорошо пока все хорошо, а если вдруг, как в 1968-м, заставят партийных речи произносить про то, как прекрасно, что наши танки в Чехословакию вошли? Или заставят, как в 1973-м, подписывать ругательное письмо против академика Сахарова? Беспартийному еще отсидеться можно, а в партии — дисциплина... Но приятели в один голос:

— Иди, Иксушка, иди, дорогой Иксик, в партию. И тебе будет лучше и нам. Станешь завлабом. Мы тебя знаем, мы с тобой сработаемся. А откажешься — так пришлют какого-нибудь чужого хмыря, который и тебе и нам жить не даст. Иди, Икс, в партию. Для пользы науки иди...

Кандидат наук уныло смотрит на товарищей. Не очень-то и им приятно его уламывать. Как бы вроде человека на ампутацию уговаривают, такую небольшую нравственную ампутацию, от которой всем зато будет потом лучше и удобнее. И тогда кандидат совершает свой последний рывок:

— Ну ладно, я-то согласен. А вы сами-то, что ж в партию не идете?

Младшие научные отходят посмеиваясь:

— Чудак-человек... А нам-то зачем? Нас ведь за это руководить лабораторией не поставят. И до защиты докторской диссертации нам пока еще далеко...[10]

...В мире научного миллиона иметь власть — значит прежде всего владеть лабораторным оборудованием. Современному естествоиспытателю приборы необходимы почти в той же степени, что идеи. С точки зрения научной посредственности хороший новый прибор даже важнее новой идеи. Ибо с прибором какую-то работу всегда можно сделать, а с одними идеями без современной лабораторной техники далеко не уйдешь. Между тем большинство наших лабораторий (кроме тех, что выполняют военные заказы или принадлежат крупным академикам-администраторам) оборудованы скверно. Новая аппаратура распределяется строго закономерно. Все лучшее получают поставщики военного ведомства, во вторую очередь снабжаются крупные боссы. Прочим — хлам или вообще ничего. В министерствах и академиях время от времени вспыхивают схватки то за один, то за другой прибор. Эти драчки — результат никогда не погашаемого у нас дефицита. Большую часть новейшей элекронной и оптической аппаратуры Советский Союз сам не производит, а то, что производится отечественной промышленностью по качеству резко уступает оборудованию заграничному. Получить лучшее, то есть купленное на валюту удается только тем, кто близок к высшей научной администрации. Борьба за приборы — постоянный и наиболее устойчивый процесс советской науки. Старая профессура помнит еще песенку, сложенную в академических кругах в средине 30-х годов. Начиналась она словами:

Все институты дрожат от страха
У них приборы берут для Баха.

Академик-биохимик А.Н. Бах (1854-1946) директор Института прикладной химии за свою сугубую партийность и фантастические планы ,,всеобщей химизации страны''[11], пользовался расположением Кремля. По его приказам со всей страны к нему свозили все сколько-нибудь ценное научное оборудование. В средине 50-х годов, когда закупки приборов за границей расширились, борьба за них еще более ужесточилась. Ведущие должностные лица в Министерствах и Академиях стали на всякий случай захватывать даже ту аппаратуру, которой они не умели пользоваться и в которой у них не было даже нужды. Купленная на государственную валюту американская, шведская, английская и японская лабораторная техника становилась **личным** имуществом. Это очень ценное имущество. С его помощью сотрудники твоей лаборатории могут сделать значительные и конкурентоспособные работы, само собой разумеется, включив тебя в качестве соавтора. Кроме того, можно **уступить** приборы (нет, нет не за деньги!) соседям и тем самым обеспечить себе дополнительное соавторство в чужих научных исследованиях. Одним словом, достоинства новой техники хозяева науки осознали даже раньше чем ее опробовали работники.

Значение совершенных приборов в научной жизни мне,

тогда еще молодому журналисту, в средине 50-х годов разъяснил хирург Б.В. Петровский (ныне академик и Министр Здравоохранения СССР). Он тогда руководил кафедрой и клиникой во Втором медицинском институте в Москве. Я — писал свою первую книгу об ученых-медиках и часто бывал в клинике Петровского. Правда, с самим заведующим дружбы у нас как-то не получалось: профессор очень уж откровенно намекал мне, что хочет быть центральным и единственным героем книги. Он даже послал ко мне своего ассистента, который должен был разъяснить литератору, насколько величественна в науке фигура его шефа. Зато с остальными хирургами отношения сложились вполне дружелюбные. Я бывал на операциях и даже оставался на ночные дежурства, чтобы лучше понять состояние врача, выхаживающего тяжелого больного. Но однажды, придя по обыкновению в клинику к так называемой утренней „пятиминутке"[12], я не узнал своих друзей-хирургов: мужчины были мрачны, на глазах женщин заметны были следы недавних слез. Никто не хотел ничего мне объяснять. Атмосфера в клинике была грозовой.

А случилось вот что. Борис Васильевич Петровский получил предложение перейти из Второго Мединститута в Первый на более престижную кафедру. Выбирать себе место работы — право каждого ученого. Но профессор Петровский не просто ушел от своего коллектива, но приказал сорвать с бетонных оснований и перевезти вслед за собой всю ту диагностическую аппаратуру, с которой работали его ученики и сотрудники. Операция была проведена столь стремительно и в такой строгой тайне, что о бегстве шефа и увозе аппаратуры хирурги узнали лишь увидя опустевшие лаборатории. Брошенные учителем, многие из них вдобавок остались и без диссертаций, так как их исследовательские работы, в частности по диагностике сердечных заболеваний, строились на данных, полученных с помощью уникальных диагностических аппаратов и приборов.

Умение прибирать к рукам ценную научную аппаратуру и пользоваться ею с наибольшей для себя пользой, определило немало академических и профессорских карьер. Сотрудники НИИ, расположенного в подмосковном городке Черноголовка, с восторгом рассказывали мне о своем давнем руководителе. Восхищение вызывали не столько даже научные достижения этого профессора, сколько его уникальная способность доставать приборы. Он умел мастерски обводить вокруг пальца снабжающую организацию, перехватывать приборы, предназначенные для чужой лаборатории, умел подольститься к распределителям кредитов и Бог знает что он еще мог. А в результате неплохо вооружил своих сотрудников. Профессор давно уже работает в другом институте, но на старом месте его вспоминают с почтением, с искренним чувством, ведь он проявил качества для современного научного работника совершенно необходимые.

Черноголовка — не какое-нибудь захолустье. Расположенный в 50-ти километрах от столицы в сосновых лесах, этот городок объединяет несколько академических институтов, и в том числе Филиал Института Химической физики АН СССР, возглавляемый Нобелевским лауреатом академиком Н.Н. Семеновым. Черноголовка славится довольно высоким уровнем исследовательской мысли. В декабре 1975 года я провел там несколько дней в качестве гостя ученого, о котором я тогда писал. Моему хозяину, Герцу Ильичу Лихтенштейну, талантливому продуктивному исследователю, десять лет назад удалось, несмотря на свое еврейство, пробиться к заведованию лабораторией. Это позволило ему осуществить многие из своих замыслов. А замыслы у Лихтенштейна, работающего на пересечении химии, физики и биологии, очень интересны. Ему принадлежит несколько международно признанных открытий, в частности метод использования радикалов в качестве меток в биологических системах, а также расшифровка чрезвычайно важного с научной и народно-хозяйственной точек зрения процесса „мягкого" связывания азота атмосферы ферментом почвенных бактерий. Изящество и глубина работ этих получила признание ученых многих стран мира. В США в 1975 году издана книга Лихтенштейна. Я видел у своего героя сердечные письма от таких корифеев современной науки, как Давида Филипса из Оксфорда (Англия), Мак-Коннела из Стенфорда и Руфус Ламри из Университета в Миннесоте (США); от профессора Аннет Олфсен из Парижа и крупнейшего австралийского биохимика Сирилла Эппелби.

Меня, естественно, интересовало, как ученый шел к своим открытиям. Однако большая часть его рассказов сводилась к тому, как он и его сотрудники преодолевали отсутствие приборов и химических реагентов. Недостаток лабораторной техники, по словам Лихтенштейна, на несколько лет задержал реализацию его открытий. Были моменты, когда, в результате технического убожества и последовавших вследствие этого неудач, под угрозой оказались не только замыслы ученого, но и его должность. Впрочем, склонный к оптимизму, Герц Ильич утверждал, что техническая нищета, в которой он пребывает столько же лет, сколько служит, во многом изощрила его ум и подтолкнула его изобретательскую мысль. „Когда у вас нет приборов, вы становитесь оригинальным ученым" — невесело шутит он.

В Лаборатории Лихтенштейна мне показали радиоспектрометр электронно-парамагнитного резонанса — прибор чрезвычайно важный для изучения кинетики химических реакций. Прибор был изобретен около двух десятков лет назад в СССР доктором Завойским из Казани. Но за 15 лет, с тех пор как прибор начали „на потоке" производить наши заводы, прибор ни разу не совершенствовался, не модернизировался. Тот же радиоспектрометр, выпускаемый западными фирмами за последние годы, стал прибором значительно более совершенным и более удобным. „К сожалению, я совершенно бездарен в искусстве добывания аппаратуры, — разводит руками профессор Лихтенштейн. — Мне проще придумать новый метод или приспособление, нежели выцыганить у начальства даже никому не нужную старую технику." Ученый признается в чувстве горечи и уныния, которые охватывают его, когда он читает об экспериментах, которые в США и других странах ставят его коллеги. Он и мечтать не может о той степени технического совершенства, которым они пользуются там. И хотя Герц Лихтенштейн не уступает, а может быть даже превосходит своих научных конкурентов оригинальностью и значительностью идей, его не оставляет чувство своей второсортности. Ведь он работает поистине в нищенских условиях. Молодые кандидаты наук из его лаборатории воспринимают эту ситуацию не столь остро, но и они видят, насколько отсутствие, как они говорят, „железок", задерживает их возможности, их творческий порыв. Один из них, зайдя ко мне в гостиничный номер и заговорщицки понизив голос, даже пропел частушку, сложенную в лаборатории:

Мой миленок на телеге
Хочет Брюккер[13] обогнать;
Отчего же он так часто
Вспоминает бога-мать?

...Громада из пяти тысяч научных учреждений с их жестко бюрократизированной конструкцией и оброчно-барщинным механизмом работает примерно с тем же коэффициентом полезного действия, что Папинов котел. Статьи в советских научных журналах лежат месяцами, разработки тянутся годами, практическое внедрение даже самых крупных открытий растягивается на десятилетия. Научный сотрудник НИИ приборов, работающего на военное ведомство, признался мне, что уже много лет он и его коллеги видят свою очередную модель в металле примерно в то же время, когда эта модель морально устаревает. А уж о том, как мало влияет наша наука на сельское хозяйство, как ничтожно число созданных у нас оригинальных лекарств, как незначительно влияние научной мысли на такую сферу производства, как легковые автомобили, одежда, жилье, питание — и говорить не приходится.

Что думают об этом наши ученые?

Проще всего циникам. Директор института экономики и организации промышленности АН СССР (Новосибирск) академик Абел Гезевич Аганбегян (род. в 1932 г.) на вопрос, может ли СССР обогнать США в науке и экономическом развитии, ответил, что если бы когда-нибудь это случилось, то Советскому Союзу следовало бы остановиться и пропустить Америку вперед: не имея впереди США, мы попросту не будем знать, в какую сторону двигаться. По мнению академика Аганбегяна, достижения отечественной науки как правило лежат в парадигме того, что уже добыто в США. Сколько-нибудь фундаментальных и полностью оригинальных открытий наша наука при нынешнем ее состоянии не дает и дать не может.

В отличие от академика Аганбегяна, доктор наук Р., также занимающий высокое положение в одном из учреждений АН СССР, не циник. Крайне низкая продуктивность советской науки его глубоко огорчает. Но и он убежден: наша научная гонка с Западом проиграна. Безнадежно отстали не только естествоиспытатели, но и гуманитарии, и те и другие не могут работать в полную силу в обстановке бюрократического надзора и насильственного единомыслия. В интимной, не предназначенной для чужих ушей беседе, доктор Р. рассказал мне о тех горьких невзгодах, к которым привело его изучение нашего общества. „Я болезненно пережил разрыв со своей страной, — признался он. — Но это уже в прошлом. Я не стремлюсь в эмиграцию, наоборот, пытаюсь исследовать свою родину, рассматривая ее как вирусолог рассматривает вирус или онколог — опухолевую клетку. Беда не в том даже, что плоха страна, ее институты, ее правительство, а в том, что мы, интеллигенция, ученые не можем предложить своему народу ничего конструктивного. И не столько даже в области инженерии или химии, сколько в области исторического анализа, философских идей и этики."

Но рассуждения академика Аганбегяна и доктора Р. — только поверхностная рябь, не достигающая низов научной массы. В недрах миллиона идет свое шевеление, своя возня, свои переживания. Одномиллионный СТС или МНС[14], конечно, тоже не дурак и тоже видит с какой черепашьей скоростью движется работа в его лаборатории, в его институте. Он знает, сколько ценнейших идей идет в отвал, не реализуется. Он понимает также, что японский анализатор белков во много раз лучше советского и что советским контрастным препаратом, который необходим для рентгенодиагностики кровеносных сосудов, пользоваться не следует, если хочешь не повредить, а помочь своему пациенту — надо искать английский контраст. Но куда более захватывает одномиллионного вопрос о том, утвердят ли его в должности на следующий срок, примут ли к защите его диссертацию и удастся ли выбить в дирекции рулон фотопленки „Микрат — 500". „Социальные проблемы? Философия? Нравственность? Все это я давно уже вынес за скобки своей жизни — говорил мне во Владивостоке патофизиолог и фармаколог Олег Иванович Кириллов. — Этим не только некогда, но и не следует заниматься. Это мешает работать!" Доктор наук Кириллов, которому принадлежит оригинальное развитие учения Ганса Селье о стрессе, в отличие от своего канадского коллеги не только не решается заглянуть в социальный аспект своей науки, но даже боится помыслить об этом. Он с юных лет приучен к тому, что за это бьют.[15] Отставание науки — тоже проблема социальная и потому, по мнению моего владивостокского знакомого, заниматься ею не следует. Отвлекает, да и рискованно. Насколько я знаю, той же точки зрения держатся сотни научных работников, подвизающихся в самых различных сферах науки.

Итак, человек из миллиона не может полностью приостановить свою профессиональную деятельность (тогда он лишится заработной платы), но в существующих условиях он не может и работать так, чтобы наука действительно двигалась вперед. Ему остается, согласно широко распространенной у нас шутке, двигать науку вбок, то есть производить некие действия, почитаемые исследованиями и пригодные для отчетности. Конечно и при такой ситуации находится довольно много людей, несмотря ни на что желающих открывать, изобретать, исследовать. Но в системе миллиона судьба их предрешена.

О том, что массовый ученый работает плохо в последние годы, заговорили (правда, с большими оговорками) и в открытой прессе СССР. „На сегодня с эффективностью труда в науке не все благополучно, — пишет кандидат технических наук Б.Н. Волгин. — Возрастание численности ученых сопровождается понижением их творческой активности... Причем эта закономерность имеет повсеместный характер.[16] В книге Волгина говорится даже о сложившейся в институтах страны „провинциальной атмосфере всеобщей неторопливости."

Большинство статей в *Литературной газете* на эту тему (наши научные журналы традиционно не касаются общественных проблем) сводят год от года падающий потенциал науки к неправильной оплате научного работника и к внутриинститутской организации. Психология ученого, а главное, этика миллиона — по-прежнему остается темой запретной.

Но поскольку „всеобщая неторопливость" захватывает одну за другой все новые и новые лаборатории, поскольку срываются государственные планы, заваливаются министерские и правительственные задания, то чиновник принимает свои меры. Одно из таких „решительных средств" лежит на моем столе. Это отпечатанный в типографии довольно большим тиражом бланк следующего содержания:

Научный отдел АСУ[17] НИИ Скорой помощи им. Склифасовского.

Техническое задание №......

Ответственный исполнитель ......

Вам поручено ...... Срок исполнения был установлен...... Задание Вами не выполнено. Обращаю Ваше внимание на недопустимость подобного отношения к выполнению возлагаемых на Вас поручений и ожидаю, что указанное задание будет полностью выполнено не позднее ...... Объяснения по поводу длительной задержки не принимаются.

Главный конструктор АСУ
Главного управления Здравоохранения
(И. Бескровный).

Верит ли доктор И. Бескровный в магическую силу размноженной типографским способом угрозы? Скорее всего нет. Но он — один из миллиона и действует в соответствии с правилами: проставляет в пустых местах бланка фамилии и сроки, посылает бумаги провинившимся и отмечает у себя в журнале галочками — „Н.К. предупрежден." В этом и состоит его труд.

Примечания

1. *Правда*, 8 октября 1975 года. Речь Л. И. Брежнева на заседании по поводу 250-летия Академии наук СССР.
2. Сопромат — учение о сопротивлении материалов.
3. И. П. Петров (1891 — 1972), начальник кафедры патологической физиологии Ленинградской Военно-медицинской Академии. Подробно о нем в моей книге *Путь к сердцу*, М. 1960.
4. *Медицинская газета*, 9 августа 1968 г., стр. 3.
5. *Литературная газета*, № 12, 24 марта 1976 г.: „Что поможет вузовскому ученому".
6. *Правда*, 1 февраля 1972 г. Марк Поповский: „Охота за токсином".
7. Его сотрудники полушутя утверждают, что более всего их лаборатории походят на военные поселения начала 19 века в России, когда солдаты, вынужденные служить по 25 лет в армии, являлись одновременно и крестьянами, отбывающими барщину.
8. Исключение составляет небольшой круг теоретиков, прежде всего физиков.
9. Вертушка — народное наименование особой телефонной сети соединяющей ЦК КПСС, Совет Министров п другие руководящие учреждения в столице страны.
10. Эпизод рассказан сотрудником Физико-технического института им. Иоффе в Ленинграде. Декабрь 1975 г.

11. Надежда на то, что всеобшая химизация (вариант всеобщей электрификации) разрешит все проблемы социалистического хозяйства, дважды захватывала советских вождей. В 1933 — 34 годах это поветрие пошло от акад. Баха, а в 50-х годах идею Большой Химии возродил научный советник Хрущева, акад. Н. Н. Семенов.

12. Пятиминутка — короткое утреннее совещание всех медиков клиники, во время которого ночные дежурные докладывают обо всех происшествиях совершившихся за минувшую ночь.

13. Брюккером молодые биохимики из Черноголовки называют один из приборов, выпускаемый на Западе фирмой с этим же названием.

14. СТС — старший научный сотрудник, МНС — младший научный сотрудник.

15. Пользуюсь случаем, чтобы выразить признательность доктору Гансу Селье, приславшему мне свою прекрасную книгу *Stress without distress*. Книга Селье лежит на перекрестке медицины, биологии и социальной психологии. К сожалению, в последние полвека в СССР не вышло ни одного произведения такого рода.

16. Б. Н. Волгин: *Молодежь и наука*. М. 1971 г., Издательство „Знание'', стр. 37.

17. Отдел АСУ — отдел занятый организацией автоматической системы управления.

Глава 4

ТАЙНА, ПОКРЫТАЯ МРАКОМ

> **— Сограждане! — начал он взволнованно, но так как речь его была секретная, то весьма естественно, что никто ее не слыхал.**
>
> М.Е. Салтыков-Щедрин
> Полн.собр.соч. т.8 стр.302

> **...Известно, что секретные сведения вернее несекретных.**
>
> М.Е. Салтыков-Щедрин
> Полн.собр.соч. т.3 стр.267

Декабрьским утром 1975 года Кутузовский проспект столицы огласился воем сирен. Красные автомобили со всех сторон спешили к громадному административному корпусу неподалеку от станции метро Кутузовская. Горело на шестом этаже. В окна валил дым. Случайных прохожих удивило количество прибывших пожарных машин: вокруг здания сбилась их целая дюжина. Но еще более изумился бы прохожий, если бы оказался в вестибюле здания в тот момент, когда туда, во главе с начальником пожарного расчета вбежала группа спасателей. Команда вахтеров в фуражках с зелеными околышами преградила путь пожарным в касках.

— Предъявите пропуска! — потребовали охранники.

— Какие пропуска? — вознегодовал начальник расчета. В здании огонь! Посторонитесь! — Он попытался отпихнуть ближайшего охраннника и провести свой отряд наверх. Но не тут-то было.

— Ни с места! — скомандовал начальник охраны и растегнул кобуру. Воинство в фуражках схватилось за оружие.

— Пожар меня не касается, — заявил начальник охраны. — Без пропуска не пропущу никого. Институт режимный.

— Пропусти, скотина! — остервенясь кричал начальник расчета. — Ты понимаешь, что ты делаешь? Там же люди горят...

— Пусть горят, — невозмутимо ответствовала зеленая фуражка. — Без пропусков не положено...

— Кругом!!! — взревел начальник расчета на своих недоуменно топчущихся подчиненных. И спасатели спаслись от наставленных на них револьверов.

Пока в вестибюле препирались, пламя на шестом этаже разгоралось все сильнее. Там пылала установка, содержавшая триста литров керосина. Были обожженные, сгорело ценное оборудование и бумаги. Погасить огонь в режимном или попросту секретном НИИ приборостроения удалось лишь после того, как пожарные подняли механические лестницы и ворвались в горящее здание через окна. Количество жертв и понесенный институтом материальный ущерб осталось тайной. Зато доподлинно известно, что действия начальника институтской охраны, не допустившего пожарных в здание, были в соответствующих инстанциях одобрены. И не удивительно. Сотрудники могут делать сколько угодно скверную продукцию, могут затрачивать на разработку своих ,,приборов'' сумасшедшие, ни с чем не сообразные средства, могут работать так медленно, что продукция их устаревает раньше, чем ее удается выпустить в свет — за все это с них никто всерьез не взыщет. Даже если бы институт на Кутузовском проспекте сгорел дотла, наказание примененное к директору и его заместителям было бы сравнительно мягкое. Но не дай Бог, чтобы из института произошла ,,утечка информации''. За это с руководителей, говоря языком грубой прозы ,,снимают шкуру''.

Тайна — главный предмет производства в этом и сотнях других секретных НИИ. Секретность — важнейший элемент советской науки.

Для того, чтобы постичь — для чего столь строго таим мы наше научное достояние, необходимо напомнить некоторые основные мифы закрытого общества. Главный миф повествует о том, что граждане социалистического государства — счастливцы по самому месту своего рождения — они живут в единственно прогрессивном обществе, в стране всеобщего благоденствия и довольства. Остальной — реакционный — мир полон злобы и зависти к стране Советов. Поэтому нам приходится все время быть начеку, держать порох сухим, оружие в боевой готовности и сейфы запертыми на три замка. Этот миф имеет свою поросль: ,,массовый шпионаж иностранных разведок'', ,,наши славные разведчики и контрразведчики'', ,,граница на замке'' и т.д. Другая ветвь мифов толкует о советской науке, как о самой передовой в мире, об удивительных открытиях наших ученых во всех областях знания. Выходит, что у нас действительно есть что красть, есть за чем шпионить. А коли так, необходимо каждый институт, каждую лабораторию превратить в неприступный секретный бастион, в каждом научном подразделении возвести заслон против любых поползновений врага. В разделенном антагонистическом мире передовой, прогрессивной науке секретность необходима для защиты своих завоеваний. Такова официальная версия.

Версия эта сравнительно молодая, ей нет еще и полувека. Корни же всеобщей российской секретности лежат гораздо глубже, таятся в многовековых традициях народа. ,,В России из всего делают тайну'' — писал 140 лет назад маркиз де-Кюстин. На 60 лет раньше ту же закономерность отметил Дени Дидро, живший несколько месяцев при дворе Екатерины Второй. А еще раньше о русской подозрительности с изумлением писали все европейцы, жившие у нас в XVI-XVII веках, в том числе Шлихтинг и Олеарий. Взгляд на каждого иностранца как на опасного соглядатая, от которого надо таиться — пронизывает всю русскую идеологию, народную и государственную. Железный занавес недоверия и опасений отгораживал Русь от прочего мира задолго до появления лозунга о пролетарском интернационализме.

Сливаясь с прямой выгодой, традиция становится материалом поразительной прочности. Тот безвестный вахтер, что готов был открыть револьверный огонь по пожарникам, только бы не впустить постороннего на секретную территорию — фигура символическая. Вахтер продемонстировал, до какой степени традиция в наш век сцементировалась с личной выгодой. Ведь служба у институтских дверей оплачивается значительно более щедро, чем, например, служба младшего научного без ученой степени. А генералы секретности получают примерно те же оклады, что и профессура. Как же тут не радеть, как же не стараться?

Я сделал попытку исчислить стражей научной секретности (не вахтеров, разумеется, а сотрудников так называемых Первых секретных отделов). Первый отдел имеется в каждом институте, в каждом университете, в каждой самостоятельной лаборатории. Учреждения эти как правило очень многолюдны. Три сотни московских НИИ включают в свой состав добрую дивизию борцов за секретность. А всего по научной Руси секретчиков, надо полагать, не намного меньше, чем их антиподов — сотрудников службы научной информации, число которых достигает 100.000 человек.[1]

По рассказам старых ученых секретность не сразу захватила советскую науку. До Второй мировой войны даже в инженерных, физических и химических НИИ секретные работы были крайне редки. В Государственном оптическом институте (ГОИ), например, до войны засекречивалось не более двух-трех работ в год. Сейчас даже ученому-оптику, приехавшему в ГОИ по делам со служебным письмом, войти в здание института — нелегко. А постороннему и вовсе невозможно. На получение пропуска уходит подчас несколько часов, а то и дней. Но и войдя в здание института, гость не сможет навестить все лаборатории: внутрення стража требует дополнительных пропусков для прохода на некоторые сверхсекретные этажи.

Секретность начала опутывать науку параллельно с милитаризацией. После войны ученых стали повсеместно привлекать к работе на военные нужды. Закрытые лаборатории возникли почти при каждом ВУЗ'е. Любую сколько-нибудь интересную научную идею военные стали приспосабливать для своих целей. Денег при этом не жалели. В милитаристские заботы постепенно втягивались исследователи, стоящие как будто в стороне от военных преблем. Им предлагали за крупные деньги изучить тот или иной узкий вопрос, с тем, однако, чтобы на время исследования лаборатория была засекречена. Но засекретить научное учреждение легко, а рассекретить почти невозможно. Так что все новые и новые научные подразделения ввязывались и продолжают ввязываться в разросшуюся до колоссальных размеров паутину безгласности. Ведь сотрудники засекреченных лабораторий не могут ни печатать статей, ни выступать на открытых симпозиумах. Их отрезают от всякого научного общения.

Несколько раз за последние годы раздавались голоса, призывающие облегчить, развязать узлы так называемой государственной тайны. „Надо хотя бы частично рассекретиться — призывал известный специалист в области радиотехники академик А.И. Берг. — Мы увязли в своих тайнах, как муха в меду. Так невозможно работать!" — К здравому голосу ученого никто не прислушался. Два или три тура послевоенного рассекречивания свелись к формальности. Грифы были сняты с аппаратуры и методов тридцатилетней давности.

Ныне полностью открытых НИИ в стране почти не осталось. Разве что Институт пчеловодства или охотничьего хозяйства, да и там авторам статей и книг предписано скрывать степень падения в стране медосбора и упадок охотничьего хозяйства. Даже в столичных академических институтах, куда приглашают иностранцев, где академики-классики дают интервью и всячески демонстритуют свою свободную волю, остается множество дверей наглухо запертых для непосвященных. Вы можете свободно войти только на второй этаж Института физических проблем АН СССР (директор академик П. Л. Капица) . Внизу — секретные лаборатории. В Физическом институте им. Лебедева (ФИАН) добрая половина института также закрыта для посторонних глаз. То же самое происходит в институтах академиков Н. Н. Семенова, А. Н. Фрумкина, А. Н. Несмеянова и у многих других. Но вершины своей, своего, как сказал бы Достоевский, административного восторга секретчики достигают в институтах военных. Тут им раздолье, тут для них рай.

Заработная плата в режимном институте значительно выше, чем в нережимном. Намаявшись на скудных своих достатках, МНС без степени или даже кандидат наук однажды узнает от знакомого или бывшего однокурсника о существовании „почтового ящика'' подходящего профиля и спешит в дом без вывески, чтобы подать свои документы. Спешит он, впрочем, напрасно. Самый короткий срок оформления в режимном НИИ — три месяца, но часто проверка затягивается и на год-полтора. Тот, кому отказали, никогда и не узнает причины отказа: то ли подвели его недостаточно чистопородные родственники (евреев и состоящих в родстве с евреями в такие НИИ нынче — ни-ни), а может быть сработал донос соседа по квартире.

Но вот оформление закончено. Счастливец подписал бумагу, по которой отныне он обязуется не разглашать, не открывать, не сообщать о своих служебных делах ни жене, ни другу, ни сыну. Никому, ничего. Собственноручной подписью заверяет он также клятву, по которой отныне не станет знакомиться с иностранцами, не пустит ни одного иностранца к себе в дом, не поедет никогда заграницу и не напишет заграницу ни одного письма. В противном случае... он предупрежден... статья такая-то уголовного кодекса... И за утерю допуска (пропуска) в институт тоже — три года лагерей. После клятвы Счастливец получает, наконец, этот самый заветный пропуск-допуск и вступает под долгожданные своды.

Попав в лабораторию, он очень быстро убеждается в том, что все разглагольствования о неразглашении имеют мало смысла, потому что:

а) рядовой научный сотрудник работает лишь над конструкцией какого-нибудь одного блока, не ведая не только о других блоках, но подчас и о назначении всего аппарата (прибора) в целом;

б) потому что чаще всего сотрудники секретных лабораторий занимаются копированием образцов, изготовленных в США.

Тем не менее, таинственность соблюдается строжайшая. Пять человек, сидящих в одной комнате и одаренных разной степенью начальственного доверия (разные формы допусков), не имеют права не только обсуждать между собой трудности и удачи разрабатываемой схемы, но не могут даже краем глаза заглянуть в чертежи друг друга. В одном НИИ сотрудники Первого отдела не успели или забыли оформить допуск изобретателю аппарата, над которым работала вся лаборатория. И несчастный изобретатель долгое время был лишен права держать в руках чертежи своего собственного детища. Он не имел также права воспроизвести эти чертежи снова, тем более сделать это у себя дома или где бы то ни было за пределами института. За такое деяние ему опять-таки грозило тюремное заключение.

Очень скоро Счастливец начинает замечать, что его коллеги по лаборатории боятся сказать друг другу лишнее слово, и сам начинает фильтровать свои высказывания. Он учится произносить лишь самые незначительные фразы. Произнося же более или менее распространенное предложение, он тут же начинает пристально вглядываться в лицо собеседника — не стукач ли он? Но поскольку человек — существо всетаки социальное и склонное к обмену идеями, Счастливец делает попытку толковать с соседями по лаборатории об искусстве, о прочитанных книгах. Он с грустью убеждается, что искусство и литература почти никого вокруг не интересуют и единственное, о чем коллеги охотно спорят, это про футбол и хоккей. Однообразная, без ясной цели, без творческого горения, работа отупляет. Более талантливые и думающие оглушают себя водкой или ударяются в разврат. Но большинство сотрудников спокойны и чего бы то ни было странного или неприемлемого в своем положении не находят. Все нормально: они служат, зарабатывают, имеют даже возможность защитить диссертацию (зарплата при этом удваивается). О чем тужить? Уныло, тоскливо? Но служба и не должна быть местом для веселья...

Так и живет наш Счастливец год, пять, десять. Если он не член партии, то довольно скоро достигает своего служебного потолка и в служебной жизни его окончательно исчезает какой бы то ни было стимул. Иногда он, правда, испытывает легкие встряски, но отнюдь не творческого характера. Жена-врач попросила его как-то переплести у себя в НИИ годовой отчет родильного дома, в котором она работает. Отчет в мастерской переплели, но когда кандидат наук пытался вынести папку из стен института, его задержали. Напрасно показывал он охраннику текст злополучного отчета, напрасно листал перед ним страницы, на которых речь шла о числе первородящих и повторнородящих, об абортах и разрывах промежности. Страж не пропустил папку, потребовав специального разрешения от Первого отдела. ,,Секретность есть секретность'', — объяснил вахтер ученому.

Однажды, правда, в унылом существовании нашего знакомого возник какой-то просвет: ему явилась счастливая техническая идея, которую он захотел обсудить с товарищами по работе. Завлаб, однако, не посоветовал ему придавать идее излишнюю гласность. Ведь об идеях такого рода никаких указаний не поступало. Да и у американцев ничего такого до сих пор не встречалось. Так что лучше не поднимать излишнего шума. Поскольку идея не носила секретного характера, Счастливец пожелал опубликовать ее в открытом научном журнале. Но статью несколько месяцев продержали в Первом отделе, после чего был вынесен вердикт: печатать только в журнале закрытом. Но у нашего знакомца к этому времени пропал всякий интерес публиковаться вообще. Он отдал черновики статьи в Первый отдел и постарался поскорее забыть об этом неудачном всплеске творческого чувства. И жена, и прямой начальник восприняли это со вздохом облегчения.

Обломавшись за несколько лет, Счастливец начал воспринимать свою работу лишь как место, где дважды в месяц ему дают зарплату, более высокую, чем дали бы в любом другом месте. Иногда, правда, выпив рюмку-другую, задумывается он о том, что работает на войну, на будущее кровопролитие. От этого на душе у него становится еще гаже. Но случается это редко, и с каждым годом все реже. Во-первых, потому что об этом ему не с кем разговаривать, проблем такого рода коллеги предпочитают не обсуждать. Но если он и находит собеседника, то ему резонно указывают на то, что в НИИ нережимном зарплата почти вдвое ниже. Так что вечную проблему войны и мира Счастливец разрешает чаще всего в рабочем порядке — в одиночестве за бутылкой водки.

Я не придумал историю Счастливца из режимного НИИ. Все, о чем здесь говорено, и многое другое в том же роде рассказывали мне мои знакомые и родственники, работающие или работавшие в подобных учреждениях. Многие рассказчики, сообщая эти факты, не находили в них ничего отталкивающего. Секретность со всеми ее крайностями воспринимали они как нечто вполне естественное. Один, доктор наук, который, кстати сказать, сам вынужден был в свое время под поясом , на животе, выносить из НИИ свою **несекретную** кандидатскую диссертацию, которую иначе Первый отдел ни за что бы ему не выдал, теперь, перевалив за пятьдесят, меланхолически замечает: „Секретность, конечно, унизительна и глушит творческую инициативу, но среди сотрудников режимных НИИ преобладают субъекты толстокожие и малоспособные. Обитая в мире секретности, они не испытывают не только страданий, но даже и какого-нибудь неудобства. Так что их и жалеть не за что".

Мне трудно полностью согласиться с почтенным доктором, ибо есть по крайней мере один пункт, который вызывает у большинства научных сотрудников НИИ чувство глубокое и сильное. Как бы ни были развращены и подавлены эти люди, как бы ни были они „толстокожи", каждый из них все-таки хочет верить, что его тоскливая унылая жизнь имеет какой-то смысл, что он работает не зря и делает что-то нужное стране. Но и эта надежда то и дело рушится на глазах. Инженер, кандидат технических наук, много лет работавший в режимном НИИ, рассказывает:

„Больше года разрабатывали мы одну систему. Мы — это большая лаборатория, несколько десятков сотрудников. За основу, как всегда, взяли американский образец („перевод с американского'', — как шутила наша молодежь). Все шло хорошо, впереди уже маячило завершение работы и премия, когда, листая американский технический журнал, взятый в секретной институтской библиотеке, я обнаружил, что наши сверхсекретные чертежи опубликованы. Пока мы тут возились, американцы сняли систему с производства и рассекретили ее. Крепко раздосадованный, я с журналом в руках отправился к нашему завлабу. По дороге остановился в коридоре, чтобы еще раз заглянуть в опубликованную схему. Тут-то и поймал меня слонявшийся по коридору секретчик. „Что это вы там рассматриваете?'' — „Схему номер такой-то''. Секретчик просиял, собираясь вонзить в меня свои когти. — „Кто разрешил выносить схему из лаборатории?'' — Я показал ему обложку американского журнала. Он подскочил на месте: „Они пронюхали!..'' Это был стон человека, который поставил крест на своей дальнейшей карьере. Пришлось успокоить беднягу, объяснить ему, что пронюхали не они, а мы, но, увы, с большим опозданием...''

Такие провалы нередки. И хотя старый инженер повествовал об этом эпизоде с юмором, ему эта история и другие такие же стоили немало крови. Подобные проколы гораздо больше говорят массовому ученому, нежели провалы этического характера. Когда научный сотрудник обнаруживает, что труд целого коллектива летит в трубу, что бессмысленно израсходованными оказались миллионы рублей, — он ощущает, что из-под ног у него выбивают последнее, сколько-нибудь пристойное обоснование его жизни. Остается одно — голая зарплата...

Есть, однако, в режимных НИИ и другой тип сотрудника, тип, для которого секретность — счастливая находка, стихия, открывающая беспредельные возможности для созидания карьеры. Для таких режимный институт — дом родной. Они ищут для себя подобные учреждения, а иногда даже специально строят их. Один из сказочных воздушных замков на гранитном фундаменте секретности был воздвигнут несколько лет назад под Москвой и носил поначалу скромное название „Почтовый ящик №..." История этого сооружения достойна подробного рассказа. Вскоре после того, как академик Н. Г. Басов и А. М. Прохоров получили Нобелевскую премию за создание квантовых генераторов, военные запросили физиков о возможности создать лазерное оружие дальнего радиуса действия. Руководителей военно-промышленного комплекса, тех самых, которые распоряжаются миллионами и миллиардами на военные нужды, воспламенила идея, описанная русским писателем-фантастом в 20-е годы. Они возмечтали о „гиперболлоиде", аппарате, который станет за тысячи километров от наших границ, на громадной высоте, пламенным лучом рассекать вражеские ракеты, как колбасник режет колбасу. „Сделаем, — ответили ученые, которые военному ведомству никогда не отвечают иначе. — Поставим лазерный луч на службу Родине".

Засим последовала команда: как можно скорее строить под Москвой секретный институт для разработки сверхмощного лазерного оружия. Миллионов не жалели. И директора нового учреждения назначили самого что ни на есть ответственного, из Отдела науки ЦК КПСС. Директор-физик (когда-то он защитил кандидатскую диссертацию) очень скоро, однако, сообразил, что из затеи военных ничего не выйдет. Гиперболлоид 20-х годов и сорок лет спустя оставался все такой же фантастикой. Директор понял: рано или поздно „липу" разоблачат. Но пока фирма не лопнула, надо извлечь из своего положения максимум пользы за минимум времени. Помогла ему секретность. В то время как сверхзасекреченные физики в нескольких лабораториях бились над тем, как устремить лазерный луч в верхние слои атмосферы, да так, чтобы он не остывал, не рассеивался и разил врага, две лаборатории получили иное, более осуществимое задание: им поручили сделать докторскую диссертацию для товарища директора. То-есть, про диссертацию, конечно, им не разъяснял никто. А просто ученым дали тему, содержащую экспериментальную и теоретическую часть, литературный обзор и все прочее, что для докторской работы полагается.

Две лаборатории в полном составе делали абсолютно одно и то же, но никто об этом, кроме директора, не догадывался, ибо полная секретность разъединяла людей, работающих под одной крышей, лучше, чем бетонная стена.[2] Если бы такое происходило у немцев, то никто бы никогда так ничего и не узнал. Но в России от несовершенства законов общество спасается единственно благодаря несовершенству своих граждан. У нас потому только и можно выжить, что никто как следует не исполняет законов. Одним словом, нарушая правила секретности, девушка-переводчица из лаборатории А. подошла к девушке-переводчице из лаборатории Б. и спросила, когда та освободит взятый в библиотеке американский журнал. Девушки поговорили между собой и без труда установили, что вот уже много месяцев обе они переводят одни и те же статьи из одних и тех же журналов. Это открытие навело их на счастливую мысль работать посменно, чтобы одну статью переводила одна, а другую вторая. Тогда каждая сможет сэкономить какое-то время для личных надобностей. Прошло еще несколько недель, и девушки-переводчицы установили, что хранимые в секретной библиотеке как величайшая ценность американские технические журналы можно получать в городской открытой библиотеке. К тому же статьи, над которыми они бились, давно уже переведены, и надо заплатить несколько копеек, чтобы получить копию перевода. Естественно, что девушки постепенно ввели и это новое усовершенствование в свою работу. Так две скромные, далекие от физики и политики сотрудницы разоблачили страшную сверхсекретную тайну своего института. Тайну, которая в том только и состояла, что десятки квалифицированных ученых, получая высокую зарплату от государства, трудились для того, чтобы обогатить **частного хозяина**, директора НИИ.

Как и следовало ожидать, история эта для всех участников завершилась счастливо. Сверхсекретная фирма лопнула, не породив никакого сверхужасного оружия. В связи с этим институт частично рассекретили. Вместо трехзначного номера он стал носить сравнительно мирное название НИИ импульсной физики. Девушки-переводчицы перешли в другие институты, подальше от ужасных секретов. А директор? Он тоже теперь в другом институте. Его можно поздравить: докторскую диссертацию он защитил своевременно и совершенно секретно, так что никто из тех, кто писал ему эту диссертацию, не смог и никогда уже не сможет предъявить никаких претензий.Happy end!

О том, что государственную секретность можно с великой выгодой использовать в личных целях, наши научные работники поняли очень давно. Свидетелем одного из таких случаев, имевших всесоюзный, если не сказать международный, резонанс, я стал еще в дни своей журналистской юности.

В 1949 году на прилавках книжных магазинов Москвы появилась книга *О природе вирусов и микробов*. Несмотря на чисто научный характер и никому не ведомую фамилию автора, москвичи отнеслись к этой книге с самым живым интересом. Ее появление обсуждали не только в институтах и в редакциях журналов и газет, но даже просто в застолье. Книга никому неведомого Г. М. Бошьяна стала бестселлером года. Еще бы! Автор свершал подлинную революцию в микробиологии, потрясал все представления, утвердившиеся со времен Луи Пастера. Он утверждал, что микробы распадаются на вирусы, что убить микроорганизмы нашими обычными средствами невозможно (кипячение? чепуха! они остаются живы и в крутом кипятке!). А коли так, ни о какой стерильности и говорить не приходится. Они даже в кристаллы превращаются, эти проклятые микробы. А из кристаллов снова в живность... В общем, много странного, страшного и удивительного открыл нам Георгий Мнацаканович Бошьян, ветеринарный врач из города Ленинакана.

Впрочем, к тому времени, как я с ним познакомился, он уже утвердился в Москве, вернее, под Москвой, в Институте ветеринарии. Я был одним из первых журналистов, приехавших беседовать с этим преобразователем науки. Меня принял приземистый лысеющий человек с грубым, изрытым оспой лицом и с очень крупными почему-то кулаками. Кулаками этими он стучал по столу, втолковывая мне на плохом русском языке, что „Карл Маркс открыл новые законы общественного развития, а он, Бошьян, открыл новые законы биологии''. То были речи одержимого и, откровенно говоря, я слушал их с восхищением. И не я один. К Бошьяну с его чудесами охотно потянулись журналисты и писатели, а знаменитый драматург Николай Погодин даже сочинил про него пьесу *Когда ломаются копья*, которая целый год шла в московских театрах. То, что насочинял Погодин, никакого отношения к реальной судьбе Бошьяна не имело. В жизни произошли события гораздо более занимательные, чем мог придумать драматург.

Ветеринарного врача из Армении в полном смысле слова сделал директор Института ветеринарии профессор Леонов. Профессором, впрочем, он стал позднее, опять-таки в результате задуманной им жульнической махинации. Леонов руководил заштатным, никому неведомым институтом, без всяких перспектив на известность, признание, славу. Тут как раз и подвернулся Бошьян со своими поразительными идеями. Леонов смекнул, насколько ценен может быть одержимый ветеринар, если использовать его в соответствии с требованиями эпохи. То было время холодной войны, эпоха **русского приоритета**. В газетах и журналах писали о том, что иностранцы всегда только похищали открытия русских ученых. А на самом-то деле **все** открыли, изобрели и постигли сперва мы, русские. Выпускались многочисленные книги о приоритете, читались лекции о русском первенстве, выпускались фильмы о великих русских ученых. На волне этих событий Леонов отправился к министру сельского хозяйства СССР А. И. Бенедиктову и министру здравоохранения СССР Е. И. Смирнову. Он объяснил им, что в нашей стране сделано великое открытие, которое оставляет позади все достижения американцев и англичан. Бошьяна надо поддержать, Бошьяну надо помочь,

Бошьяну надо дать дополнительные средства для опытов. Он нам еще и не такое откроет...

Без защиты диссертации Бошьяну дали ученую степень доктора биологических наук, за считанные недели издали в сто тысяч экземпляров книгу, предоставили ему большую лабораторию. Ничего бы из этой затеи не вышло, если бы директор Института ветеринарии не использовал одновременно и другой жупел эпохи — всеобщую секретность. Он настоял, чтобы сущность опытов Бошьяна была засекречена (в книгу вошли только конечные выводы). В один прекрасный день при входе в тот институтский коридор, куда я всегда входил беспрепятственно, появился милицейский пост. Засекреченной оказалась и докторская диссертация директора института, которую он как-то очень уж быстро написал и защитил.

Смысл всех этих акций открылся мне лишь через несколько лет, когда на конференции по изменчивости микробов, уже в середине 50-х годов, я услышал доклад академика В.Д. Тимакова (позднее президент АМН СССР). Тимаков рассказал, как три года он и академическая комиссия, составленная из ведущих микробиологов страны, тщетно добивалась права проверить опыты Бошьяна. Ссылаясь на секретность, их не допускали на порог бошьяновской лаборатории. Одновременно наша пресса трубила о новой победе советской науки[3]. (Бошьяновская эпопея совпала со столь же мифическими „успехами" О.Б. Лепешинской, открывшей „живое вещество", и с торжеством лысенковской „агробиологии"). В конце концов Тимакову и его комиссии разрешили (в обстановке абсолютной секретности!) заглянуть в микроскоп Бошьяна. В препаратах великого преобразователя микробиологии ученые ничего, кроме грязи, не нашли. Оказалось, что доктор наук Бошьян не владеет даже теми основами микробиологической техники, которые обязательны для каждого студента-медика.

Заключение солидной научной комиссии не оставило на Леонове и Бошьяне даже фигового листка. Но они продолжали борьбу, несколько раз даже переходили в наступление.

В конце концов Бошьяна лишили ученой степени и изгнали из института. Но броня секретности продолжала спасать его: в советской прессе о неудавшейся „революции в микробиологии" так и не появилось ни строки[4]. Тот же механизм работает и поныне, четверть века спустя. Сотни секретных диссертаций, освобожденных от надзора научной общественности, через секретные ученые советы секретных институтов текут в секретные отделы ВАК. Там их проштамповывают безо всякой критики: секретные ведь...

Итак, из факта государственной политики научная секретность превратилась в факт личной коммерции. При этом чиновнику совсем не обязательно воровать или присваивать чужое открытие. Если объект научной мысли засекречен, то завлаб или директор института, докладывая об этом объекте в вышестоящие инстанции, как бы демонстрирует при этом **свои** заслуги. Это в **его** лаборатории, под **его** руководством сделано, следовательно, начальнику лаборатории, директору института, чиновнику — первая хвала и награда. Рассекречивание — крайне непопулярное мероприятие среди чиновников потому прежде всего, что оно вырывает кусок изо рта у институтского администратора. Но рассекречивание сердит и более высоких начальников. В главе „Наука: оброк или барщина?" я рассказал о двух молодых ученых из лаборатории академика Кованова, которые открыли важный биологический продукт — ишемический токсин. Через день после того, как в *Правде* появилась моя статья об открытии[5], министр здравоохранения СССР академик Б. В. Петровский позвонил в лабораторию академика Кованова, чтобы выразить свое неудовольствие: если открытие действительно столь крупное, как об этом пишут газеты, то его следовало бы засекретить, а не поднимать ненужный шум в прессе.

Министр здравоохранения требовал, чтобы тайным осталось открытие, благодаря которому можно пришить раненому оторванную конечность, чтобы секретным сделали то, чем можно спасать людей с инфарктом сердца. Как объяснить столь странную установку главного хранителя нашего здоровья? Очень просто. Чиновник, сколь бы высоко на служебной лестнице он ни стоял, должен все время закреплять свое положение, доказывать свою полезность вышестоящим. Министр — не исключение. Естественно, и он постоянно ищет возможности понравиться властям. В его положении понравиться можно только в том случае, если хорошо обслужены пациенты так называемого „Четвертого управления", то-есть кремлевская и близкая ей элита[6]. Если бы открытие Оксман и Далина осталось секретным, Петровский распоряжался бы им по своему усмотрению, лечил бы с помощью нового метода не всех, а только партийную верхушку. А это бы еще более повышало его акции в высших сферах. В рассекречивании ишемического токсина академик-министр увидел попытку обокрасть лично его, отнять его собственное достояние.

Так что не к рассекречиванию, а ко все большему засекречиванию направлены помыслы научной администрации СССР. Стремление утаивать все что нужно и не нужно особенно легко осуществляется еще и потому, что правила о секретности составлены (как, впрочем, и все наши законы) крайне расплывчато. Такая расплывчатость ценна для администрации: при желании можно в каждом случае толковать правила и законы как удобно. Подчиненных же расплывчатость правил заставляет страховаться. Так как неизвестно, что же в конце концов секретить следует, а что не следует, то в государственную и военную тайну превращаются английские морские штурманские карты, открытые иностранные научные и технические журналы, все сведения, относящиеся к Китаю, все, что относится к западным коммунистическим партиям и так далее, и тому подобное... В этой неразберихе, помноженной на страх, околонаучный чиновник чувствует себя как нельзя более комфортабельно.

Три учреждения: одна из кафедр Ленинградского университета, Всесоюзный научно-исследовательский институт рыбного хозяйства и океанографии в Москве (ВНИРО) и НИИ рыбного хозяйства в городе Калининграде ведут совместные исследования. Среди прочих проблем изучают они роль космических спутников для рыболовства. И вдруг в Ленинград поступает письмо: коллеги из Калининграда предлагают засекретить эту тему. В университете удивлены: к чему такая осторожность? Ведь методика работы космических спутников давно описана в нашей печати, а рыболовную практику с помощью спутников постоянно описывают в своих открытых журналах ихтиологи и физики США. Не без труда удалось дознаться, что инициатором засекречивания советских работ является московский ученый С. И. Потапчук. По должности он заведует Лабораторией космической океанографии и во ВНИРО должен внедрять в производство новейшие достижения науки. Но с помощью спутников в СССР пока еще не выловлено ни одного центнера рыбы. Дабы скрыть бездеятельность своей лаборатории и уберечь себя от надзора и критики, умный заведующий решил засекретиться. И, как говорят, добился своего. Теперь безделью его уже ничто не угрожает.

...Московскому математику Василию Васильевичу Налимову приписывается весьма распространенный в столичных кругах афоризм: **„Секретность в наших условиях есть уни**кальное средство скрыть убожество научных работников". Афоризм отличный, но, к сожалению, не полный. Смысл и назначение секретности **в наших условиях** значительно шире. **Ведь флер таинственности, окутывающий науку, — лишь ма**лая часть того всеобщего тумана, в котором тонет вся страна, все стороны нашей жизни. Мы десятилетиями живем, не зная, что наши пятилетние планы развития не выполняются, что крайне дорогие космические полеты подчас заканчиваются **ются провалом (как, например, полет „Союз-10") . Нам не** сообщают, как велик в стране дефицит продуктов питания и насколько поступающие в торговлю продукты фальсифицированы. Гражданину СССР неизвестно также, какую часть его трудового продукта присваивает государство. Секретны политические переговоры с иностранными державами, секретны цифры распространения эпидемий в стране[7]. Держится в тайне уровень радиоактивности в разных районах. Засекречены цифры внешней и внутренней торговли, подлинная стоимость рубля, разведанные запасы полезных ископаемых. Даже карта главного города государства является тайной и заменена безмасштабной схемой. Список того, что в стране засекречено, можно было бы продолжить до бесконечности. Ибо секретны размеры ячеи сетей, которыми советские рыбаки ловят рыбу в международных водах, тайной окутаны землетрясения, извержения вулканов, последствия цунами и авиационные катастрофы. Наука — только малая часть того континента великой российской секретности, назначение которой — дать чиновнику возможность без труда управлять самым неинформированным в мире обществом.

Конечно, находятся люди, которым это не по душе. Особенно среди ученых и писателей. Есть даже такие, которые требуют гласности. Кое-кто поминает даже Менделеева, который, дескать, сказал, что „наука не может быть никаким образом тайною и по существу своему есть дело публичное, иначе она не наука".[8]

Кандидат экономических наук Ю. из НИИ жаловался мне, что он полгода добивается пропуска в Центральное статистическое управление СССР (ЦСУ). Допуск нужен ему для того, чтобы с научными целями исследовать цифры, относящиеся к отечественной промышленности. Когда, наконец, шесть месяцев спустя он обрел допуск и, счастливый, явился в ЦСУ, чтобы начать работу, с него взяли подписку, что ни одна из полученных им цифр не войдет в его статью и монографии. Весь цифровой материал строго секретен.

Экономист, конечно, сердится и ворчит. Но посудите сами, можно ли давать ему для публикации **подлинные** цифры, относящиеся к пятилетнему плану, если уже много лет планы эти выполняются лишь на 60—70 процентов? Между тем ЦСУ каждые полгода торжественно заявляет о выполнении и перевыполнении этих самых планов. Если каждый экономист станет публиковать собственную версию выполнений пятилетки, можете вообразить, какой получится хаос и разнобой. Но, слава Богу, секретность позволяет достичь полного единства между желаемым и публикуемым.

Или взять цифры об экономическом уровне жизни в стране. Тайна сия велика есть. И это благо, потому что никто в СССР не нервничает, никто по этому поводу не делает правительству демаршей. Правда, существует в стране 300 тысяч семей, которые по договоренности постоянно и аккуратно отмечают и сдают в ЦСУ данные о своих доходах и расходах. До 1968 года выкладки эти, хотя и не публиковались, но хотя бы сводились воедино. И ученые-экономисты могли под большим секретом с такими цифрами знакомиться. Но вот уже несколько лет данные о бюджете семьи воедино не сводятся. Теперь это уже государственная сверхтайна.

Или вот пример из другой области.

Космические полеты, космические исследования... О них много пишут как о сфере научного исследования. Между тем, от людей, причастных к этим проблемам, я слышал, что при огромных вложениях в космическую программу чисто научные расходы составляют не более одного процента от расходов военных. Серьезную поправку следует делать и при чтении публикаций о ежегодном росте государственных расходов на науку. Львиную долю этих действительно непрерывно растущих вложений пожирают те самые режимные НИИ, которые, собственно, и научно-исследовательскими учреждениями-то не следовало именовать. Но об этом ни слова. Тайна, покрытая мраком...

К нарушителям государственной секретности относятся у нас по-разному, в зависимости, прежде всего, от того, чего именно нарушитель добивается. Если под покровом секретности норовит он урвать кусок лично для себя, вышестоящие взирают на него меланхолически-равнодушно. Его могут отпихнуть даже от корыта, но вполне миролюбиво, скорее для проформы. Бошьян, к примеру, до сих пор работает в одном из московских НИИ. И даже процветает. Да что Бошьян! Не так давно в жульничестве уличили Ленинского и Нобелевского лауреата академика Басова. Он выступил в почтенном академическом собрании с докладом, в котором стал развивать интересную физическую идею, предложил даже новое открытие. И вдруг оказалось, что открытие — не его. Академик Ю. Б. Харитон тут же, прилюдно, предупредил Н. Г. Басова: если тот еще раз устно или письменно объявит себя автором открытия, то он, академик Харитон, потребует, чтобы рассекретили статьи академика А. Д. Сахарова, относящиеся к 50-м годам. Тогда все увидят, кто действительно автор открытия. Басов вынужден был замолчать, ибо для специалистов-физиков кража его была абсолютно явственна. Однако, если бы дело дошло до конфликта, то Басов, конечно же, дело выиграл: рассекречивать статьи академика Сахарова двадцатилетней давности никто бы не позволил. Ибо дело тут **политическое.**

Итак, попытки украсть **для себя**, как видим, встречают со стороны научной и государственной администрации если не сочувствие, то во всяком случае понимание. Иное дело, если кто-то захочет прорвать государственную систему секретности бескорыстно, для общенародной, так сказать, пользы. Тут дремлющее око власти враз пробуждается и — горе ослушнику! Одна из таких недавних государственных акций заставила меня перебрать мои письма и дневники, чтобы восстановить в памяти историю кандидата философских наук Юло Вооглайда. Вот что удалось разыскать.

Из дневника. Москва, 6 июня 1973 года.

Грустные вести из Эстонии: сегодня в Таллине на заседании ЦК КП Эстонии будет обсуждаться вопрос: „Об управлении социологическими исследованиями''. Суть дела в том, что руководители республики рассержены на кандидата наук-социолога из Тартусского университета Юло Вооглайда. Этот талантливый парень организовал лабораторию, которая, по мнению властей, „вышла из-под управления''. Уже известен проект решения: лабораторию пока не закрывать (а могли бы!), но запугать все те предприятия, с которыми на договорных началах сотрудничает лаборатория. 95 процентов средств социологи получают по договорам от заводов и фабрик, которым дают советы, как организовать производство. Если предприятия расторгнут договоры, Вооглайду придется свернуть работу лаборатории. Этого и хотят в ЦК, где, кажется, обеспокоены тем, что социологи „слишком много знают".

Из дневника. Эстония. Тырва.[9] 19 июля 1974 года.

Из Тарту приезжал социолог Юло Вооглайд. К этому викингу — спокойному и внешне медлительному бородачу с сероголубыми глазами у меня род недуга. Юло один из немногих знакомых мне эстонских интеллигентов, кто не хнычет относительно национальной проблемы, но работает, много и упорно работает. Он создал большую лабораторию при Тартусском университете. Про него социологи полушутя говорят, что об Эстонии он знает **все**. Все не все, но из десяти вопросов моих об эстонцах — быт, культура, семейные отношения, жилье, питание, отношение к труду и т. д. он, заглянув в свою картотеку, ответил на восемь.

Юло считает, что его исследования помогут не только заглянуть в механизмы эстонского общества, но и общества советского в целом. Он нарисовал мне схему, из которой видно, что его лаборатория — на пути к созданию модели общественной жизни всей страны. Кто знает, может быть, закономерности, выявленные в недрах маленького народа Эстонии, действительно помогут таким людям, как Юло, прогнозировать будущее всей нашей российской махины.

...У Юло четверо детей и собака, доходы его крайне скромны, но не видно, чтобы он заботился об устройстве собственной карьеры. Он даже докторской диссертацией (защитить которую ему было бы очень просто) не занимается. Некогда!

...Социологическую лабораторию в Тарту постоянно травят. Последний донос поступил от директора Института конкретных социологических исследований в Москве Руткевича. Вопрос разбирался в Москве, потом в Таллине, в ЦК Эстонии. Руткевич заявил, что лаборатория в Тарту — прибежище националистов и сионистов (у Юло работает несколько евреев), что лабораторию надо закрыть...

...Юло — спортсмен, чемпион Эстонии по яхтспорту. Держится с достоинством, но очень просто. Он пригласил меня в воскресенье идти с ним на яхте. Уроженец острова Саарема, он собирается морем добраться до своей родины, а потом до Риги. Полсуток в море. Гляжу на него и думаю, что у москвичей такое полное духовное здоровье редко соседствует с цветущим здоровьем физическим. Это сочетание европейское.

Из дневника. Тырва. 6 августа 1974 г.

Ездил в Тарту по просьбе Юло Вооглайда: выступал перед его сотрудниками. Тема беседы: **„Зачем ученому совесть''.** Слушали внимательно. Видел в лаборатории много хороших лиц. **„Для социологов такая тема как нравственность особенно важна''**, — сказал Вооглайд.

Из дневника. Тырва — Тарту, 15—16 августа 1974 г.

Два дня провели с Юло Вооглайдом. Много толковали об Эстонии и эстонцах. Рассказы Юло — великолепны. Неожиданно он открылся нам также с новой стороны — в семье. Целый день он бегал по городу в поисках металлической трубки, трубка нужна его тринадцатилетнему сыну, который через два дня выступает в соревнованиях на яхте. Трубка-мачта должна крепить один из парусов. Отец Вооглайд обегал все магазины, заводы, автопарки и спортивные учреждения города, но трубку все-таки достал. Кофе у Вооглайдов. Семья почти в полном составе, кроме маленькой дочки и собаки. Девочки 14 и 16 лет — Кай и Катя — свежие, загорелые, спортивные. Говорят мало. Но никакого жеманства или кривляния. Кай — видная спортсменка республики, Катя изучает несколько славянских языков, готовится стать лингвистом. Но больше всех понравился нам Томас: со своим льняным чубом, ясным и мужественным взглядом, молчаливый, но полный мальчишеского достоинства. Он представляется настоящим символом **мальчишки**, всего лучшего, что есть в мужчине 13-ти лет.

Из письма социолога Н. Ленинград. Декабрь 1974 года.

„...Конечно, лучше, если бы это объяснил Вам сам Вооглайд, но раз Вы спрашиваете у меня, то готов разъяснить суть его работ. К сожалению, Вы не знаете нашего социологического языка, поэтому буду пользоваться общепринятыми выражениями. Лаборатория Вооглайда изучает образ жизни эстонцев: потребление товаров и продуктов, жилища, пищу, как складываются их производственные и семейные отношения. Его программа так и называется: „Дом". Эти исследования позволили разделить жителей республики на восемь типов, различающихся по материальному укладу и образу жизни. Благодаря исследованиям социологов Тарту мы знаем теперь, какие дома, мебель, автомобили, холодильники и иные товары население желает иметь и какие людям не нравятся. Мы знаем также, как обстоит дело с эстонской семьей, насколько каждая из восьми групп склонна иметь или не иметь детей, разводиться, жениться и выходить замуж. Лаборатория Вооглайда изучает также положение в промышленности республики. Исследовав 28 хозяйств и несколько заводов, Вооглайд обнаружил причины, мешающие этим предприятиям работать эффективно. Сотрудники лаборатории экспериментально доказали, что современные индустриальные рабочие могли бы давать 150—200 процентов нынешнего плана, и показали конкретные пути повышения производительности. Исследовав „эстонский образ жизни", тартусские социологи разработали конкретный проект оптимизации транспорта и торговли в городах республики. Вооглайд изучает также, как средства массовой коммуникации — газета, радио, телевидение — влияют на эстонскую аудиторию. Более, он создал теорию коммуникаций, какой пока нет на Западе. Он считает, что в наших условиях можно резко усилить воздействие воспитывающего, пропагандирующего и просвещающего слова на отдельных граждан и целые коллективы. Он знает средства, которые поставили бы гражданина на пресечении множества каналов коммуникативного воздействия и тем во много раз усилили бы пропагандистский эффект. Однако, насколько мне известно, он не пожелал сделать это последнее свое исследование достоянием гласности и как будто даже сжег рукопись с изложением этого проекта...

Наблюдения и расчеты Юло Вооглайда позволяют уже сегодня получить ценные экономические и политические рекомендации. Можно поднять трудовую активность на предприятиях, можно прогнозировать производство и торговлю многими видами товаров и тем избегать затоваривания; социологи могут объяснить службам информации и пропаганды их ошибки, а демографам дать методику для прогноза эстонской семьи. Но похоже, что у эстонских руководителей спроса на всю эту ценнейшую информацию нет''.

Из дневника. Тырва. 14 августа 1975 года.

Ровно год не видались мы с Юло и его женой. И вот они снова у нас в Тырве. Разительная перемена: год назад Юло был неотразимо победоносен, сейчас что-то в нем надломилось. События последних месяцев даже его, сорокалетнего крепыша, как-то смяли. Первого июля его лаборатория без всяких объяснений была закрыта по приказу ректора. В полночь сорок молодых социологов, учеников и сотрудников Юло, прошли с факелами и прощальными песнями перед зданием университета. Лаборатории, просуществовавшей без малого десять лет, больше нет. Юло считает, что тартусское и таллинское начальство собиралось закрыть лабораторию давно. Были специальные решения ЦК Эстонии, предупреждения тартусских партийных органов. Приказ ректора только завершил неизбежное. Работа социологов обнажала бездарность руководства на предприятиях, равнодушие рабочих, отсутствие ответственности во всех этажах общественного здания. Цифры и факты в руках социологов говорили об экономическом и духовном упадке, царящих в республике. Спрашиваю: ,,Но ведь вы ничего почти не публиковали. Откуда же они узнали о ваших выводах?'' Он: ,,Да, печатали мы мало. Если бы опубликовали свои данные раньше, то лабораторию закрыли бы несколько лет назад". Юло считает, что частично в судьбе лаборатории виноват он сам. В декабре 1974 года его пригласили выступить в Госплане республики. Он прочитал доклад, обнажающий ряд закономерностей экономического порядка. Слушатели промолчали, но он почувствовал — ему не простят. Они не могут позволить, чтобы посторонний знал правду о механизме **их** экономики, **их** власти, системе **их** управления.

После закрытия лаборатории ректор университета предложил исключить Вооглайда из партии. Это значит, что теперь он не сможет работать на кафедрах общественных наук...

Первому секретарю ЦК Коммунистической партии Эстонии

И. Г. Кэбину

от Поповского М. А., члена Союза Писателей СССР

Глубокоуважаемый Иван Густавович!

...Талантливому эстонскому социологу Юло Вооглайду угрожает полное отстранение от научной деятельности. Его лаборатория закрыта, сорокалетний, находящийся в расцвете сил ученый исключен из партии. Сейчас на повестке дня, как можно судить, его полное изгнание из Тартусского университета... Могу со всей ответственностью заявить, что лаборатория, которой почти десять лет руководил Юло Вооглайд, по богатству идей, по спокойной и дружелюбной рабочей обстановке относилась к лучшим известным мне научным коллективам. Лаборатория занималась самыми насущными вопросами жизни республики... Ценность работ Социологической лаборатории Тартусского университета я вижу прежде всего в том, что ученые представляли руководителям предприятий и других звеньев экономики широкую информацию о положении в данной области. Собирая и осмысляя данные тысяч анкет, социологи как бы организовывали **обратную связь** между обществом и руководителями...

Я знаю Вооглайда как человека кристальной честности, страстно увлеченного наукой. Его любят и уважают сотрудники и студенты. Он хороший лектор и настоящий исследователь. Я не оставлю работу над книгой, посвященной Вооглайду и его коллективу прежде всего потому, что уверен: такая книга, такие примеры нужны нашей молодежи. К тому же я уверен, что еще прежде чем я завершу последнюю страницу, руководящие эстонские товарищи восстановят доброе имя моего литературного героя... О судьбе социологической науки я уже не говорю. Но я посылаю Вам это письмо в надежде, что и судьба человека не оставит Вас равнодушным.

10 сентября 1975 г.

С уважением

(Марк Поповский)

Уважаемый Марк Александрович!

...(Ваши) опасения по поводу дальнейшего развития социологии в республике не обоснованы. Наоборот, ведется работа по повышению качества и эффективности социологических исследований. Эти цели преследует осуществленная недавно в Тартусском университете реорганизация, которая отнюдь не означает ликвидации социологических исследований.

Что касается тов. Вооглайда, то необходимо отметить, что он, к сожалению, допустил ряд ошибок и неприглядных действий политического характера. Его личное дело рассматривалось и решалось в полном соответствии с Уставом КПСС. Мы готовы в случае необходимости помочь Вам в получении более подробной информации по затронутым в Вашем письме вопросам.

С уважением

Зав. отделом науки и и учебных заведений ЦК КП Эстонии
(Э. Гречкина)

Зав. отделом культуры ЦК КП Эстонии
(О. Утть)

(Без даты)

Уважаемый Марк Александрович!

Получив Ваше первое письмо, я поручил ответственным работникам ЦК КП Эстонии, которые более всего в курсе дела Ю. Вооглайда, ответить Вам по существу. **С содержанием направленного Вам ответа я вполне согласен.** Мне кажется, что Вам очень любезно предложено, если вопрос Вас действительно интересует, получить более подробную информацию на беседе в ЦК КП Эстонии.

13. 11. 75 г. С уважением *И. Кэбин*

Коммунистическая партия Советского Союза
Центральный Комитет КП Эстонии

Москва Г-359
ул. акад. Павлова, 36, кв. 139.
Поповскому М. А.

Уважаемый Марк Александрович!

По поручению тов. Кэбина И. Г. сообщаю в ответ на Вашу телеграмму, что по существу поднимаемого Вами вопроса был дан ответ в письме заведующих отделами ЦК КП Эстонии тт. Гречкиной Э. Р. и Утть О. Я. от 21 октября 1975 года.

Этот ответ подтвержден в письме тов. Кэбина от 13 ноября 1975 года. Более подробную информацию по интересующему Вас вопросу можем дать **только** при беседе в ЦК КП Эстонии.

Помощник 1 секретаря
ЦК КП Эстонии
(В. Рензер)

15 января 1976 года
У-1378

Я не поехал беседовать в Центральный комитет Коммунистической партии Эстонии. Не поехал, потому что знал: судьба социолога Юло Вооглайда и его лаборатории решена окончательно. Сегодня ученого уже нет больше в университете, нет в Тарту. Он не сможет больше учить студентов, не сможет заниматься любимой наукой. Но те, кто разгромили лабораторию Вооглайда, убили живой научный организм, не посмели даже публично сообщить об этом. Ибо это тоже тайна. Я не поехал в Таллин потому, что знал ту версию, которую мне расскажут. Они там долго искали, в чем бы обвинить молодого ученого. Надо было как-то опорочить его, загрязнить — не получалось. Вооглайда знал весь город, его знали и любили. Тогда его начали вызывать на допросы в КГБ. Вызывали семь раз и допрашивали по пять-шесть часов. Требовали признания в том, что он сочинил манифест мифического Эстонского национального совета. Он не сочинял политических манифестов, ему это было ни к чему. Первый интеллигент в крестьянской семье, он всю свою жизнь занимался только наукой. И те из КГБ это прекрасно знали. В конце концов им пришлось освободить его от всех политических обвинений.

И все-таки надо было как-то изничтожить Юло, было приказано затравить его, ибо он слишком много знал. По „личному делу" Ю. Вооглайда была создана специальная комиссия ЦК КП Эстонии. Комиссия ездила в Тарту, опрашивала десятки людей и наконец нашла то, что искала.

Несколько лет назад один из молодых сотрудников Социологической лаборатории получил от отца-крестьянина подарок — 1500 рублей. На эти деньги юноша решил приобрести развалины заброшенного хутора неподалеку от Тарту. Вместе с сотрудниками-друзьями он восстановил дом, насадил вокруг сад. Хутор стал местом совместного отдыха молодежи. Социологи приезжали сюда на субботу и воскресенье. Сидя у самодельного камина, молодые ученые толковали об искусстве, науке. Парились в финской бане, копали картошку. Знакомые художники развешивали по стенам дома свои картины. Возле камина на столике лежала тетрадь, куда каждый мог записать свои мысли, сообщить, что он сделал за последнее время, о чем мечтает и какие чувства у него вызывает работа и отдых с друзьями. Случалось, что в тетрадь заносил свои стихи молодой поэт-гость социологов или там появлялись репортажи столь же юного журналиста. **„Издание" существовало в двух экземплярах. И вот этот самовольно выпускаемый „журнал", эти выставки картин, не** просмотренные предварительно цензурой, и стали главным **криминалом в „деле" Юло Вооглайда. „Как вы могли допустить?"** — кричали на социолога в ЦК. Но главное обвинение состояло в другом. На каминной доске, в общей комнате, комиссия ЦК обнаружила две солдатские каски, немецкого и советского образца. В касках этих (их множество и по сей день валяется в лесах Эстонии) молодежь пекла картошку. В горячем пепле картофель печется великолепно. Но именно в этом деянии партийная комиссия усмотрела наиболее серьезный подкоп. **„А скажите, Вооглайд, почему это каска** советского образца прострелена, а гитлеровская каска — цела?" — спросили в ЦК.

Вот и все. Дырявая солдатская каска, простреленная на давно отгремевшей войне, оказалась в конце концов главным аргументом при разгроме лаборатории социолога Юло Вооглайда. Высшая контрольная инстанция ЦК КПСС в Москве, заседавшая под предводительством члена Политбюро Пельше, утвердила решение, вынесенное в Таллине:

лабораторию социологии при Тартусском университете закрыть, Вооглайда из партии исключить, к науке его впредь не подпускать. Ученому не простили рассекречивания внутренних механизмов общественной жизни. Ибо секретность — закон страны. Ее самый главный закон.

Примечания

1. Д. Гвишиани: *Социальная роль науки и научная политика*. М. 1968 г.

2. Посадив за работу вдвое больше сотрудников, чем было нужно, директор НИИ лишь конкретизировал ,,теорию научного резерва'', с которой мы уже встречались в главе „Товарищ директор и другие''.

3. Моя статья о Бошьяне появилась в *Комсомольской правде* 10 мая 1950 г.: „У истоков жизни''.

4. Разоблачить ,,бошьяновскую эпопею'' мне разрешили лишь 20 лет спустя. См. журнал *Вопросы литературы,* № 2 за 1970 г., статья ,,Мы и ученые''.

5. *Правда* от 1 февраля 1972 года. Марк Поповский: „Охота за токсином''.

6. „Четвертое Главное Управление'' Министерства здравоохранения СССР занимается охраной здоровья высших государственных и партийных чиновников. Больницы ,,Четвертого Управления'' имеют в своем распоряжении новейшую аппаратуру, дефицитные лекарства, прекрасные помещения. Такие учреждения имеются в каждом республиканском и областном городе и являются строго закрытыми.

7. Профессор Николай Иванович Ходукин (1886 — 1962), долгие годы руководивший в Ташкенте Республиканским НИИ микробиологии и эпидемиологии, рассказывал мне, как его вызывали в КГБ и спрашивали: „Почему не ведете борьбу с дифтерией? В республике огромное число дифтерийных больных''. — „Я об этом не знаю'', — отвечал профессор. — „Зато мы знаем, — отвечал сотрудник КГБ. — Начинайте мероприятия по борьбе с дифтерией, но чтобы никто об этом не знал''.

8. Дм. Менделеев: *Какая же Академия нужна России* (1882 г.). Цитирую по журналу *Новый мир*, № 12, 1966 г., стр. 189.

9. Тырва — небольшой эстонский городок, где мы с женой отдыхали летом в 1974 и 1975 гг.

Глава 5

МЫ И ОНИ, ИЛИ »RUSSIAN TIME«

В других землях нет, а у нас — порядок! Я в полгода всю Европу объехал — нигде задержки не было; а у нас — нельзя! Ни въехать, ни выехать у нас без спросу нельзя, все мы под сумлением состоим: может быть злоумышленник!

М.Е. Салтыков-Щедрин
Полн. собр. соч., том 2,
стр.487.

Степень конфликтности советской науки с наукой мировой постоянно изменяется. Заморозки сменяются оттепелью, а то и сильными морозами. Но нормального ровного климата в этой области на памяти моего поколения не бывало никогда, потому что определяется научная погода не в лабораториях и институтах, а в кабинетах партийных деятелей, и зависит исключительно от состояния господствующей в данный момент общегосударственной политической атмосферы. На исходе эпохи сталинского владычества, в пору холодной войны, российский научный шовинизм плодил чудовища. Развернув газету или включив радио, гражданин мог узнать в те годы, что наука кибернетика, например, выражает самые темные и гнусные устремления мирового империализма; что „формальные" генетики оттого только и придумали гены и хромосомы, что оказались неспособны познать мир во всей его сложности, ибо не владеют спасительной теорией диалектического материализма. Много столь же поучительного можно было узнать о математической лингвистике, о языкознании и буржуазной антипавловской физиологии.

Вот фраза из журнала конца 40-х годов, которую я храню столь же благоговейно, как иной археолог лелеет обломок древнегреческой вазы. Вслушайтесь в ее звучание: „Закон сохранения энергии открыл русский ученый М. В. Ломоносов, а не английский пивовар Джоуль или немецкий врач Гельмгольц". Стиль времени! И не в том даже беда, что, в соответствии с нравами тех лет, автор (ученый!) назвал Джоуля пивоваром, не упомянув при этом, что владелец пивоварни был к тому же и выдающимся физиком, а то, что советскому читателю в те поры попросту негде было узнать, что не Ломоносов, а три великих физика Джоуль, Гельмгольц и Майер (тоже врач) открыли закон сохранения энергии.

Научный национализм и шовинизм не вчера явились на свет. Известно, как негодовала английская научная общественность, когда в разгар наполеоновских войн химик Деви принял награду из рук Бонапарта. Помнится и то, как в пору войны франко-прусской француз Луи Пастер с гадливостью вышвыривал из своего кабинета научные брошюры, присылаемые немцем Робертом Кохом. В сравнительно недавние времена я с удивлением прочитал в мемуарах крупного французского хирурга Рене Лериша (1879—1955) рядом с требованием „правды, научной правды, правды исторической" негодующие и, увы, несправедливые строки о том, что учение об оперативной асептике приписывают немцу Бергману, в то время как оно введено французом Октавом Террийоном. Научная конкуренция и политические страсти, очевидно, и впредь будут порождать подобные недоразумения. Но западному ученому трудно представить, во что превращаются эти общечеловеческие слабости после того, как государственные чиновники более полувека сознательно разогревают и нагнетают их, пользуясь аппаратом пропаганды.

Шовинизм буквально расщепляет сознание законопослушного ученого. Если он желает оставаться верным гражданином отечества, он должен во что бы то ни стало превозносить отечественное, не смея воздать должное достижениям иностранного происхождения. Он обязан при встрече с коллегой-иностранцем изображать свободного человека, не смея (на этот счет есть секретные предписания) того же иностранца пригласить к себе в дом в качестве гостя. Он не смеет написать заграницу слишком откровенное письмо. Придя на работу, после посещения американской технической или бытовой выставки, он резонно предпочитает придержать свои чувства, дабы не раздражать лишний раз начальство. Ведь он еще помнит, как **слишком длинный** список цитированной иностранной литературы в конце диссертации считался недостатком работы и список этот решительно усекали.

Нам могут сказать, что эпоха крайностей миновала, что ныне, когда „Союз" и „Аполлон" совершают совместные **космические полеты, нет смысла говорить о каком-то про**тивостоянии советской и мировой науки. Так ли это? Научная политика в Советском Союзе в эпоху разрядки действительно изменилась. Об этом совсем недавно поведал мне Главный редактор Издательства „Знание"[1], в прошлом полковник Главного политического управления Советской армии Александр Александрович Маринов.

Наш разговор не был ни случайным, ни мимолетным. Издательство „Знание" заключило со мной договор на публицистическую книгу *Зачем ученому совесть* и более двух лет тянуло с выпуском готовой рукописи. Главный редактор, научный редактор, просто редактор предъявляли автору все новые и новые требования политического характера.

В очередной раз, появившись в кабинете Главного редактора, я с огорчением увидел на его столе еще четырнадцать страниц изъятых из рукописи. Жирные полосы синего редакторского карандаша, как синие кровоподтеки, рассекали тело моего многострадального детища. Особенно возмутил моего шефа процитированный мною документ 1920 года, в котором группа советских физиков призывала власти разрешить ученым более широкие и свободные контакты с иностранными коллегами. „... Наука по своему существу явление интернациональное — писали физики комиссару просвещения Луначарскому. — Она представляет результат коллективного опыта всего человечества и для своего непрерывного развития требует непрерывного взаимодействия людей, в частности ученых специалистов всех стран. Это взаимодействие необходимо для того, чтобы каждая страна могла сразу же воспользоваться научными открытиями других стран. Изолированность какой-либо страны обрекает ее на научную отсталость и научный застой." К этой цитате я дал следующий комментарий:

„С тех пор как был составлен этот документ, жизнь неоднократно показывала необходимость и неизбежность свободных контактов между учеными, свободной конвекции идей, открытий, достижений."

Последние принадлежащие автору строки редактор жирно подчеркнул синим карандашом. Тем же карандашом на полях рукописи была сделана приписка: „Безгранично? Никаких тебе государственных и военных тайн — только свобода?" Сарказм так и прыскал из-под синего редакторского грифеля. Я сидел понурившись. Это был уже пятый разговор, после которого из моей книги выдирали большие куски текста. Резали по живому. Было от чего прийти в уныние. И тут, проникшись, очевидно, сочувствием к сраженному автору, Главный редактор начал свою речь. Он говорил доверительно и проникновенно, явно желая помочь мне постичь мудрость государственной политики.

— Ваша ошибка состоит в том, что вы слишком буквально понимаете лозунги международной разрядки, — говорил Маринов. — Да, мы действительно предлагаем им: давайте торговать, давайте обмениваться учеными, идеями. Но все не так просто, как вам кажется... Ведь у нас есть и **свои** интересы, ведь мы социалистическое государство. И мы не можем забывать о хищнической природе капитализма...

И совсем уже расчувствовавшись, собеседник мой перегнулся чарез стол и, перейдя почему-то на шопот, хотя мы были в кабинете одни, добавил:

— На совещании пропагандистов в ЦК нам было прямо сказано: цель научных контактов с Западом в том только и состоит, чтобы получить от них побольше, а им дать поменьше. Мы, конечно нуждаемся в некоторых западных открытиях, в западной технологии, но мы вовсе не собираемся сотрудничать с ними на равных... Поняли? В ЦК так и сказали: никакого ротозейства, никаких розовых очков!.. А вы что тут пишете: „ необходимость и неизбежность свободных контактов...''

Во взгляде своего собеседника я прочитал грустную укоризну. Так смотрят на пятиклассника, принесшего в дневнике очередную двойку. Полковник Маринов явно скорбел о моей политической незрелости.[2]

Уж кто-кто, а старый армейский комиссар, партийный пропагандист с тридцатилетним стажем знает, о чем говорит. И в тех книжках, которые он выпускает как главный редактор издательства, читателю прямо, без обиняков, дают понять, что разрядка разрядкой, а никаких симпатий к ученым Запада допускать не следует. Ибо в странах капитала ученый — слуга правящих классов. Конечно, и в этих странах есть прогрессивно мыслящие ученые... Но не потому ли они пользуются „свободой'' научного творчества, что невзирая на их передовой образ мыслей, монополии ухитряются прибрать к своим рукам и извлечь пользу из их научных достижений.[3]

Такова генеральная линия нашей научной внешней политики в эпоху разрядки. Это не злая воля какого-то тупоумного директора НИИ, завлаба или Главного редактора научного издательства. Это государственная традиционная политика, политика глубоко укорененная в сознании огромной массы научных работников страны. В переводе на язык каждодневности звучит она так: „Иностранцам нельзя верить; иностранец — всегда тайный враг; международное сотрудничество, „Аполлон-Союз'', „Пагуошские встречи'', передовые статьи в газетах — высокая политика верхов, не более того. Здесь же, внизу, в недрах научного миллиона, мы должны соблюдать в отношениях с иностранными учеными сугубую осторожность, всегда помнить об опасностях, которыми чреваты подобные контакты.''

Наша подозрительность и неприязнь ко всему западному в науке оборачивается в конце концов чудовищной неблагодарностью. Май 1974 года я провел в Краснодаре, в тамошнем НИИ сельского хозяйства. Мы сидели с моим давнишним другом и героем нескольких моих книг академиком Михаилом Ивановичем Хаджиновым в его кабинете, когда принесли письмо из США. Профессор Иллинойского Университета Ламберт, руководитель международного бюро генетиков, работающих с кукурузой, извещал Хаджинова о том, что он отправил в Краснодар большую серию семенных образцов, с теми свойствами, которые особенно интересуют советских коллег.

Письмо это (США, Иллинойс 29 апреля 1974 г.) навело моего собеседника на грустные размышления. Он заговорил о том, насколько непристойно ведем мы себя по отношению к иностранным исследователям. Селекционеры-генетики США, Франции, Англии откликаются на любую просьбу наших ученых. У нас же отправить за границу селекционный материал — мучительная проблема. Посылку надо согласовывать во множестве инстанций. Если ты будешь при этом недостаточно настойчив, то посылка увязнет в одном из утверждающих кабинетов. Но если ты станешь настаивать, то партийные чиновники отнесутся к твоим просьбам с подозрением и запретят посылку из соображений политических.

Как-то раз американцы обратились в Кишенев с просьбой прислать им гены отмирания кукурузной метелки, которые обнаружил молдавский селекционер Мику. Но молдавские чиновники, опекающие науку, наотрез запретили посылать семена „империалистам" И это при том, что вся советская гибридная кукуруза, вся селекционная работа, направленная на повышение белковости кукурузного зерна, строится на американском материале, присланном тамошними генетиками! К чести моего друга должен сказать, что Хаджинов поддерживает самый оживленный обмен семенами со всеми коллегами, и в том числе из Иллинойса и Огайо. Ему удается преодолевать барьеры и запреты благодаря своему личному авторитету среди краснодарских властей. Но и академику Хаджинову постоянно мешают поддерживать нормальные отношения с учеными западных стран. Каждая командировка его учеников на стажировку в США или на международный конгресс генетиков превращается в мучительную многомесячную процедуру.

Страх и натравливающая пропаганда приводят в научных учреждениях к ситуациям поистине фантастическим. Видные биохимики мира и в том числе многие лауреаты Нобелевских премий, очевидно еще помнят VII Международный биохимический конгресс в Риге летом 1970 года. Говорят, конгресс, где было заслушано более двухсот докладов, оставил у иностранных гостей добрую память. Возможно, что наши гости запомнили и ,,хозяина" Конгресса директора Института органического синтеза АН Латвийской ССР Соломона Аароновича Гиллера (1915-1974). С Гиллером связывали меня многолетние и, откровенно говоря, довольно сложные отношения. Я несколько раз писал о нем, но далеко не всегда резделял его этические установки.[4] При всем том нельзя было не отдать должное научной одаренности и организационным способностям этого химика. Между прочим, он был одним из тех немногих (всего двух-трех) советских ученых, чьи лекарственные препараты получили выход на международный рынок. Факт этот немаловажен, если вспомнить, что лекарственная индустрия СССР все еще остается в зачаточном состоянии, что население страны десятилетиями страдает от недостатка лекарств, а самые насущные препараты мы покупаем за границей. В этой обстановке Гиллер (не сам, естественно, а через государственные внешнеторговые учреждения) продал один из своих оригинальных препаратов в Японию, а второй в Швецию. Японцы за синтезированный в Риге противораковый препарат уплатили 500 тысяч, а шведы за лицензию на производство препарата митандион (средство против падучей болезни) выложили семь миллионов. Из очередной зарубежной поездки Соломон Ааронович вернулся в радужном настроении. В таком же настроении начал он свой отчетный доклад в Президиуме Академии наук Латвии. Доклад выслушали, но вместо естественной, казалось бы, благодарности, химик получил жестокую отповедь. „Кто это позволил академику Гиллеру открывать капиталистам наши советские научные секреты?" — вопросил вице-президент Академии. А президент произнес длинную обличительную речь, в которой между прочим рассказал, что когда во время Второй мировой войны он был ранен на фронте, его мог спасти только пенициллин. Но пенициллина в госпитале не хватало. И знаете почему? Потому что англичане держали в секрете строение пенициллина и методы его производства... И вот теперь академик Гиллер едет к этим капиталстам и с открытой душой (всего только за 500 тысяч долларов! — М.П.) разбазаривает достижения нашей науки."

Совсем не трудно опровергнуть миф о „засекреченном" англичанами пенициллине. Но может быть интереснее напомнить, что всего лишь за полтора года до того президент Латвийской Академии наук произнес приветственную речь, обращенную к участникам VII Международного конгресса биохимиков, речь, где многократно повторены были слова о дружбе, сотрудничестве и единстве ученых мира. Не исключено, что речь эта была перепечатана и в зарубежных газетах и произвела там благоприятное впечатление. Но полтора года спустя (разрядка продолжается!) в стенех Президиума АН, тот же Президент произносит речь, весь пафос которой направлен против доверия, против сотрудничества, против дружбы. Оно и понятно: здесь, в Президиуме — все свои, здесь можно говорить то, что думаешь или во всяком случае, то, что полагается думать.

Нет, академик Гиллер не напомнил коллегам о долге научного интернационализма, о том, что Флеминг, Флори и Чейн отказались патентовать свое открытие, и потому только пенициллин так быстро и попал во фронтовые госпитали России. „Я сильно испугался, когда они затеяли этот разговор, — признался мне Соломон Ааронович, — и начал оправдываться." Но на этот раз ему даже оправдываться не пришлось. Случайно на заседании Президиума АН находился в тот день Заместитель Председателя Совета министров республики. Высокий чиновник разъяснил академикам, что „создание научных ценностей, которые могут быть реализованы на мировом рынке, не следует рассматривать как преступление, а скорее даже как патриотический долг ученого. Такие открытия равно как и торговля ими через соответствующие государственные учреждения, не запрещаются.'' Гиллер был спасен. Но каковы остальные академики?

Нет, нет они вовсе не исключение. Да и к чему бы им быть исключением? Разве на инструктажах в ЦК и в райкомах не предупреждали их многократно, что общение с иностранцами опасно, ибо попав в нашу страну или встретив советского гражданина у себя, враг пытается вести пропаганду и шпионаж? А разве многомесячное „оформление'' ученого, едущего на международный симпозиум, не есть знак предостережения? Нет, латышские академики, несмотря на дремучий характер их речей, проявили себя только законопослушными советскими гражданами. Так же, впрочем, как и директор Института геофизических проблем АН СССР, который выступил недавно на Ученом совете своего Института с еще более странной речью. Но начну по порядку.

Сотрудник института, кандидат физических наук Вадим Минухин работал над проблемой, которая должна была стать темой его диссертации. Большая часть исследования была завершена, когда Вадим опубликовал в советском журнале статью. Надо полагать, статья содержала новые интересные данные или методы, потому что ее заметили за рубежом и из Лос-Анжелоса пришло письмо. Специалисты научной лаборатории из Лос-Анжелоса, воздавая должное идеям московского геофизика, предложили ему сотрудничество. Они отметили, что москвич в своих поисках продвинулся дальше, чем они в Лос-Анжелосе, и в дальнейшем есть смысл геофизикам обеих стран объединить свои усилия. Письмо это пришло в Институт геофизики, но ученому его не вручили. О существовании письма из Америки узнал он по обстоятельствам косвенного характера. На очередном заседании Ученого совета Института директор сообщил, что им получено письмо из США, явно провокационного содержания. Американцы стремятся увести советских ученых-геофизиков с правильного научного пути и ради этого советуют развивать совершенно нереальный исследовательский метод. Сотрудничество с ними, конечно же, заведет нас в трясину, задержит наши исследования. Лучше всего вообще отказаться от той темы, которая заинтересовала американцев. Ее надо выбросить, вычеркнуть из планов исследовательской работы института раз и навсегда.

Так предложил директор, и Ученый совет послушно проштамповал его решение. На следующий день Вадим Минухин узнал, что его многолетний труд, его опыты и наблюдения никому больше не нужны. Они исключены из списка исследований, как недостоверные и научно несостоятельные. А раз так, то и ни о какой защите диссертации на эту тему не может быть речи... (Ныне Вадим Минухин эмигрировал в США.)

Опасные козни иностранных ученых пугают не только директоров НИИ и руководителей Академии. Яд недоверия и подозрения проникает до самых глубин научного миллиона. Особенно силен он в институтах провинциальных и отраслевых (подчиненных не АН СССР, а министерствам). Тут боязнь контактов с иностранцами превращается в панический ужас. Вспоминаю спор, который возник у меня в НИИ Сахарной свеклы в Рамони (ВНИИСС). Небольшой поселок под Воронежем, Рамонь вот уже более полувека служит пристаницем для Всесоюзного научно-исследовательского учреждения, занятого исследованием селекции, генетики, биохимии и земледелия сахарной свеклы. Можно даже сказать, что Рамонь — столица свекловодческой науки, во всяком случае, оставалась столицей, пока тут работал видный селекционер академик ВАСХНИЛ А.Л. Мазлумов. Здесь в 50-х-60-х годах бывали даже специалисты-свекловоды из стран Европы и Америки. Работая над биографией Аведикта Лукьяновича Мазлумова (1896-1972), я несколько раз приезжал в Рамонь для беседы с сотрудниками и помощниками моего литературного героя. Одна такая беседа, крайне содержательная и интересная поначалу, окончилась, не скажу ссорой, но во всяком случае сильным охлаждением между мной и моей собеседницей.

В основном рамонский научный коллектив подобран из окрестных агрономов, выпускников Воронежского сельскохозяйственного института. Люди в своем деле знающие, опытные, они вместе с тем излишней культурой не блещут. Духовные интересы их вполне удовлетворяет здешний Дом культуры с киноустановкой и танцами под баян. Среди этих научных работников мое внимание привлекла Ираида Васильевна Попова, кандидат наук, фитопатолог. Она тоже много лет провела среди рамонских полей, но в свои пятьдесят с небольшим не утеряла интереса к литературе, музыке, к живому общению. Ее защищенная несколько поздно диссертация по энтомологии вредителей сахарной свеклы, была отмечена специалистами как труд добросовестный и глубокий. Работу заметили и за границей. Этот, в общем-то совершенно невинный факт, и торпедировал нашу беседу. Моя новая знакомая призналась мне, что два месяца назад получила письмо от английского энтомолога, который просил ее прислать ему оттиск ее последней статьи. Но она не ответила ему и отвечать не собирается, так как боится ,,сношений с иностранцами".

Я попробовал шутить по поводу ,,опасных иностранцев", но шутка не была принята. Тогда я напомнил ей, как высоко ценил научный интернационализм такой большой ученый как Николай Иванович Вавилов. Я даже открыл свою недавно перед тем вышедшую книгу о Вавилове и процитировал слова всеми уважаемого академика-биолога о множестве друзей во всем мире, которые вопреки чиновникам, помогли ему осуществлять его многочисленные экспедиции.[5] Нет, ничто, решительно ничто не пробивало брешь в твердокаменной позиции ученой дамы. Мы так и не завершили спора. Мне предстояло вернуться в Москву. Пришел шофер, сообщить, что машина готова, пора ехать на вокзал. Прощаясь, Ираида Васильевна однако пообещала, что завершит спор со мной специальным письмом. И действительно, через неделю после возвращения в Москву я получил из Рамони послание, которое привожу здесь почти полностью:

,,Не знаю, удастся ли мне преодолеть в себе это ,,духовное рабство'', как Вам было угодно высказаться, но **система** (подчеркнуто везде И.В. Поповой) моя прочная и надежная: служить интересам **отечественной науки** и, если мои **действия могут, хотя бы на йоту препятствовать этому, то** я не могу называться советским ученым... Моя переписка с учеными социалистического лагеря носит свободный дружеский характер и обходится без цензоров.[6] В трудах же, которые должны отправляться в капиталистические страны многое может быть прочитано между строк и неправильно истолковано. Нам известно много фактов из практики **встреч с такими представителями, которые основной целью** визитов считают отыскание у нас негативных сторон, а потом афишируют в худшем виде все то, что видели... Поэтому, решая отвечать англичанину или не отвечать, я должна думать не о себе, а о коллективе ученых, о нашем престиже в целом. У меня на этот счет, как тепрь модно говорить. логика **железная** и, конечно, здесь (Ваше) менторство вряд ли поможет...''[7]

Письмо это в комментариях не нvждается. Могv лишь сказать: в искренности автора я не сомневаюсь.

... Управляемая науки — это любимое дитя партийного чиновника — удобная в обращении, покладистая, безотказная — имеет всего лишь один недостаток: она лишена творческого испульса. Это не значит, что управляемые ученые обязательно бездари. Есть среди них и таланты. Но чем более ярок талант, тем более томится он в навязанной ему упряжке, тем сильнее вырывается из нее. И не в личном даже свободолюбии тут причина, а в особенностях самой науки. Посредственности вырываться ни к чему. Посредственность и в наморднике себя чувствует неплохо. Но как только ученый открывает или изобретает что-то значительное, вторгается в область доселе неведомую, его охватывает странное волнение: он должен непременно узнать, что известно об этом объекте другим ученым, в других странах, что думают об этом специалисты Америки, Англии, Австралии, Албании, Аландских островов, везде... Ему становится вдруг необходимо общаться, обмениваться взглядами, сравнивать свое и чужое. В чем смысл этого странного беспокойства?

Основополагающие открытия, те, что относятся к проблемам жизни и смерти, строения вещества, и Вселенной — никогда не возникают локально. Большие идеи долго носятся в воздухе, дразня и разжигая страсти; с переменным успехом их пытаются разрешать то в одном, то в другом конце света (так было с обезболиванием, антибиотиками, сущностью света, таблицей Менделеева, расщеплением атомного ядра и другими столь же серьезными проблемами). Успех сменяется неудачей, надежда разочарованием. Этот мир поиска напоминает пересыщенный солевой раствор, где вот-вот готова начаться кристаллизация. Нужен только толчок, только случай. Момент перед кристаллизацией большого открытия наиболее напряженный. В эти дни и часы информация о том, что уже удалось сделать, а что нет, приобретает для каждого исследователя решающее значение. Скорость передвижения научной информации при этом определяет скорость появления новых открытий и идей. Этот закон науки плодит во всем мире научные симпозиумы, конференции, конгрессы. Ученые не жалеют времени и средств для того, чтобы встречаться и обсуждать свои проблемы. По некоторым подсчетам ученый конца двадцатого столетия 70 процентов информации получает в результате непосредственных контактов, на встречах с коллегами. Свободный научный обмен стал одним из главных двигателей современной мировой науки. Он же стал контрапунктом всех бед науки советской.

Советский ученый в массе своей лишен общенаучного мирового общения. В пору всемирного научного диалога мы одни остаемся безмолвными. Не совсем, не полностью, как это было при Сталине. Свежий воздух информации, общения кое-как, с трудом через затворы и засовы к нам проникает. Но скудный этот паек обрекает наиболее талантливых на прозябание, на убожество, на творчество вполнакала.

Из-за этой полузадушенности даже самые выдающиеся идеи отечественных ученых не реализуются вовремя или вообще не реализуются. Стало роковой закономерностью, что оригинальная научная мысль, посеянная в России, до созревания и стадии общественного продукта доходит, как правило, за рубежом. Научная вторичность Советского Союза, о которой писал недавно академик А. Д. Сахаров, прямое следствие несвободы научного общения.

Нет ничего удивительного, если кандидат биологических наук из Рамони Ираида Васильевна Попова или администраторы из Латышской Академии наук не замечают этого процесса, не страдают от него. Их собственные, отнюдь не сенсационные научные достижения могут до поры до времени питаться собственными соками. Но уже химик из научного городка Черноголовка, чьи открытия дают возможность человечеству прямо из воздуха, без больших энергетических затрат, получать азотные удобрения и горючее, принадлежит науке мировой. Всеми своими помыслами он связан с достижениями зарубежных лабораторий, где поиск идет в том же направлении. Не встречаться с английскими, французскими, американскими коллегами, не иметь возможности узнать об их достижениях сразу же, не демонстрировать им своих успехов — для химика из Черноголовки это мучительно. Он страдает из-за того, что его насильно превращают в научного провинциала. Об этом говорил мне Герц Ильич Лихтенштейн февральским утром 1976 года. В то утро он был здорово мрачен и подавлен: его снова (какой уже раз!) не пустили за границу. Речь шла о симпозиуме по кинетике химических процессов в Италии, но профессор Лихтенштейн не едет и в США, куда давно приглашен профессором Стенфордского научного центра Мак-Коннелом. Приглашений такого рода у него сколько угодно, но — не пускают. Крупный, с копной черных кудрей и живым добрым взглядом, сорокалетний Герц Ильич не на шутку встревожен. Еще несколько таких шлагбаумов на его творческом пути и — конец тому международному положению, которое он завоевал. Сегодня, если ученый не приезжает на конгресс, это значит, что ему нечего сказать.

Кто же не пускает профессора Лихтенштейна за границу? Как большинство советских людей, Герц Ильич достаточно вымуштрован, чтобы не открывать постороннему своих подлинных мыслей. Возможно, что в душе он клянет свое еврейство, или поносит того чиновника из иностранного отдела АН СССР, который упорно „теряет" папки с его выездным делом. Поднять глаза выше завлаб из Черноголовки не решается. И уж совсем странным покажется ему разговор о русской государственной традиции в области научного общения. Мысль о том, что принцип, по которому жителей России неохотно выпускают за рубеж – насчитывает уже несколько столетий, представляется моему собеседнику совершенно недостоверной. А между тем это именно так. В царствование Бориса Годунова (1598–1605 г.г.) за границу были посланы учиться семь юношей. Семь отпрысков старинных родов отправились в иные земли постигать науку врачевания. Семерку долго отбирали среди прочих, отсеивали, комплектовали. Надо было послать самых дельных, а главное – самых верных. И тем не менее все семеро в Россию не вернулись. Можно предполагать тому разные причины, но была одна несомненная: молодые доктора знали – второй раз их за кордон не выпустят. При Петре Первом беглецов выкрадывали и возвращали домой силком, при Екатерине – проклинали публично. Так она и идет с тех пор (а может быть и раньше началась), война государственной власти против свободолюбцев: власть не желает, чтобы ее живой двуногий инвентарь ускользал из государевых (государственных) рук, а новые и новые поколения свободолюбцев норовят прорвать кордон и уйти в бега. В 1839 году тенденцию эту отметил маркиз де Кюстин. „В России, – писал он, – существование окружено такими стеснениями, что каждый, мне кажется, лелеет тайную мечту уехать куда глаза глядят, но мечте этой не суждено претвориться в жизнь. Дворянам не дают паспортов, у крестьян нет денег."[8] Треть века спустя, когда законы о выезде несколько смягчились, Салтыков-Щедрин меланхолически писал: „Реформы следуют за реформами, а русский человек попрежнему с ликующим чувством устремляется за границу и попрежнему продолжает дразнить себя усладой тамошних порядков и жизни.''[9]

Отечественные ученые сравнительно поздно ощутили потребность в международных поездках по научной надобности. Но когда такая нужда в начале 19-го века возникла, она тут же уперлась в традиционное сопротивление властей. Куда? Зачем? Даже академики, едущие ради исследовательских целей на средства Академии, разрешения покинуть пределы империи должны были испрашивать у государя. Сохранился любопытный документ, как бы мы теперь сказали, „выездное дело'' действительного члена императорской Академии наук Н. Гамеля. В 1833 году он подал Николаю Первому прошение командировать его в США, чтобы познакомиться „с системой телеграфических сообщений посредством гальванического тока''. Царь командировку утвердил, но в резолюции указал, что ученый может выехать не раньше, чем даст подписку, что „не посмеет употреблять в пищу человеческое мясо, как это принято в Америке''. Академик расписку дал. Можно было бы отнести этот эпизод к историческим курьезам, если бы и до, и после академика Гамеля выезд ученых из России не оставался предприятием столь же тягостным и унизительным. Некоторое ослабление государственного контроля над научными поездками наступило в последнюю треть века существования империи. Но зато советская власть, едва утвердившись, вернула положение к эпохе, предшествовавшей царю Борису Годунову.

Первые три-четыре года большевики вообще никого из страны не выпускали. Члены Академии наук посылали к Ленину Максима Горького, но и Горький не смог убедить Председателя Совнаркома в необходимости научных контактов. Выезды исследователей за рубеж начались лишь после резкого письма академика Павлова Ленину с требованием выпустить его в Англию.[10]

„Увы, нельзя скрыть того факта, что немалое число наших ученых соблазнилось и воспользовалось командировками для бегства с родины..."[11] — вздыхал впоследствии престарелый академик С. Ф. Ольденбург, бывший Непременный Секретарь Российской Академии наук. Возможность для соблазна, впрочем, тут же и исчерпалась: при Сталине за границу, кроме небольшого числа инженеров-производственников, выпускали разве только дипломатов, шпионов и подрывников. Что же до научных контактов эпохи разрядки, то наши современники могут лишь позавидовать академику Гамелю: его командировочную судьбу решало, в конце концов, только одно лицо. Сегодня выезд в зарубежную научную командировку превратился в столь сложное предприятие, что едва ли кто-нибудь толком знает, сколько именно лиц должны дать свое „добро", чтобы советский профессор или академик выехал за пределы отечества.

Первый рассказ о зарубежных научных командировках выслушал я во Владивостоке. В одном из институтов города я познакомился с черноглазой миловидной Галиной Л. Разговор коснулся ее национальности. В ответ на мой вопрос молодая женщина смущенно засмеялась: „Все мои друзья евреи или полуевреи, мама тоже очень похожа на еврейку; но не дай Бог мне оказаться еврейкой — ни в одну зарубежную командировку не возьмут, а то и с работы выгонят". Галя Л. — ученый-биолог. Международные поездки в страны Тихого океана необходимы ей по роду ее научных интересов. А между тем, каждая подготовка к выезду за границу сама по себе напоминает плаванье среди рифов. Опасности на каждом шагу. Одна поездка едва не сорвалась из-за того, что муж Гали переписывался с иностранным специалистом. Ей так и сказали об этом напрямик в одном из кабинетов.

Другое условие поездок за границу (как и все другие, оно не значится ни в каком своде законов) состоит в том, что **дважды** в одну капиталистическую страну ученый ездить не должен. Дважды и трижды ездят только те, кто служит или сотрудничают с КГБ. Из-за этого условия расстроились многие деловые и творческие содружества наших биологов с учеными США, Швеции, Канады. „Они нам пишут, приглашают, а мы ничего им не можем объяснить, — говорит Галя Л. — Нельзя же написать, что нас всех тут считают потенциальными шпионами и перебежчиками... Получишь письмо — щеки горят от стыда. Из-за этого многие наши перестали переписываться с иностранцами..."

Но предположим, у вас все в порядке и подготовка документов к международной поездке идет гладко. О чем говорят с вами в „кабинетах"? Да все об одном и том же: смысл вашей командировки состоит в том, чтобы, ничего не дав иностранцам, как можно больше у них вызнать, вырвать, выцыганить. Далеко не все научные работники согласны принять такую программу. Тех, кто уклоняется от нее, в следующий раз за границу не пускают.

Один хитрый подводный камень особенно трудно обойти во время „оформления". У вас все — lege artis: партийная, научная и общественная характеристики — безукоризненны, семейное положение подходящее, — вы оставляете в качестве заложников свою семью; родственников за границей нет, никто из близких не репрессирован, евреев в роду не было... И все-таки отказ! Виноваты, оказывается, ваши зарубежные коллеги-доброжелатели: чтобы ускорить и облегчить приезд советского ученого, они предложили советским властям полностью оплатить пребывание гостя в своей стране. Логика КГБ такова: „Они нашего человека так настойчиво приглашают, значит, наш человек им зачем-то нужен; какую-то пользу они из него хотят извлечь. Не бывать этому. Пускай сидит дома". Случалось, что такие умозаключения приходили на ум чиновникам из КГБ в то время, когда оформление документов уже было закончено. Но это их не останавливало: не раз бывало так, что ничего не подозревавшего ученого снимали с борта корабля за несколько минут до отплытия, извлекали из самолета, уже стоящего на стартовой полосе аэродрома...

Вторую беседу о научных командировках мне случилось вести на противоположном конце страны, в Ленинграде. Психофармаколог Изяслав Петрович Лапин, профессор Ленинградского психо-неврологического НИИ имени Бехтерева — не чета скромной Гале Л. из Владивостока. Едва переступив порог лапинской лаборатории, посетитель чувствует, что имеет дело с ученым международного класса. Правда, лаборатория на втором этаже убогого флигеля тесна и неблагоустроена, а кабинет профессора и того тесней, но здесь все говорит о том, что мы в гостях у человека известного. Достаточно взглянуть хотя бы на развешанные по стенам фотографические портреты с самыми сердечными надписями. Здесь Нобелевский лауреат проф. Дж. Аксельрод, основатель психофармакологии д-р Броди, всемирно известный Хосе Дельгадо и многие другие. „У меня не менее двухсот друзей за рубежом'',— говорит Изяслав Петрович. В это легко поверить, взглянув на его письменный стол. На столешнице — две весьма солидной высоты баррикады из писем с заграничными штемпелями. Одна содержит просьбы об оттисках статей, другая — с приглашениями приехать в гости, на симпозиум, для чтения лекций.

Психофармакология — молодая, стремительно развивающаяся наука на стыке психиатрии, физиологии и химии. Открытия здесь растут как грибы, в открытиях этих заинтересованы миллионы людей. Неудивительно, что специалисты-психофармакологи жаждут общаться друг с другом. Кристаллизация идей происходит в их области с громадной скоростью. Отсюда стремление чаще видеть друг друга, и в том числе коллегу из Ленинграда, чьи статьи в специальных журналах несут так много новой, неожиданной информации. Казалось бы, ничто не должно мешать таким встречам. Ан, нет. Профессор Лапин — один из семи членов Комитета Международной психиатрической ассоциации. Вот уже семь лет два раза в год члены комитета, самые прославленные знатоки проблемы, съезжаются в Женеву на совещания. Прибывают представители Германии, Франции, США, Великобритании. До зала заседания в Женеве добираются также мексиканец и канадец. Пустует только место русского делегата. Всегда пустует. Может быть, он не любит публичных шумных заседаний, этот доктор Лапин? Но тогда пусть приедет в Милан на трехнедельный всеитальянский семинар психофармакологов. Об этом его уже третий год просит доктор Сильвио Гароттини — виднейший фармаколог Аппенинского полуострова. Или пусть навестит Бостон в Соединенных Штатах, где его рад будет принять директор Центра по борьбе с алкоголизмом и наркоманией Дж. Мендельсон. Доктор Мендельсон просил об этом ленинградского коллегу неоднократно. Но тщетно — профессор Лапин не едет. Ему доставляют ежедневно 6–8 писем из-за рубежа, но он остается дома. Занят? Болен?

„Когда я получаю очередной пакет с приглашением, — говорит Изяслав Петрович, — то ощущаю, вероятно, то же, что безногий на протезах, которого его легкомысленные друзья-бегуны приглашают на гаревую дорожку. Я испытываю глубочайшую степень унижения, бессилия, навязанное мне чувство второсортности делает меня буквально больным."

Такова гамма его эмоций. А что конкретно делает заведующий лабораторией, получив очередное приглашение? Он звонит директору института с просьбой принять его по личному делу. Если получает аудиенцию, то показывает директору полученный документ. Директор иностранными языками не владеет, поэтому завлаб, знающий английский, немецкий, итальянский, польский и венгерский, переводит для него текст приглашения. „Ну, зачем вам это? — вопрошает в подобных случаях директор. — Почему вдруг Милан и Бостон? Может быть, лучше для начала поехать в Братиславу?" Завлаб согласен ехать хоть в Рязань, но приглашение пришло все-таки из Милана. Если директор в хорошем настроении, он делает неопределенный жест, дескать: „Ну, что ж... Попробуем..."

После этого начинается первый этап хлопот. Фотокопия миланского приглашения с переводом на русский и сопроводительной бумагой из института отправляется в Москву, в Министерство Здравоохранения СССР. Там в Иностранном отделе министерства будет установлено, насколько целесообразно ехать профессору Лапину в Милан. Бумаги ушли. В Ленинграде ждут. Ждут месяц, два, три. Завлаб снова идет к директору института. „Лучше бы еще немного подождать, — говорит директор. — Не надо их раздражать." Их — это Иностранный отдел министерства. Проходит полгода. Директор едет в Москву. Он осторожно осведомляется о судьбе посланных документов и узнает, что вопрос еще не совсем ясен. Впрочем, когда ясность возникает, то ехать уже поздно — симпозиум прошел.

Но бывает и так, что из глухих недр министерства вдруг приходит бумага: „Посылайте „выездное дело". Это уже радость. Гарантий, правда, — никаких, но все-таки чиновник согласен рассмотреть дело о праве ученого на зарубежный вояж. На этом втором этапе гонок предстоит достать и оформить двенадцать документов: справку о здоровье должны заверить шесть врачей, характеристику подписывают трое и затем ее заверяют в райкоме партии и т. д. и т. п. Выезжающему полагается также явиться на личное собеседование в партком и райком.

Собеседование в партийных учреждениях — наиболее драматическая часть действа. Пять-шесть пенсионеров, как правило, бывшие боссы сталинской поры, задают профессору вопросы. „Чем объясняется, что США пошли на политическое сближение с СССР?" Правильный ответ должен звучать так: „США пошли на сближение с СССР под натиском миролюбивой политики нашего государства". Если вы не знаете этой формулы, вам говорят, что вы не созрели для зарубежных поездок. Профессор фармакологии обязан также ответить на вопросы: „Что диалектический материализм понимает под случайностью? Кто такой Альваро Куньял? В чем особенность мирного сосуществования на современном этапе?"

Комиссия парткома не удовлетворилась ответами доктора Лапина и ученый за границу не поехал. Изяславу Петровичу еще повезло: над ним не издевались. А бывает и такое. Ленинградского студента-географа, которому морской рейс за рубеж положен по университетской программе, спросили:

— Для того, чтобы вы могли зайти с кораблем на три дня в Дувр, вы проходите трехмесячную проверку, состоящую из семи стадий, а французу достаточно для этого просто купить билет на паром, идущий через Ламанш. Что вы ответите, если вас спросят об этом?

Студент сказал, что на эту тему с иностранцами разговаривать не станет, но был отстранен от поездки. Отвечать следовало как-то иначе... Спрашивать в парткоме и райкоме могут решительно обо всем: кто по своей научной квалификации японский император? Сколько тонн стали выплавлено в СССР в 1970 году? И даже: почему вы разошлись со своей женой? Люди опытные утверждают, что важно даже не содержание вопросов и ответов, а та манера, с которой допрашиваемый держится на допросе. Если отвечаешь бодро-весело — прекрасно. Унылый тон, недовольство на лице, медлительная речь рассматриваются партийцами, как серьезный криминал. Но самое опасное — отвечать с иронией или, не дай Бог, с сарказмом. Этого в парткомах и райкомах не прощают. Но в общем-то главный смысл всей этой игры в том, чтобы унизить человека, который через несколько дней может оказаться **на свободе.** Кстати сказать, выездная судьба ученого решается в основном не здесь, она решается в КГБ, куда параллельно идут документы. Но здесь, в парткоме и райкоме, вам напоминают: вы — зависимы. Не забывайтесь, профессор!

Пока длится ,,оформление'', вы не можете ответить тем, кто вас пригласил, ни ,,да'', ни ,,нет''. Официальная рекомендация на этот счет — не писать вообще, не отвечать на письма. Но если вам отказано в поездке, те же партийные организа**ции потребуют: „Напишите, что вы больны, что вы — заняты''.** И это тоже тест на покорность.

Профессор Лапин отчаялся. Его не выпускают ни в Швейцарию, ни в США. Он не поехал на Шестой Всемирный конгресс по психиатрии, который состоялся в сентябре 1977 года в Гонолулу. Все это не для него. Он чем-то (чем именно, он решительно не понимает) прогневал начальство и в капиталистические страны путь ему закрыт. Но в Польшу-то он может поехать? В **нашу** Польшу. Кстати, в Кракове происходит симпозиум по интересующей его проблеме. Нет, и в Польшу нельзя (1973 г.). А к другу-ученому в Варшаву? Отказ (1974 г.) Лапин едет в Москву (1975 г.). Улица Огарева, дом шесть, Министерство внутренних дел. Генерал МВД не скрывает своего недоумения по поводу профессорской жалобы. Он, генерал, даже высказывает просителю свое кредо на сей счет: „Я профессорам и докторам вообще не разрешал бы никуда ездить. Потому что у каждого профессора сто аспирантов и приятелей в разных странах. Так что же его, в сто стран и пускай?!"

...Художник Доре, более ста лет назад иллюстрировавший книгу маркиза де Кюстина, среди прочего изобразил, как российский обыватель едет за границу. От пограничного столба **туда** русские бегут с прыткостью молодых телят, **обратно** же бредут как на заклание. Ту же смену настроения отмечали многие писатели и путешественники, и в том числе Огарев, чьим именем ныне названа улица, где располагается Министерство Внутренних дел СССР. Но какие бы переживания не ожидали вернувшегося на родину обывателя прошлого века, ему и в голову не могло придти то, что произошло недавно в одном из московских научно-исследовательских институтов. Здесь два сотрудника, кандидаты наук, собирались на международную конференцию по ферромагнитным материалам. Ферромагнетика — область довольно узкая и сложная, так что разобраться в проблемах, обсуждаемых на конференции, могли только эти двое. Но в последний момент оба ученых получили отказ на выезд, а вместо них поехали два чиновника из министерства. В ферромагнитных делах чиновники смыслили мало, но один из них все-таки прочитал по бумажке написанный учеными доклад и даже промычал что-то в ответ на заданные вопросы. Но вот, погуляв всласть по заграницам, чиновники вернулись в Москву. Они привезли с собой проспекты и материалы конференции, но разобраться в обсуждаемых проблемах им было не под силу. А между тем, Ученый совет института, от которого они ездили, требовал, чтобы они сделали доклад о виденном и слышанном. На минуту чиновники струхнули, но только на минуту. Из положения вышли они очень просто: вызвали в свои министерские кабинеты подчиненных им специалистов (ну да, тех самых, которых не пустили за границу) и приказали, разобравшись в привезенных бумагах, сделать доклад о конференции. Конфуз? Позор? Ничего подобного. И те, кто слушали — Ученый совет НИИ, — не устыдились, и те, что докладывали, не почувствовали себя оскорбленными. Рядовой эпизод управляемой науки...

Но, может быть, все те, о ком я пишу — доктор Лихтенштейн из Черноголовки, профессор Лапин из Ленинграда, профессор Исаев из Самарканда, московские специалисты по ферромагнетикам — всего лишь неудачники, случайные, нетипичные неудачники? А основная масса ученых, которым надо ехать по делам науки за границу — все-таки едут? И при этом научным контактам и душевному равновесию исследователей не наносится никакого урона? Такова официальная версия... Мне не удалось получить данные о выезжающих за рубеж медиках. А про Академию наук СССР кое-что я узнал. Человек, много лет служащий в Президиуме АН, рассказал: из каждых ста ученых, что подают прошение на выезд в научную командировку, едет не более **десяти**. Остальные получают **отказ, или им „не успевают" оформить документы, или теряют их „выездное дело", или... Впрочем, что за разница,** каким именно инструментом производится операция. Итог один: девяносто из ста не едут.

„Чтобы раздавить столько надежд, заткнуть столько ртов и ушей, нужен, очевидно, немаленький штат", — предположил я. „Немаленький," — согласился мой собеседник. Он выложил на стол Ежегодный справочник АН СССР за 1972 год и мы вместе с ним могли подсчитать, что только в стенах Академии **по должности** сопротивляются научным контактам никак не менее двухсот пятидесяти человек. (В одном только Управлении внешних сношений около полутораста человек). Мне подробно рассказали, чем занимается эта армия, как хитрит и жульничает, обманывает и унижает тех, кому ехать за границу **не положено**. Все это выглядело довольно однообразно. Интересными показались только две детали. Рассказчик долго излагал все этапы „оформления" (в Академии их восемь). В отличие от других ведомств, „выездное дело" сотрудника Академии наук идет также в отдел науки ЦК КПСС, его согласовывают в отделе пропаганды ЦК и долго исследуют в КГБ. Перечислив все пороги и водопады, чиновник Президиума вдруг совершенно серьезно заметил: „Мы ведем борьбу с этим безобразием''. „С каким?'' — не понял я, полагая, что ученые все-таки отстаивают свое право на свободный выезд для встречи с коллегами из других стран. Но оказалось, что Президиум Академии наук СССР борется только с тем, чтобы отъезжающие получали документы не за сутки до отлета, как теперь, а хотя бы за два дня. Да, борются. Но пока безрезультатно.

Пытался я расспрашивать своего просвещенного собеседника и о расширении научных контактов в связи с разрядкой. Оказывается, вопрос о расширении был серьезно обсужден еще летом 1973 года, когда незадолго до поездки Брежнева в США Академия наук СССР послала в Америку группу физиков, чтобы подготовить научное соглашение „на высшем уровне''. По возвращении гонцов в Президиуме состоялся обмен мнениями. Кроме академиков, на нем присутствовал генерал КГБ Степан Гаврилович Корнеев, начальник Управления внешних сношений АН СССР. Американцы выдвинули тогда довольно радикальный план: увеличить интенсивность научного обмена в десять раз, то есть вместо одного американца в СССР и одного русского в Америке держать десять физиков в лабораториях противоположной стороны. И не по два месяца, а по году. Такой план встретил у генерала Корнеева возражения. Ведь американцы, едучи в СССР на год, привезут с собой семьи. Значит, и советских в Америку надо посылать с семьями. А вдруг они того... удерут? Нет, уж пусть американцы едут к нам с семьями, а мы своих станем посылать в одиночку на четыре месяца.

Мудрое решение генерала всех вроде удовлетворило, но вот беда: с советской стороны, значит, будет ездить уже не десять, а тридцать человек в год... Опять нехорошо... И тут сидевший до того безучастно один академик со вздохом произнес:

— Боже мой, сколько же хлопот этот усиленный обмен

принесет внутренним органам Америки, не говоря уже о наших органах...

Генерал Корнеев бодро откликнулся:

— Этого бояться не надо! Если научные контакты возрастут, нам тоже спустят сверху дополнительные штаты...

После этого заявления обсуждение проблемы расширенных научных контактов пошло веселее и вскоре академики утвердили наиболее рациональный план обменов.

Генерал Корнеев — фигура в сфере советской науки колоритнейшая. Думаю, что деятельность его по части разрывания всех и всяческих научных связей когда-нибудь станет предметом специального исследования. Научная молодежь Академии его иначе как душителем не зовет. Но сам генерал о своей деятельности другого мнения. Пребывая много десятилетий при академиках, он и сам возжелал ученой славы. И что же? Года четыре назад генерал защитил диссертацию на степень кандидата исторических наук. Историческая эта диссертация была с восторгом принята Ученым советом Института востоковедения АН СССР. Называлась она (слушайте! слушайте!) „Международные связи Академии наук СССР". Я поехал в Институт востоковедения, чтобы дознаться, какие новые идеи выдвинул генерал Корнеев в области научных обменов. Но знакомый профессор не посоветовал мне вдаваться в подробности: „Члены Ученого совета тоже хотят ездить за границу, — сказал он. — Да и старое это дело, сейчас генерал уже завершает на ту же тему докторскую..."

Я дописывал эту главу в последних числах мая 1976 года. На две недели раньше в Москву приехал литературный герой одной из моих книг, профессор-фармаколог Израиль Ицкович Брехман[12]. На полгода раньше он получил приглашение выступить в Сингапуре на Международном симпозиуме стран западной части Тихого океана по фармакологии. Пригласили его не случайно: Брехман — знаток фармакологии аралиевых (жень-шеня, элеутерококка). От Владивостока до Сингапура по прямой не так уж далеко, но советскому ученому, где бы он ни жил, полагается всякое заграничное путешествие начинать от Москвы. Итак, профессор, чье

„оформление" завершилось благополучно, проделал девять тысяч километров, чтобы получить свои документы. Человек обязательный, он явился в Управление внешних сношений ровно в три часа пополудни, как ему и было сказано. Все было в порядке: паспорт, виза, деньги, билет на самолет. И все-таки профессор Брехман в Сингапур не полетел. За два часа до того видный чиновник АН СССР приказал его за границу не пускать. Объяснения? Без объяснений. Протестовать? Жаловаться? Но до начала рейса Москва—Дели—Сингапур — лишь несколько часов. Ученому осталось лишь отправиться домой, то есть проделать снова девять тысяч верст от Москвы до Владивостока.

В Сингапуре, надо полагать, повторилось то, что не раз уже происходило в других местах: в строго намеченное время председатель Симпозиума объявил доклад профессора Брехмана из СССР. Помедлив секунду и видя, что фармаколог из России не занимает трибуну, председатель объявил получасовой перерыв до следующего доклада. „Рашен тайм, господа, — сказал он, — рашен тайм". Не знаю, кто придумал это выражение, но оно прочно укоренилось на международных научных встречах, где приглашенные русские почему-то частенько отсутствуют.

Надо ли понимать, что руководители Советского Союза мешают международным контактам своих ученых только оттого, что боятся, как бы те не остались за рубежом? Нет, конечно. Дело обстоит сложнее. Советское руководство вообще не желает контактов наших граждан с иностранцами. Постоянные помехи на всех уровнях предназначены для того, чтобы никакой неконтролируемой дружбы, никаких частных контактов вообще не возникало. При Сталине за знакомство с иностранцем, за переписку с заграницей арестовывали и ссылали в лагеря. Теперь не арестовывают. Но ненависть к общению с внешним миром в крови у чиновника, и в том числе у чиновника от науки.

В мае 1976 года в Москве в соответствии с советско-американским соглашением о научном сотрудничестве в области медицины состоялся симпозиум по иммунологии опухолей. После симпозиума руководитель американской делегации Уильям Терри, директор Американского национального ракового центра, сделал официальное представление Министерству здравоохранения СССР о том, что директор Института микробиологии и иммунологии имени Гамалея в Москве академик О. Бароян всячески мешал контактам советских и американских иммунологов. В связи с этим я спросил группу докторов наук из Института имени Гамалея. На вопрос, прав ли Уильям Терри, они ответили: „Доктор Терри совершенно прав. Бароян срывал любую попытку провести беседу в лаборатории". Но зачем ему это было нужно? — спросил я. „Академик АМН СССР Оганес Бароян, он же полковник КГБ Бароян, борется с советско-американскими научными контактами вполне сознательно. Контакты позволяют нам лучше узнать друг друга, понять и оценить работу той и другой стороны. У контактов есть и другой аспект. Советский ученый, который становится известен за границей, обретает большую независимость от дирекции, от Барояна, нежели тот, чьи работы никому не известны. Контакты с иностранными учеными делают нас более свободными. Директор института Бароян, как и всякий другой чиновник, более всего боится такой свободы".

На этом можно было бы завершить разговор о международных научных контактах. Но у проблемы этой есть и другая сторона. Те делегаты симпозиумов, которые терпеливо покуривают в креслах, ожидая начала следующего доклада, те, кто со снисходительной иронией пошучивают над русскими, которые, как заметил еще Бисмарк, „медленно запрягают", могли бы и серьезнее взглянуть на эту застарелую ситуацию. Ведь, в конце концов, чиновники ведомства генерала Корнеева оскорбляют не только российских физиков, химиков и биологов. Они плюют в лицо всей научной конгрегации мира. Они наносят урон своей и мировой науке, но в миллион раз более важен урон, наносимый человеческой чести, нравственному чувству пятимиллионной интернациональной республики мыслителей, открывателей, изобретателей. Только однажды я слышал, что в "Nature" появилось письмо английского или американского физика, возмущенного тем, что на международные встречи из СССР приезжают не те, кого физики Запада знают по работам, а какие-то бесцветные, никому не ведомые личности. Это справедливое письмо получило широкую огласку среди советских ученых. Но почему же так редки подобные письма? Почему мировая научная общественность столь робко использует свой голос в борьбе за свободу научных контактов?

Недавно группа наших химиков, приглашенная на симпозиум в Штаты, снова оказалась укомплектованной не теми людьми, которых ждали американцы. Устроители симпозиума попытались выразить протест, поднять международный скандал. Но руководители советской группы начали упрашивать американских коллег шума не поднимать, потому что **будет еще хуже.** Сейчас хоть кто-то из серьезных ученых проникает на симпозиумы, а если начнутся протесты — не пропустят никого. И (какая прелесть!) этот аргумент сразил американцев. Американцы не заявили протеста. Свободолюбивые у себя дома, они убоялись, как бы **у русских** не стало еще хуже.

Нет, нет, никаких протестов! В лучшем случае, собравшись в очередной раз в Женеве и по обыкновению не досчитавшись профессора Лапина, члены World Psychiatric Association **пошлют ему в Ленинград прочувствованное письмо: ,,Мы сидим в том самом зале, где сегодня утром Вы** должны были выступать и пишем Вам, чтобы подчеркнуть Вам свою солидарность...''. Солидарность — это прекрасно. Но знают ли уважаемые члены World Psychiatric Association, что сейчас, после совещания в Хельсинки, выезд ученого из СССР на научный конгресс будет затруднен еще больше? Знают ли они, что по новым правилам для выезда профессору Лапину понадобится теперь уже не только разрешение директора института и парткома, но единогласное решение партийного собрания института. Все партийцы НИИ должны собраться и **выразить профессору доверие**. Это у нас так называется. И если какой-нибудь институтский грузчик или лифтерша будут возражать против поездки (а почему бы им и не возражать, ведь их-то на конгрессы не посылают!), то профессору вовек не видать своих европейских и американских товарищей по науке.

Вот, дорогие зарубежные коллеги профессора Лапина, что кроется за милой шуткой относительно Russian time. Не кажется ли вам оскорбительным разделение единой и неделимой науки на две неравные половины? Не угнетает ли вас судьба тех ваших товарищей, чьи речи, по словам поэта, „за десять шагов не слышны''? Может быть, вам все-таки стоит громко и внятно произнести по этому поводу какие-нибудь слова? Вольтер считал время ученого самым драгоценным временем в мире. Не пора ли понять, что Russian time — это не только время, потерянное русскими учеными, это потеря всего человечества.

Примечания

1. Издательство „Знание'' специализируется на выпуске научно-популярной и научно-пропагандистской литературы.
2. Книга *Зачем ученому совесть* была окончательно запрещена к печати в феврале 1976 года.
3. Цитирую по книге кандидата технических наук Б. Н. Волгина, *Молодежь в науке*. Москва 1971 год, Издательство „Знание''.
4. Найболее подробно об академике С. А. Гиллере в моей книге *Панацея — дочь Эскулапа*. М. 1973 г.
5. „Многократно в наших путешествиях мы могли воочию убедиться, что значит в науке интернационализм, — писал академик Н. И. Вавилов. — Достаточно, чтобы знали Вашу работу, сколько-нибудь ценили ее, достаточно Вам заблаговременно списаться — и Вы желанный гость, Вам обеспечена огромная помощь, какую только может оказать самый близкий друг''. (Н. И. Вавилов: *Пять континентов*. М. 1962).
6. Ошибка. Каждое международное письмо, выходящее из СССР, подвергается перлюстрации.

7. И. В. Попова: Письмо из Рамони Воронежской обл. (ВНИИСС), 8 июля 1971 г.

8. Маркиз де Кюстин: *Россия в 1839 году*. Изд-во политкаторжан, М. 1930, стр. 243.

9. М. Е. Салтыков-Щедрин: *Полн. собр. соч.*, том 9, стр. 433.

10. Полностью письмо академика И. Н. Павлова было опубликовано в журнале *На литературном посту*, в № 20 за 1927 г., стр. 32 – 39.

11. С. Ф. Ольденбург: Статья в газете *Известия* от 29 марта 1928, „Максим Горький и ученые".

12. Подробнее о нем в моей книге *Панацея – дочь Эскулапа*. М. 1973.

Глава 6

ВАВИЛОНСКАЯ БАШНЯ С ПЯТИКОНЕЧНОЙ ЗВЕЗДОЙ

Ничто так не прихотливо, как Ташкент, твердо решивший не выходить из безазбучности и в то же время уже порастлившийся примесью цивилизации.

**М.Е. Салтыков-Щедрин
Полн. собр. соч., т. 10, стр.30.**

С доктором медицинских наук Михаилом Сионовичем Софиевым я познакомился лет двадцать назад в Ташкенте. Оливковая кожа моего нового знакомца свидетельствовала о местном его происхождении, а отчество уточняло место рождения: еврей из Бухары профессор Софиев весь свой век прожил в Узбекистане. Как врач и ученый он посвятил себя изучению эпидемических болезней Средней Азии. Его рассказы о борьбе с пендинской язвой, риштозом, малярией и другими бичами здешних мест звучали увлекательнее детективного романа. Главное удовольствие от общения с Софиевым состояло в том, что в науке он знал множество деталей, ибо все делал сам и до всего доходил сам. К тому же Михаил Сионович был просто добр, что украшает всякого человека, в том числе и ученого.

Итак, мы мирно беседовали в его кабинете на кафедре эпидемиологии Ташкентского медицинского института, когда в дверь постучали. Собственно, даже не постучали, а поскреблись. Так царапает дверь собака, требующая, чтобы ее пустили в комнату. Будто ничего не слыша, Софиев продолжал разговор. Я удивился: кто-то явно просил профессора о внимании, а он... „Собачья лапа" снова прошлась по двери.

Софиев слышал царапанье у себя за спиной, но демонстративно игнорировал его. Только нетерпеливо подергивающаяся бровь показывала: ученый неспокоен. Дверь между тем начала медленно приоткрываться. В щель просунулась, нет, нет, не лапа, а маленькая смуглая рука, потом заглянуло юное вполне человеческое личико. Наконец, дверь открылась настолько, что в нее одна за другой смогли протиснуться три девушки в длинных восточного покроя платьях, в цветастых платках. Гостьи молча замерли у порога. Софиев продолжал демонстративно не замечать их. Одна девушка засопела и стала тоненько повизгивать. Две другие тоже принялись хлюпать носами. Не поворачивая головы, Софиев спросил их о чем-то по-узбекски. Девушки ответили сквозь слезы и зарыдали пуще.

— Вам, наверное, жаль их? — спросил меня Софиев. Я ответил, что, конечно, когда юные существа так рыдают...

— Эти юные существа не что иное, как вымогательницы и лентяйки, — откликнулся ученый. — Они шестой раз приходят ко мне **за отметкой**. Нет, не сдавать экзамены, а именно получить отметку в зачетной книжке. В учебник они даже не заглядывали.

Из дальнейшего разговора выяснилось, что студентки действительно **требовали** от профессора, чтобы тот поставил им удовлетворительную, а лучше даже хорошую, отметку по эпидемиологии инфекционных болезней, по предмету, о котором они не имели ни малейшего представления. Они не изучали этот предмет, но у них была своя не лишенная логики аргументация: оказывается, остальные институтские преподаватели **уже** поставили им соответствующие отметки без экзаменов. Оценка по эпидемиологии нужна девушкам для того, чтобы они могли сдать постельное белье в общежитии. Таков порядок. Тот, кто сдал все предметы, может ехать на каникулы. Уезжая, надо сдать постель. Студентки соскучились по родным и хотят уехать домой. Так что пусть профессор Софиев тоже поставит им отметку в зачетке. Что ему стоит? И надо поторопиться, потому что завхоз общежития скоро уйдет. А белье и одеяла надо сдать сегодня же...

Досадливо кривясь, профессор обхватил голову руками.

— Поймите же, — попытался он втолковать просительницам, — вас пошлют врачами в кишлак, а вы ничего не знаете о тех болезнях, с которыми там придется иметь дело. Вы погубите своих больных... Идите и читайте учебник!

Девушки продолжали хныкать и бубнить что-то о подушках и одеялах. „Читайте учебник!" — рявкнул Софиев, и барышни в платках, толкаясь, кинулись вон из кабинета. Я не мог удержать смеха, но Михаилу Сионовичу было не до шуток. Он был взволнован. Чем? Неужели этим пустяшным эпизодом?

— Девушки говорят, что другие преподаватели поставили им отметки. Значит, какие-то предметы они все-таки выучили? — спросил я.

— Они не выучили ничего, потому что ничего не могут выучить. Их школьные познания на таком жалком уровне, что они попросту не понимают, о чем говорят им на лекциях в мединституте. Не понимают! Они не сдавали ни анатомии, ни физиологии, ни микробиологии.

— И тем не менее переходят с курса на курс?

— Их переводят потому, что они из Кара-Калпакии!

Тут только открылось мне, отчего так раздражен доктор Софиев. Как и других профессоров медицинского института, администрация обязывает его ставить переводные баллы студентам Кара-Калпакской автономной области Узбекистана. Впрочем, и студентам-узбекам преподаватели тоже постоянно ставят положительные отметки без всякого на то основания. Такой порядок поддерживается здесь десятилетиями, **такова национальная политика советской власти на окраинах**. Отсталые и крайне малокультурные юноши и девушки из глухих кишлаков не хотят ехать в город учиться. Их уговаривают, упрашивают, тащат только что не силой. Им дают стипендии, бесплатное общежитие, им ставят переводные оценки, как бы они ни учились. В основе этого странного процесса лежит затверженный лозунг: в братской семье народов СССР все народы равны, все могут, а следовательно и должны, иметь свою национальную интеллигенцию, своих врачей, инженеров, писателей, ученых.

— Вот эти трое тоже скоро станут врачами, — покачал головой Софиев. — Не дай только вам Бог когда-нибудь искать у них медицинской помощи.

Три барышни в цветастых платках снова принялись протискиваться в двери кабинета. Теперь они уже не плакали, а, наоборот, победоносно улыбались. В руках каждая держала зачетную студенческую книжку. Слезы, хныканье, стояние под дверью, весь этот спектакль, свидетелем которого я оказался, был действительно спектаклем, постоянным, даже обыденным. В других кабинетах, правда, девушкам не приходилось ждать так долго: отметки за несданные экзамены им ставили по первому требованию. Только Софиев никак не мог привыкнуть к этой процедуре. Но студентки и его приручили. Ведь они-то знали: хорошая отметка, переводной балл обеспечены им по самому месту их рождения!

Прощаясь, Софиев сказал мне, что в ближайшие дни принять меня не сможет, ему предстоит поездка. „Далеко ли?", — осведомился я. „В Кара-Калпакию, — горько улыбнулся ученый. — Еду вербовать новое пополнение студентов-медиков. Предпочтительно девушек. Каракалпакский процент должен быть выдержан..."

Профессора Софиева давно уже нет в живых, но то, что я наблюдал когда-то в его кабинете, творится и поныне по всей территории среднеазиатских республик, в Азербайджане, национальных и автономных республиках Кавказа, Сибири, Поволжья. Высшее образование „по-ташкентски" по-прежнему получают тысячи молодых туркменов, азербайджанцев, узбеков, каракалпаков, а также марийцы, удмурты, киргизы, казахи. Было бы несправедливо также упустить из этого списка молодежь Молдавии и Белоруссии. И дело тут не в городе Ташкенте, который гений Салтыкова-Щедрина сто лет назад избрал символом российской глухомани и отсталости. Дело в принципе, по которому вот уже более полувека создается в Советской России так называемая „национальная интеллигенция".

Массовое производство на окраинах этой „интеллигенции'' — дело прежде всего политическое. Никакой другой социальный шаг не мог бы принести руководителям СССР такого блестящего пропагандистского эффекта, как резко возросшее в Средней Азии, на Кавказе и в Сибири число школ, институтов, число местных врачей, местных ученых. Качество специалистов, как уже говорилось[1], с самого начала не имело для властей никакого значения. Врачи, инженеры, преподаватели требовались ,,числом поболее, ценою подешевле''. Главная задача состояла в том, чтобы в Ташкенте на очередном международном съезде в присутствии гостей из Индии, Камбоджи и Дагомеи в президиуме заседало десятка полтора узбекских, таджикских и туркменских профессоров и академиков. Азиатские и африканские делегаты при виде такого президиума шалеют от восторга, социализм представляется им раем земным. Что такое академики и доктора наук из Туркмении и Казахстана, иностранные гости не представляют, также как не могут они себе вообразить качество наших национальных кадров педагогов, врачей и агрономов.

Я менее всего склонен обвинять в бездарности коренные народы Азии, Молдавии, Белоруссии или Кавказа. Но утверждаю, что сотни тысяч юношей и девушек на этой территории систематически подвергаются обману. Им выдают за высшее образование то, что даже по стандартам Москвы и Ленинграда таковым не является. Впрочем, жертвы обмана утешаются довольно легко. В то время как из Москвы в национальные республики летят явные призывы: „Даешь национальные кадры!'' и тайные распоряжения не ставить студентам-нацменам плохих отметок, сами студенты быстро начинают понимать, что по облегченной программе окончить ВУЗ совсем не трудно, а выгоду диплом дает огромную. В окраинные институты ныне валят и способные, и бездарные, благо личные способности в судьбе студента не имеют почти никакого значения.

В начале сороковых годов, наплодив в юго-восточных республиках достаточное число людей с дипломами, Москва предприняла второй раунд ''интеллектуализации'' окраин. За десять лет, с 1941 до 1951 года, в национальных республиках было организовано десять республиканских Академий наук, которые объединили на первых порах более полутораста научно-исследовательских институтов. Академии эти никто не рассматривал как центры познания и творчества. Главным оставался аспект политический. Новые центры должны были продемонстрировать еще одно преимущество социализма, а главное — вырастить на окраинах уже не просто управляемую, но сверхуправляемую науку. И действительно, Академии создавались в республиках, где до этого нередко не было и полудюжины докторов. Уже готовых докторов с ходу объявляли академиками, а из вчерашних студентов-недоучек в спешном порядке готовили новые отряды докторов и кандидатов. В верности такого научного пополнения сомневаться не приходилось. Недавние кишлачники с дипломами в кармане были готовы на все.

Командирами этого воинства поначалу оказались московские и ленинградские ученые, загнанные войной в эвакуацию. Забравшись в начале 40-х годов в глубину Средней Азии, столичные академики искали возможности укрепить там свое материальное и общественное положение. Личные интересы эвакуированных генералов от науки объединились с интересами политическими и идеологическими. Академик паразитолог Е. Н. Павловский стал отцом академии наук Таджикистана, академик-гельминтолог К. И. Скрябин породил Академию наук в городе Фрунзе (Киргизская ССР). Остальные эвакуированные деятели столичной науки обогрелись в теплом климате Азербайджана, Казахстана, Узбекистана, Грузии. В годы войны Академии росли, как грибы.

После войны ученые основатели вернулись домой, но запущенные ими механизмы не остановились.

В том роковом для нашей страны году, когда академик Евгений Никанорович Павловский покинул блокадный Ленинград и принялся искать приюта в далеком Сталинабаде (ныне Душанбе), по всей Таджикской республике едва можно было сыскать три-четыре сотни людей, претендующих на честь считаться учеными. Все они были людьми приезжими.

Об ученых степенях в начале сороковых годов таджики знали больше понаслышке, а об академиках и вообще не слыхивали. Но все сразу переменилось, когда Е. Н. Павловский создал в Таджикистане сначала филиал Академии наук СССР, а затем полноправную республиканскую Академию наук. Открылось множество должностей, обеспеченных хорошей заработной платой. „Свято место пусто не бывает'' — гласит русская пословица. Между 1950 и 1956 годами число научных работников в Таджикистане возрасло в пять раз, а за следующее десятилетие еще удвоилось. Теперь тут две тысячи кандидатов наук, около двухсот докторов, 22 академика и 19 членов-корреспондентов республиканской Академии наук. Подавляющая часть новых ученых — таджики. В том же примерно темпе все эти годы размножались научные кадры и в других республиках азиатского региона. Средняя Азия, где рождаемость на тысячу человек населения более, чем вдвое выше рождаемости в РСФСР и на Украине, и по темпам производства научных масс также быстро оставила позади западные районы страны.

Однако, для того, чтобы освоить науку, как верный источник безбедного и спокойного существования, научный работник, где бы он ни жил, должен представить диссертацию. Что же представляют собой эти труды, открывающие путь в золотые долины науки? В научных кругах Москвы и Ленинграда можно услышать немало анекдотов о безграмотных сочинениях, присылаемых на отзыв из Средней Азии. Но вот мнение лиц официальных. Эксперты Высшей аттестационной комиссии (ВАК) рассказывают.

Доктор наук, генетик Ф. Б.:

„Основным нерестилищем кандидатов и докторов наук являются Академии наук Туркмении, Азербайджана, Таджикистана. Количество идущих оттуда диссертаций — ужасающее. Соискатели не только не знают научного материала, который излагают, но не знакомы также с основами русской грамматики. Закон требует, чтобы диссертации по техническим и естественным наукам писались по-русски. Но русский язык в Баку и Ашхабаде есть нечто иное, нежели то, что под этим термином полагали Толстой и Чехов. В тех случаях, когда мы, эксперты, не утверждаем диссертацию как непригодную, авторы жалуются на нас в партийные органы республик. Оттуда сигнал идет в ЦК КПСС и, наконец, в ВАК получают приказ сверху — утвердить спорную диссертацию, сколь бы безграмотной она ни была.

Мы часто обнаруживаем также подлоги: пишет диссертацию один, подает к защите другой. В связи с этим ВАК несколько раз запрещал некоторым Ученым советам в республиках принимать к защите диссертации. Такой запрет сроком на год был наложен на объединенный Ученый совет биологических институтов Академии наук Азербайджана, на некоторые Ученые советы Таджикистана. Но, судя по результатам, запреты наши на эти „фабрики диссертаций" никакого воздействия не возымели".

Доктор наук, цитолог В. И.:

„После того, как в 1974 — 75 годах ВАК на полтора года прервал свою деятельность в связи с реорганизацией, у нас в кабинетах накопились целые горы работ. Папки лежат штабелями в рост человека. Больше всего мне приходилось читать диссертаций из Азербайджана. Они откровенно плохи. При самом снисходительном подходе я бракую 15—20 процентов поступающих ко мне работ. Достаточно заглянуть в так называемое „Диссертационное дело" (папка, содержащая протокол голосования, явочный лист Ученого совета, отзывы руководителя и оппонентов, текст доклада, прочитанного соискателем на Ученом совете, ответы соискателя на вопросы членов Совета и т. д.), чтобы убедиться, какая чудовищная коррупция процветает в республиках. Отзывы рецензентов, как правило, написаны самими соискателями под копирку. Чем дальше на юго-восток страны, тем больше в папке хвалебных отзывов. Отзывы легковесны в научном отношении и восторженны по тону. Все друг друга превозносят до небес. Многие отзывы даны явно по знакомству, их подписывают специалисты в области, далекой от темы диссертации.

Чем расплачивается соискатель за „помощь" оппонентов

и рецензентов? Если защита проходит удачно, автора отзыва, московского ученого, приглашают в Баку или Тбилиси, в его честь устраивают банкет, он отдыхает за счет остепенившегося на берегах Каспийского или Черного моря. А подчас обмен бывает „клиринговый": доктор из Москвы дает отзыв на работу, сделанную в Баку или Тбилиси, а его ученик едет потом защищаться в национальную республику, твердо зная, что там свои люди, там не подведут. И не подводят..."

Идеологически обоснованный, политически покрываемый массовый научный подлог ныне никого уже не удивляет и не возмущает. То, что всегда считалось постыдным, в национальных республиках СССР стало естественным. Тамошние кандидаты и доктора не считают нужным даже скрывать, каким именно путем они обрели свои ученые степени и звания. В Алма-Ата на научной конференции в мединституте я с интересом выслушал доклад о влиянии красного света на регенеративные способности нервной ткани. Докладывал маленького роста медик с явно корейской внешностью. Между тем в программе указывалось, что доклад представлен двумя авторами: врачом Цоем (без ученой степени) и доктором медицинских наук Рахишевым. Я попросил передать авторам доклада, что как корреспондент московской газеты, хотел бы познакомиться с ними и их исследованиями. На приглашение откликнулся профессор Алшимбай Рахишевич Рахишев. Огромный, цветущего вида широкоскулый субъект в шикарном сером костюме, из которого вываливался большой живот любителя поесть и выпить, профессор Рахишев за полчаса изложил мне свою биографию вперемежку с политической историей Казахстана, элементами биологии и собственным его жизненным кредо.

Будущий профессор родился после победы социализма в СССР. Желая дать мальчику-пастуху счастливую жизнь, русские люди явились в колхоз, где он жил, и проводили Алшимбая в Карагандинский медицинский институт. На первом курсе Рахишев имел 12 двоек и умолял отпустить его обратно в степь. Но ректор имел разнарядку на подготовку врачей из коренной национальности и не отпустил мальчика. Вместо этого было дано распоряжение впредь ставить Алшимбаю только хорошие отметки. И хотя студент ничего не понимал ни в анатомии, ни в физиологии, его сделали аспирантом. Вся дальнейшая судьба Алшимбая Рахишева носит почти сказочный характер. После аспирантуры его назначили преподавателем анатомии в только что открытый Целиноградский медицинский институт. Там, в Целинограде, он через два года стал кандидатом наук. Его послали в Ленинград в докторантуру и он вернулся в Казахстан доктором наук два года спустя. Успехи его были замечены: молодой доктор медицинских наук стал вторым профессором на кафедре анатомии и одновременно проректором столичного Алма-Атинского медицинского института. О своей карьере профессор говорит с чувством прирожденного счастливца, уверенного, что точно так же ему будет везти всю жизнь. Что до проблем научных, то профессор Рахишев излагает их на уровне фельдшерского учебника, и видно, что скромность освоенных знаний его вовсе не беспокоит.

Я спросил Алшимбая Рахишевича, кто такой его соавтор Цой.

— А... так, один кореец. У меня на кафедре работает, — с пренебрежительной миной ответил Рахишев.

— Идея эксперимента, конечно, ваша, а Цой только исполнитель? — этот вопрос я подбросил профессору ради забавы, надеясь, что он еще больше раздуется от самомнения. Но какой-то неведомый мне огонек блеснул в черных глазах Алшимбая Рахишевича.

— Идея эксперимента принадлежит доктору Цою, — сказал он твердо, — но кафедра нормальной анатомии — мне.

О, профессор Рахишев вовсе не глуп. Он не знает анатомии, но зато прекрасно усвоил, какие преимущества у него на родине власть имеет над знанием...

Практика, при которой одни делают научные работы, а другие объявляют себя авторами этих работ, стала в национальных (восточных) республиках настолько привычной, что даже научные ландскнехты не стесняются своей деятельности. Один такой поденщик, математик из Москвы, со смехом рассказывал мне недавно о своей неудаче. Когда к нему обратились из Грузии с „заказом'', он попросил за диссертационную работу пять тысяч. Переговоры прервались, „заказчик'' исчез. Через несколько месяцев, однако, математик узнал, что эту диссертацию „заказчику'' делает в том же институте другой специалист. Второй математик прельстил грузина тем, что запросил за работу не пять, а пятнадцать тысяч. В Грузии сочли, что высокая цена служит доказательством высокого качества „товара''.

А вот несколько строк из письма, которое я получил осенью 1972 года из Узбекистана.

''...Мне показалось, что Вы уехали из нашего города раздосадованным, а может быть и рассерженным. Отчего же? Неужели из-за того, что я рассказал Вам, как сочинил семь диссертаций для местных узбеков? А что мне было делать? Люди, которым я писал диссертации, занимают высокие посты. Если бы не я, им написал бы кто-нибудь другой. А теперь они не мешают мне вести научную работу и даже поддерживают мои эпидемиологические мероприятия. Иначе в Узбекистане ничего не добьешься. Меня и терпеть бы не стали с моими научными идеями, если бы не эти диссертации. Не сердитесь, дорогой М. А. Как теперь принято говорить, се ля ви...''

Автор этого письма, талантливый гельминтолог, известен своими теоретическими работами и практическими мероприятиями по оздоровлению детских коллективов от определенного типа кишечного паразита. Наш спор начался в его доме во время отличного обеда, которым он и его жена угощали меня. Очевидно, гостю следовало спокойно вкушать предложенные яства, а не корить хозяина за то, что тот засоряет науку бездельниками. За обедом деликатный хозяин мягко уклонялся от моих наскоков, а потом в письме объяснил простой механизм, который побуждает его сочинять все новые и новые диссертации. Если бы не они, ученый ни за что не добился бы столь многого в борьбе с гельминтными болезнями. Что сказать в ответ на это искреннее признание?..

Система „наемной науки" порождает подчас ситуации драматические. В Самарканде я был знаком с зоологом, специалистом по грызунам. Человек этот прожил в Средней Азии много лет и хорошо знал местное правило: готовя защиту собственной докторской диссертации, напиши сначала диссертацию для того чиновника, от которого ты зависишь. Зоолог так и сделал. После этого он счел, что путь к собственной научной степени для него открыт. Но не тут-то было. На его пути стал директор института. Директор-узбек был только кандидатом наук и не желал, чтобы его русский подчиненный становился доктором. Этот психологический феномен можно объяснить, лишь зная нравы Востока. Здесь ученая степень осмысляется не как отражение **знаний** соискателя, а прежде всего как знак его власти. Доктор наук, по местным представлениям, имеет большую власть, чем кандидат, а кандидат большую, чем рядовой младший научный. Директор, будучи кандидатом, чувствовал себя оскорбленным от мысли, что подчиненный его, защитив докторскую диссертацию, обретет более высокую степень власти, нежели он, директор. Проблему эту руководитель института попытался разрешить в местном стиле: он приказал двоим подчиненным пробраться в кабинет зоолога и выкрасть ту коллекцию грызунов, на которой зиждилась защита докторской диссертации. О предстоящей краже, однако, узнали друзья зоолога. Они вооружились двуствольными охотничьими ружьями и организовали круглосуточное дежурство в лаборатории. При этом они распространили слух, что подстрелят каждого, кто приблизится к лаборатории с недобрыми намерениями. Охранять материалы своего товарища им пришлось, пока тот не защитил диссертацию. До кровопролития не дошло, но, зная местные нравы, не трудно предположить и кровавый вариант.

Навещая в течение двух десятилетий Азербайджан, Узбекистан, Казахстан и Киргизию, я мог наблюдать, как постепенно в этих республиках вызревало и становилось само собой разумеющимся убеждение, что **местный** ученый и **не должен** писать свою диссертацию. Не его это дело, возиться с научными доказательствами. Эти 250—300 страниц машинописного текста он может получить безо всякого труда. Ему они **полагаются**. В крайнем случае, он может купить диссертацию вместе с авторефератом. Над теми, кто делает диссертационную работу самостоятельно, ныне даже посмеиваются. Аборигены Ташкента, Душанбе и Баку к такому чудаку относятся примерно так же, как московские барыни в начале 19-го века относились к своей обедневшей соседке, которая появляется на улице без экипажа и прислуги.

Во время поездок по юго-восточным республикам мне ни разу не приходилось также слышать от кого-нибудь из многочисленных собеседников — азербайджанцев, узбеков или казахов, — каких бы то ни было суждений об ответственности ученого. Мысли этой попросту не существует в обиходе тамошних научных работников. Как это ни странно, их совершенно не беспокоит, как они, не зная дела, станут возглавлять лаборатории, больницы, конструкторские бюро. Диплом кандидата наук должен, по их мнению, сам по себе уберечь их от всех и всяких трудностей.

В Харьковском медицинском институте на кафедре глазных болезней работает моя дальняя родственница, видный специалист, хирург, по лечению детского косоглазия. Среди многочисленных стажеров, которые приезжают осваивать методы, разработанные в Харькове, была врач из Киргизии. Родственница рассказала мне о ней в случайной беседе: вот, дескать, молодой врач не хочет работать, ленится. А между тем, ей скоро возвращаться в свою республику, ей доверят больных ребятишек, а она скальпель как следует не умеет в руках держать... Хирург говорила о своей недобросовестной ученице с такой обидой и таким явным беспокойством, что я решил сам побеседовать с доктором из Киргизии. Зашел в ординаторскую и среди полутора десятков мужчин и женщин в белых халатах сразу заметил изящную невысокую даму с лицом хорошенькой куколки. Халатик на ее идеальной фигуре сидел так, будто она родилась в нем. Мы познакомились. После нескольких общих вопросов я спросил, нравится ли доктору ее харьковский шеф. Да, ученыйхирург, под чьим руководством приходится делать диссертацию, в общем человек неплохой, — сказала киргизка, — но донимает стажеров лишними наставлениями.

— Ваша руководительница беспокоится за вас, — заметил я, — она сожалеет, что вы без большого энтузиазма относитесь к операционной практике. Ведь дома вам придется иметь дело с детьми...

— О, пусть она не беспокоится за меня, — на чистейшем русском языке ответила киргизка. — Я не стану никого лечить. Никогда! Мне нужна только ученая степень. Как кандидата наук меня сразу назначат главным врачом больницы...

Это сказано было с такой обворожительной улыбкой, что я растерянно умолк. Не каждый день случается слышать от врача-хирурга, будущего кандидата медицинских наук, что он **никогда** не станет лечить больных. Согласитесь, что есть что-то пленительно наивное, я бы сказал даже непорочное в искренности, с которой делается такое признание...

Нельзя сказать, чтобы сложившаяся ситуация, в частности, с врачами, никого не беспокоила в республиках Средней Азии. О безответственности и низком профессиональном уровне местных медиков говорят не только специалисты-европейцы, но и наиболее честные и здравомыслящие администраторы из числа аборигенов. В Бухаре я подружился с Шовкатом Гулямовичем Юлдашевым. Этот сорокалетний врач-невропатолог привлек меня подлинной интеллигентностью и живым интересом к истории своего края. Однако главная ипостась доктора Юлдашева в Бухаре иная: он заведует областным отделом здравоохранения. В его ведении — огромная территория, включающая изрядный кусок пустыни Кзыл-Кум. Как организатор здравоохранения Шовкат Гулямович проявил себя человеком ответственным и талантливым. В кишлаках и в Бухаре он успешно подавил несколько вспышек чумы и холеры. Я слышал, как во время одной из таких вспышек первое лицо области, секретарь обкома КПСС, говорил Юлдашеву: „Теперь ты хозяин города, приказывай, мы будем тебя слушать". У меня сохранилась запись разговоров с доктором Юлдашевым. Осенью 1972 года в Бухаре он сказал мне: „Установка на национальные кадры врачей нас не радует. Качество местных врачей с каждым годом снижается. Ученых все больше, а лечить народ некому. У меня в неврологическом отделении (д-р Юлдашев продолжает вести больных в местной больнице — М. П.) шесть врачей. Двое из них — кандидаты наук. Но только в одном из медиков я вижу качества настоящего невропатолога."

В казахском городе Караганде о национальных кадрах врачей и ученых-медиков примерно в том же духе рассказывал мне заведующий городским отделом здравоохранения Толеш Оспанов. В то время как узбек Юлдашев заботится в основном о здоровье кзыл-кумских животноводов, казах Оспанов отвечает за медицинскую помощь жителям большого индустриального города. Но карагандинец Оспанов, как и бухарец Юлдашев, равно обеспокоен убогими знаниями своих единокровных медиков, он скептически говорит о той легкости, с которой каждый врач-казах может пойти в аспирантуру и приобрести ученую степень. Доктора Оспанова беспокоит то уравнивание способных с неспособными, честных с бесчестными, которое он наблюдает в медицинском и научном мире своей республики. В практической работе горздрава Оспанов опирается прежде всего на **способных** людей, к какой бы нации они ни относились. **Полгода спустя после поездки в Караганду я узнал, что Оспанов со своей должности снят. В приказе об увольнении значилось: „Окружил себя евреями..."**

Беспокойство бухарского облздрава Юлдашева, карагандинского горздрава Оспанова, профессора Софиева из Ташкента — совсем не напрасно. И не только медиков касается ситуация, сложившаяся в Средней Азии, на Волге, в Сибири, на Кавказе, в Модавии и Белоруссии. В этих местах бескрайнего нашего отечества выросла громада третьесортной (даже по советским стандартам!) научной массы. Воздвиглась новая Вавилонская башня, где в основании — десятки тысяч кандидатов, повыше — тысячи докторов, а наверху — сотни местных академиков. Какая мысль возникает при взгляде на это сооружение? И почему я называю его Вавилонским? В двух чудовищных постройках, библейской и нынешней, мне чудится странная антитеза. Обе они рукотворны, обе созидались и созидаются как знак человеческой мощи и знания. Как известно, Бог не разрешил довести строительство первой Вавилонской башни до конца. **Он дал разные языки людям и из-за этого строители перестали понимать друг друга.** Ныне перед нами ситуация прямо противоположная: разноязычные соискатели обрели общий язык, язык науки, на котором они пишут свои псевдонаучные монографии, делают лженаучные доклады, сочиняют липовые диссертации. Это и не удивительно: жулики всех народов всегда находили общий язык, корыстолюбцам и стяжателям не нужны толмачи. Псевдонаучная башня на Востоке России поднимает свои ярусы все выше и выше. И я не знаю силы, которая могла бы сегодня остановить ее рост.

* * *

Тот откровенно мафиозный характер, который наука приобрела на окраинах страны, не есть изобретение туркменов или узбеков. Массовый нерест научных сотрудников идет повсюду. В Белоруссии, например, число лиц с учеными степенями возрастает скорее, чем в Средней Азии. Здесь за десять лет, с 1965 по 1975 год, научных работников стало вдвое больше. То же происходит в Молдавии. О том, что в результате этого роста страдает качество научного продукта, в газетах упоминают неохотно, сквозь зубы. Но есть в раковом росте национальных научных кадров другая сторона, которой советская пресса вообще не касается. В Кишиневе и Тбилиси, в Вильнюсе и Таллине, в Ереване и Ташкенте ценность того, что вы делаете как ученый, целиком зависит от того, к какой национальной группе вы принадлежите. В Молдавии все наиболее значительное и достойное делают молдаване, в Армении — армяне, в Грузии — грузины. И — никаких исключений. Вот типичный пример.

Студент Кишиневского университета Павел Ч. увлечен археологией. Несколько лет он ездит на раскопки, которые ведет в Молдавии московский профессор. Наука дается студенту с трудом, в своей крестьянской семье он не получил ни достаточного воспитания, ни образования. Он упорно читает книги по истории родного края, твердо решив посвятить жизнь археологии. Профессор из Москвы поддерживает увлечение юноши, он даже приглашает парня в столичную аспирантуру. Для поездки в столицу нужно совсем немногое: дирекция Института истории Молдавской академии наук должна дать будущему аспиранту письменную рекомендацию. Рекомендация — один из тех документов, которые в огромных количествах сочиняются по всей стране ради контроля и надзора. В институте стали сочинять рекомендацию. Но тут выяснилось, что студент Ч. вовсе не молдаванин, по паспорту значится он румыном. То, что деды его и прадеды жили на берегах Днестра сотни лет, не имело никакого значения: институт отказался выдать Ч. рекомендацию в аспирантуру. Московский профессор вступился за юношу. Но **директор института в Кишиневе ответил: „Нам нужны молдавские** ученые. Румынские бояре столетиями угнетали молдаван, поэтому (!) Павел в аспирантуру не поедет''. Профессор-москвич возмутился. Он, профессор Г. Б. Федоров, после войны первым основал в Молдавии археологические исследования и ему виднее, кто достоин быть ученым в той области, в которой он работает уже более тридцати лет. С огромным трудом Павел в московскую аспирантуру все-таки попал. Но и сегодня, когда Павел Ч. защитил кандидатскую диссертацию, он все еще остается в Молдавской академии наук на положении второсортного научного сотрудника. Ведь он не молдаванин... Другие ученики профессора Федорова, родившиеся в республике русские, евреи, украинцы, также вынуждены покидать родные места. Им ясно дали понять: **„Молдавия только для молдавских ученых''**.

Говорить о какой бы то ни было объективности в оценке научных заслуг исследователя при таком размежевании не приходится. Для того, чтобы в национальной республике тебя признали ценным ученым, ты должен сначала доказать чистоту своей крови. Такая двойная бухгалтерия приводит к ситуациям смешным, а подчас и горьким. Я спросил в Ташкенте члена-корреспондента Академии медицинских наук СССР татарку Умидову, как ей удалось, живя в Узбекистане, достичь столь высокого научного положения. И старая женщина, неплохой терапевт и ценимый студентами лектор, с грустью призналась: „Мне всю жизнь приходилось выдавать себя за узбечку..."

Джинн научного национализма со всей откровенностью показывает нынче свои зубы в десятках и сотнях НИИ от Кишинева до Еревана, от Душанбе до Минска. С каждым годом „национальная" наука становится все более агрессивной и наступательной. Где хитростью, где силой местные ученые вытесняют из институтов „иноземцев". Методы для этого годятся любые.

В 1920 году в Ташкенте был торжественно (как теперь пишут: „по личному распоряжению Ленина") открыт Туркестанский университет. Так как научно образованных узбеков в те годы не было, то Москва направила в Среднюю Азию большую группу русских ученых. Одним из основателей медицинского факультета был творец гнойной хирургии профессор Валентин Феликсович Войно-Ясенецкий. Впоследствии факультет этот выделился в Ташкентский медицинский институт (ТашМИ). И вот полвека спустя внучка профессора Войно-Ясенецкого, врач, рассказывает мне:

„Ректор ТашМИ во всеуслышание заявил недавно, что в нашем институте не будет ни одного преподавателя или врача-европейца. Европейцы (имеются в виду прежде всего русские) могут быть здесь только пациентами. Ректор приказал составить список из 50 ученых-неузбеков и подписал приказ об их увольнении. Профессора пожаловались в Москву. Несколько месяцев столица не отвечала. Потом очень мягко ректору разъяснили, что действия его незаконны и профессоров следует вернуть в институт. Однако, поддерживаемый местным ЦК, ректор еще два месяца заставлял нежелательных европейцев ходить без работы."

Этот случай — не единственный в Ташкенте. Здесь людям с высшим образованием — неузбекам — устроиться на работу почти невозможно. „Убирайтесь к себе в Россию", — говорят им. А некоторые наиболее рьяные националисты доходят до прямых угроз. В Совете министров Узбекистана одному слишком настойчивому русскому просителю сказали: „Убирайтесь-ка от нас поскорее, а станете упрямиться, так знайте — мы вашей кровью крыши покрасим''. Даже если отнести эту угрозу к произведениям пышной восточной фантазии, то в устах должностного лица она звучит все-таки несколько странно. Итоги русского научного мессианизма в Средней Азии, как видим, выглядят сегодня не совсем так, как предсказывал инициатор Туркестанского университета...

Впрочем, один раз я видел в Ташкенте русского, вполне уверенного в нерушимости своего должностного положения. Валерий Соколов, инженер-энергетик, согласен с тем, что в научных учреждениях Узбекистана иноземцев беззастенчиво вытесняют, но свою должность он относит к тем, которые, как он выразился, „железно остаются в руках русских и евреев''. Валерий — заместитель заведующего вычислительным центром. Шеф у него, конечно, узбек. Но, как и другие заведующие, шеф считает, что заместителя следует иметь русского. Заместитель-иноверец не опасен в Узбекистане, ибо по утвердившейся традиции он не имеет права когда-либо занять должность заведующего. Русский зам в национальной республике достиг вершины своих карьерных возможностей.

Конечно, возня на университетских кафедрах, в лабораториях и НИИ национальных республик — только легкая рябь, в малой степени отражающая глубинные национальные потрясения, которые переживает страна в целом. О том, что карточный домик „дружбы народов'' лежит в развалинах, без труда убеждаешься, прожив в национальной республике даже неделю. Пожалуй, наиболее типична в этом отношении общественная и культурная атмосфера современного Казахстана. В этой республике я бывал несколько раз, многое о тамошних нравах рассказали мне мои друзья-литераторы, постоянно живущие в Алма-Ате.

На громадной территории Казахской Советской Социалистической Республики с ее 14-миллионным населением всего лишь пять миллионов казахов. Кроме шести миллионов русских, тут обитает миллион украинцев, миллион переселенных во время войны немцев Поволжья, татары, узбеки и другие народы. Волна местного национализма начала подниматься в Казахстане с конца 60-х годов. В Алма-Ате произошла смена руководящих должностных лиц и вслед за тем местная русская интеллигенция ощутила первые удары. В Алма-Ате захирел отличный драматический русский театр, из которого власти изгнали наиболее способных режиссеров и актеров; была разогнана студенческая театральная студия „Галерка"; в Казахском университете разгрому подверглось литературное объединение, члены которого, местные ученые и литераторы, исследовали русскую литературу 20-х годов. Но особенно большой потерей для культурной жизни края явилась чистка в редакции „толстого" литературного журнала *Простор*. Журнал этот, много лет выходивший под редакцией известного русского писателя Ивана Шухова, пользовался славой всесоюзной. Его охотно выписывали и читали по всей стране, ибо Шухов на свой риск и страх публиковал забытые произведения Цветаевой, Мандельштама, воспоминания об Андрее Платонове, рассказы и повести современных писателей, не находивших издателей в Москве и Ленинграде[2].

В конце 60-х годов *Простор* подвергся резкой критике за „отрыв от национальной тематики". Позднее партийные органы сменили состав редакции и принудили журнал публиковать в основном переводы с казахского. *Простор*, многие публикации которого рецензировали *Таймс* и *Монд*, был низведен до уровня посредственного провинциального журнальчика. Подверглось перестройке и республиканское книжное издательство „Жузаши". После пересмотра издательских планов, русские писатели Казахстана почти потеряли возможность публиковать свои произведения.

Организаторы националистической волны в Казахстане — люди вполне интеллигентные и одаренные. Среди этих молодых людей прежде всего называют писателя и поэта Олжаса Сулейменова, литератора Ануара Алимжанова, ученого и публициста Мурата Ауэзова. В обстановке жесткой политической системы СССР деятельность младо-казахов не могла получить ни политического, ни реформаторского направления. Вместо этого молодая казахская интеллигенция пустилась в национальное мифотворчество. Суть развиваемого в Алма-Ате официального мифа состоит в том, что бесписьменный и кочевой народ, каким он известен всему миру, в действительности имел некую пра-пра-культуру. В пустыне имеются якобы не найденные пока города предков нынешних казахов. В городах этих удается будто бы даже обнаружить следы письменности и высокое ремесленное мастерство пращуров. А коли так, то и цена казахскому народу иная, нежели полагают некоторые. Он не нуждается в культурной опеке, а сам может дать образцы творчества в литературе, науке, в управлении своей землей. Местная националистическая мысль принялась тешить себя даже идеями казахского мессианства в масштабах всей Средней Азии...

Стремясь доказать недоказуемое, ученые-националисты не раз уже попадали впросак. Один из таких эпизодов попал в газету и дал пищу для веселья миллионам читателей *Комсомольской правды.*[3]

Однажды во двор Научно-исследовательского института языкознания АН Казахстана в Алма-Ате была доставлена на грузовике восьмитонная каменная глыба. Камень привлек внимание местных лингвистов, обнаруживших на нем непонятные надписи. Специальная эпиграфическая комиссия во главе с директором института академиком Казахской АН С. К. Кесенбаевым и членами-корреспондентами той же Академии Р. Г. Мусабаевым и А. Т. Кайдаровым обследовала камень и сообщила общественности, что надпись повествует об охоте царевича Бекар-Тегина в период между 6 и 4 веками до нашей эры. Иными словами, вот оно неопровержимое доказательство: у предков казахов двадцать пять веков назад была своя письменность, были свои царевичи, а следовательно, и свое царство. Еще немного, и казахские ученые обнародовали бы „открытие века'', но, по счастью для них, истина открылась раньше, чем в свет вышел многокрасочный том с грифом АН Казахстана. Оказалось, что надпись на камне сделана не 25 веков назад, а в 1969 году, когда кинематографисты снимали в степи фильм „Киз-Жибек''. Художники-декораторы выбили эти знаки, скопировав их из книги академика С.Е. Малова о древней письменности народов Сибири. Первоисточник, открытый Маловым, ни к каким казахским древностям отношения не имел. Он давно расшифрован и ни о каком царевиче Бекар-Тегине речь в нем не шла. На том орхоно-енисейском памятнике значилось, между прочим, следующее: „Мы были дурны и негодны, мы малых считали... за больших''. Вот так-то.

По здравому размышлению камень с кинописьменами должен был бы лечь прочным надгробьем на миф о казахской античности. Но этого не случилось. Мифотворцы из Алма-Аты продолжают искать новые доказательства о пропавшей казахской культуре. И, можно не сомневаться, найдут их...

Самое замечательное в порыве казахского национализма состоит в том, что грезы молодых интеллектуалов полностью смыкаются с позицией правящих кругов республики. Молодежь позволяет себе выбалтывать то, что должностные лица до поры до времени вынуждены скрывать. Первый секретарь ЦК КП Казахстана Кунаев (геолог по образованию) близок Сулейменову не только по крови, но и по духу. Они оба понимают: в лобовую атаку против русских идти нельзя, но можно унижать, вытеснять, эксплуатировать иноземцев, пользуясь вполне законными средствами и общепринятыми лозунгами. Олжас Сулейменов, как и другие младо-казахи, знают, какой силой они стали в республике и разговаривают со своими бывшими учителями-русскими в тоне ультимативном.

„Когда я встречаюсь с Олжасом Сулейменовым, которого люблю и которого в каком-то смысле втащил в литературу, — рассказывает алмаатинский писатель Иван Щеголихин, — я ощущаю себя захватчиком его земли. Олжас все время дает мне понять, что я, все мы, живущие здесь неказахи, являемся нежелательными иностранцами и даже угнетателями его народа".

„В каждой вашей книге, — говорит Сулейменов другому русскому коллеге, — должен быть герой казах. Положительный герой. Вы живете в нашем Казахстане и извольте писать о нас".

Казахский вариант — не единственный в своем роде, но он получает все более широкое распространение. Его подхватывают не только восточные, но и западные республики. В частности, Молдавия и Белоруссия. Историки хорошо знают, что территория нынешней Молдавской ССР тысячелетиями служила главным коридором, по которому с Востока на Запад двигались тюркоязычные и ираноязычные народы. Скотоводы-кочевники, они добирались до устья Дуная и, не имея возможности форсировать его со своими стадами, оседали на берегах реки. С юго-запада двигались в этот район греки и римляне, с севера — скандинавы. Начиная с шестого века новой эры, тут появились славяне. И вот, отметая все, что известно по этому поводу исторической науке, нынешние руководители Молдавии потребовали от ученых доказать, что молдавский народ обитает между Днестром и Дунаем с сотворения мира, что народ этот чистокровный и никогда ни с кем не смешивался. Тех, кто отказывается исполнять этот „социальный заказ", из Молдавской Академии наук изгнали, остальных ученых историков и археологов власти заставили заниматься лжеизысканиями. Давление партийных вождей уже привело ко множеству подлогов в молдавских музеях, к бесчисленным передержкам в учебниках и исторических монографиях. Конечный смысл такой „исторической артподготовки" прост: обосновать захват должностей, вытеснить из общественной, научной, политической жизни республики всех и всяческих иноземцев.

В Грузии и Армении ситуация иная. Молодой националистической интеллигенции там не приходится заново сочинять историю своих стран. Древняя культура этих, когда-то независимых земель ни в возвеличивании, ни в приукрашивании не нуждается. Но в отношениях с русскими грузинские и армянские ученые также усвоили ныне тон ультимативный. Видный московский специалист в области радиоэлектроники доктор наук В. рассказывает, как в составе большой комиссии он ездил в Тбилиси, в Институт кибернетики Грузинской АН. Комиссия принимала научную работу, которую грузины должны были выполнить по договору с военным ведомством. Однако, москвичи поняли из доклада директора института, местного академика Чавчанидзе, что грузинский институт работу по существу не выполнил. Но сам Чавчанидзе держался очень уверенно. „Мы не сомневаемся, что вы примете наши разработки с благодарностью'', — с издевательской улыбкой закончил он свой доклад. В кулуарах В. напрямик заявил руководителю комиссии, старому военному специалисту, что грузинские ученые их надувают. Военному ведомству не следует оплачивать липовую работу. „Увы, — ответил старый военный инженер, — придется заплатить и даже сказать жулику Чавчанидзе спасибо. Ведь от нас требуют, чтобы мы поощряли и развивали национальную науку''.

Если так разговаривают в национальной республике с приезжими из Москвы специалистами, то нетрудно вообразить, какие разговоры вынуждены выслушивать русские ученые (и не только ученые), постоянно живущие в нацреспубликах. Сегодня давление на русских (назовем так всю не местную живущую в республиках интеллигенцию) возрасло настолько, что писатели, журналисты, врачи, ученые начинают постепенно отступать в Россию. Речь пока не идет о массовом бегстве, но стремление выбраться из национальных городов испытывают уже тысячи людей. Я получаю письма от большого круга знакомых, которые десятилетиями жили в Узбекистане, Таджикистане, на Кавказе, на Украине. Они просят помочь им подыскать место в любом средне-русском городе. Жить в атмосфере угроз и давления многим не хватает сил.

Московские власти, конечно же, знают о росте националистических настроений в стране и пристально следят за этим, может быть, наиболее опасным для них социальным процессом. Однако ни на какие решительные шаги ЦК КПСС не решается[4]. Между тем, если даже оставить в стороне общеполитическую опасность национальной волны и взглянуть на события в республиках с точки зрения интересов ,,управляемой науки'', то и тогда события эти нельзя отнести к малозначительным. Национальное самосознание несет в себе какую-то степень духовной свободы, содержит потенциальную возможность центробежных устремлений. В национализме, даже таком мирном, как белорусский или армянский, есть уже дух опасной бесконтрольности. Пока события в республиканских академиях и НИИ вредят только изгоняемым ,,иноверцам'' и не затрагивают интересов государственной машины, машина делает вид, что все в порядке. Публично упоминать о национализме, в том числе научном, у нас считается дурным тоном. В газетах и официальных речах попрежнему фигурируют ,,гранитное единство'' и ,,нерушимая монолитная мощь''. Втайне же центральная власть, как удалось дознаться, все-таки предпринимает некоторые меры безопасности.

В государственных системах, которые обеспечивают общенациональные функции (пограничная охрана, железнодорожная сеть, гражданская авиация, важные участки телефонной и телеграфной связи и т. д.) предпочтение отдается русским сотрудникам. Особенно явственна такая избирательность в учреждениях, выполняющих космическую программу. В Ташкенте я разговаривал с русской женщиной, научным сотрудником Института метеорологии. Этот НИИ занимается исследованиями, которые имеют отношение к запуску и полетам космических спутников. На мой вопрос, как складываются в этих учреждениях отношения между русскими и узбеками, женщина ответила, что никаких узбеков в институте у них нет. ,,Мы занимаемся серьезным делом, — всердцах добавила она, — нам нужны настоящие работники, а не эти лентяи и хапуги''.

...Кипение националистических страстей на окраинах страны и встречное вскипание чувств шовинистических напоминает зрелище поставленной на огонь кастрюльки с молоком.

Сначала немногочисленные пузырьки поднимаются по периферии, потом их становится все больше. Вот уже бурлит весь круг, соприкасающийся с раскаленными стенками кастрюли. Вал кипения сходится все ближе к центру и... Впрочем, любая хозяйка знает, что именно происходит, когда во-время не успеваешь убрать молоко с огня...

Исторические пророчества — дело рискованное. Поэтому я воздержусь не только от прогнозов, касающихся национализма в России, но даже от суждений о перспективах национализма научного. Приведу лишь мнение академика-физика Михаила Александровича Леонтовича[5]. Однажды (мы вместе ехали в метро) я спросил Леонтовича, что он думает о национальных конфликтах в советской науке. „У меня есть собственная формула национализма и шовинизма, — взблеснул своими по-детски голубыми глазами Михаил Александрович. И наклонившись к моему уху, чтобы не шокировать остальных пассажиров, прошептал: „Национализм это: „**Свое** говно хорошо пахнет'', а шовинизм это: „Хорошо пахнет **только** говно''.

***

Философ-христианин Николай Бердяев в книге *Смысл истории* утверждал, что в отличие от других народов, появление в мире евреев может быть объяснено только причинами метафизическими. Бердяев полагал, что еврейский народ был брошен в семью наций с той же целью, с которой пекарь бросает в пресное тесто крупицы дрожжей. Назначение евреев — не давать угаснуть духовному и творческому началу человечества. Будучи евреем, я тем не менее не чувствую в себе сил ни опровергать, ни поддерживать гипотезу Н. Бердяева. Замыслы Всевышнего едва ли постижимы для нас. А потому, оставив в стороне домыслы, я обращусь к вопросу гораздо более скромному — какова роль евреев в советской науке. Обсудить эту тему приходится потому, что взаимоотношения евреев России с наукой и образованием действительно резко отличают их от других народов страны.

Вот несколько цифр.

Двухмиллионный еврейский народ не составляет и одного процента от населения Советского Союза. При этом среди лиц с высшим образованием евреев — 5 процентов, а среди научных работников СССР — около 10 процентов. Как известно, в дореволюционной России возможность получать образование была для евреев ограничена. Трехпроцентная норма приема в гимназии и императорские университеты заставляла многих юношей и девушек покидать родину, чтобы получить образование в Европе и Америке. К началу 20-го века у евреев России среди других национальных чаяний тяга к образованию вышла на первое место. Февральская революция 1917 года, как известно, открыла двери школ и университетов перед всеми народами страны. Психологически еврейский народ более других был готов воспользоваться плодами нового порядка. Покинув местечки черты оседлости, тысячи молодых евреев устремились в большие университетские города. Убежденные в том, что отныне наука, знания навсегда освободят их от второстепенного положения в мире, они отвергли все, чему от века поклонялся их народ: оставили религию отцов, отвернулись от национального самосознания.

Два десятилетия, последовавшие вслед за революцией, как будто бы поддерживали их надежды. Из группы этнической евреи России превратились в группу активно социальную, главной особенностью которой стал необычайно высокий уровень образования. Практически все взрослые евреи в СССР имеют сегодня законченное среднее образование, а 20 процентов — высшее[6]. Во многих областях науки — в физике, особенно ядерной, некоторых разделах химии, в математике, медицине большая часть ведущих специалистов — евреи. Среди академиков и членов-корреспондентов АН СССР в 1973 году было 10 процентов евреев (в 1946 году — 14 процентов). Однако после Второй мировой войны государственные должностные лица и учреждения Советского Союза предприняли откровенную политику недопущения евреев в науку. Установка эта иногда несколько смягчалась, порой ужесточалась, но в целом не претерпела за 30 лет никаких изменений. В 70-х годах, после начала еврейской эмиграции, политика эта приобрела наиболее открытые жестокие формы.

В отличие от царского правительства, действия советских властей, препятствующих евреям поступать в институты, университеты, а также в языковые и математические средние школы, никакими законодательными актами не предусмотрены. Тем не менее, общеизвестно, что в ряд высших учебных заведений (военных, партийных, связанных с дипломатической и внешнеторговой деятельностью) евреев вообще не принимают. Для молодого человека еврейского происхождения крайне затруднительно поступить также на журналистский факультет университета, на факультеты исторический, филологический, философский. Ряд университетов — прежде всего Киевский, Ленинградский, Московский — прославились особенно активным противодействием наплыву студентов-евреев. Малодоступны для евреев также многие технические ВУЗы. Власти скрывают факты такого рода, но вот цифры. На химический факультет Киевского политехнического института в 1971 году поступило 498 заявлений.

	украинцев	русских	евреев
Подало документы	356	127	15
Сдало экзамены	202	96	2
Зачислено в институт	148	56	1

Как видим, среди украинцев, подавших заявления в институт, студентом стал каждый второй, среди евреев — пятнадцатый. Я показал эти цифры в Киеве большому кругу научных работников. Комментарии последовали самые различные, в том числе и антисемитские, но все мои собеседники согласились с тем, что цифры приема в Киевский политехнический — типичны для всех институтов Украины, а пропорции приема по национальному признаку за последние 15—20 лет мало изменились. В Киевский университет евреи вообще не попадают. Киевляне даже убеждали меня в том, что „Положение об Университетах" имеет секретную часть, включающую фразу о неприеме лиц, „имеющих капиталистическую родину". Мне, однако, существование такого документа представляется недостоверным: система партийного руководства выработала у ректоров и директоров ВУЗов столь тонкое понимание начальственных требований, что партийным боссам нет нужды оставлять компрометирующие их документы. Советским властям без лишних бумаг удалось довести „царскую" трехпроцентную норму в университетах (и многих институтах) до 0,3 процента.

Высшее образование евреи получают чаще всего на вечерних и заочных отделениях. В Московском университете уже много лет поддерживается пропорция, по которой на дневном отделении мехмата на полтораста студентов приходится не более 5—6 евреев, зато на вечернем их несколько десятков. Второсортность студентов-евреев власти подчеркивают и другим путем: в аспирантуре их не оставляют, этот массовый путь в науку для них по существу закрыт.

Но вот университет (институт) закончен. Молодой специалист ищет работу. Попасть в научно-исследовательский институт хотя бы в качестве лаборанта выпускнику-еврею удается редко. Хотя по существующему положению молодые специалисты, окончившие дневное отделение, должны быть „распределены", т.е. университет гарантирует им работу по специальности, на практике институты под разными предлогами отказываются от лиц с неблагополучным „пятым пунктом" (пометка в анкете о национальной принадлежности). Дальнейшая судьба такого второразрядного специалиста определяется его собственной изворотливостью. Я знавал молодых физиков, химиков и математиков, желавших во что бы то ни стало заниматься наукой, которым после окончания ВУЗа и даже после защиты диссертации приходилось в поисках работы обходить по 30-40 учреждений. Такие „искатели" рассказывают о своем хождении по отделам кадров НИИ много интересного. Так, одному математику в Институте автоматических систем управления (НИИ АСУ) городского хозяйства Москвы предложили написать заявление в двух экземплярах. Одно заявление обычного типа, а второе, предназначенное лично для директора, должно было содержать фразу: „Выезжать на жительство в зарубежные страны не собираюсь''. Еще не взяв сотрудника на работу, директор заранее запасался алиби. Другой математик-еврей целый год заполнял анкеты и беседовал с руководителями Института экономики при Госплане СССР. Директор НИИ совсем уже было решил принять молодого специалиста, как вдруг прервал переговоры и передал посетителю через секретаря, что евреев он впредь принимать не станет. Оказалось, что вышестоящее начальство пригрозило директору прислать специальную комиссию для ревизии кадровой политики в его институте. Директор испугался. Обвинение в „проеврейских настроениях'' штука опасная.

Еще один рассказ. Еврей-химик, кандидат наук с узкой и крайне дефицитной специальностью, обошел в поисках работы несколько институтов. Все беседы с заместиетлями директоров НИИ начинались и завершались совершенно одинаково.

— Да, да, вы нам нужны, очень нужны. И я постараюсь убедить директора принять вас. Но... вы, конечно, знаете... у нас норма...

Вслед за тем заместитель удалялся для переговоров с директором и возвращался с постной миной. Увы, норма приема научных сотрудников-евреев в институт уже выполнена...

Но чаще всего молодой специалист-еврей, обратившись в НИИ, ни директора, ни его заместителя в глаза не видит. Он застревает на уровне заведующего лабораторией. Многие думают, что завлабу, который отказывает такого рода просителю, кто-то непременно подает команду сверху. В действительности, никакой специальной команды не требуется. Завлаб знает, что если он возьмет еврея и тот позднее пожелает уехать в Израиль, то завлаба „за плохую воспитательную работу'' самого выгонят с работы. Для дирекции НИИ заведующий лабораторией, согласившийся принять еврея, становится, таким образом, своеобразным заложником. В Научно-исследовательском институте ядерной физики при Московском университете (НИИЯФ) на положении такого заложника оказался заведующий сектором Акишин. Человек сильный, напористый, партийный и общественный деятель, он ходко шел по карьерной лестнице. Евреи понадобились для того, чтобы они сделали ему диссертацию. Эту докторскую диссертацию Акишин защитил, но заплатил за нее дорогую цену: сочинители диссертации пожелали уехать на свою историческую родину. Отъезд сотрудников-евреев привел к полному крушению акишинской карьеры. Его обсуждали, осуждали, проверяли. На него обрушились вдруг самые странные обвинения. В то время как в актовом зале МГУ Тодор Живков вручал университету болгарский орден, люди из сектора товарища Акишина аплодировали безо всякого энтузиазма. Не странно ли? Или еще: в тот день, когда сотрудники университета вышли на Ленинский проспект, чтобы в качестве народных масс приветствовать приезд в нашу страну очередного иностранного гостя, сотрудники доктора наук Акишина в указанное им место явились не полностью. Как это понимать? Еще два-три таких обвинения — и прощай место руководителя сектора, а, возможно, Акишину и с партийным билетом придется расстаться... Само собою разумеется, что пострадавший Акишин теперь уже до конца дней своих ни одного еврея на работу не возьмет.

Примерно по такой же схеме заведующих лабораториями НИИ и руководителей секторами дрессируют, чтобы они не позволяли евреям защищать диссертации. Все знают: если в Израиль выехал **рядовой** физик или математик, то завлаб получает меньше неприятностей, нежели в том случае, когда уезжает подчиненный ему еврей с ученой степенью. Выезд кандидата наук — беда для его начальника, выезд доктора — стихийное бедствие для всего института, выезд члена-корреспондента — проблема, которая сотрясает всю Академию. В результате всех этих вздрючек, втыков, ушибов и тумаков по служебной и партийной линии, научные руководители безо всяких приказов усвоили простую истину: евреям вообще не надо позволять защищать диссертации. И не позволяют. Кто как может. Высшая аттестационная комиссия (ВАК), например, весьма прозрачно выражает свое неудовольствие всякому ученому совету, который представляет на утверждение докторские диссертации евреев. Диссертации эти маринуются в ВАКе по 2—3 года. Усвоив урок, ученые советы ныне всячески уклоняются от рассмотрения **диссертаций лиц, меченных „пятым пунктом". А если Уче**ный совет упорствует и продолжает одобрять такие диссертации, то такой Ученый совет подлежит разгону. Так, например, разогнали Ученый совет НИИ радиофизики в Горьком. **Чтоб не потакал „нежелательным элементам".**

И при всем том во многих научно-исследовательских институтах СССР евреи продолжают работать, их диссертации, хотя и с трудом, проходят ВАК, а случается, евреев даже избирают членами-корреспондентами Академии наук. Случайность? Недосмотр? Нет, закономерность. Государственный антисемитизм в Советском Союзе **закономерно** непоследователен. В нем действуют две прямо противоположные тенденции. С одной стороны, за национальным (а точнее, еврейским) составом научных кадров пристально следят райкомы и горкомы партии, отделы кадров и опекающие их отделы КГБ. О сохранении предписанных пропорций пекутся директора и Ученые советы НИИ. Евреев уже давно не берут в секретные институты; научным издательствам даны секретные приказы выпускать как можно меньше книг евреев-авторов[7]. А с другой стороны, советская пропаганда, работающая на Запад, твердит о том, как хорошо живется евреям в СССР и, в частности, приводит цифры широкого участия евреев в научном творчестве[8].

На выборах в АН в 1968 и 1970 годах в члены-корреспонденты Академии наук СССР были избраны евреи Ф. Л. Шапиро (ядерная физика), И. И. Гуревич (ядерная физика), Ю. М. Каган (ядерная физика), Ю. М. Красный (физика), П. В. Гельд (химия), Е. С. Фрадкин (ядерная физика), Я. Ш. Шур (физика). Но вслед за тем (конец 1973-го, начало

1974-го года) в научные круги Москвы проникло известие о беседе, которую вел в Политбюро Президент АН СССР академик М. В. Келдыш. Члены Политбюро допытывались, сколько лет понадобится, чтобы полностью освободить ведущие области советской науки от участия еврейского элемента. Келдыш пообещал завершить „деюдизацию" за семь лет. Прошло еще несколько месяцев и еврейская проблема снова совершила рывок в сторону: вице-президент АН СССР Ю. А. Овчинников, беседуя летом 1974 года с группой биологов о необходимости секретных экспериментов, имеющих отношение к повышению военного потенциала, сказал, что для форсирования этих работ Академия наук разрешит набрать в специальную лабораторию сколько угодно евреев[9].

Так мечутся из стороны в сторону советские, а следом и академические власти: бросить жалко, а держать горячо. Один московский поэт написал по этому поводу:

Везде, где не зная смущения,
Историю шьют и кроят,
Евреи — козлы отпущенья,
Которых, вдобавок, доят.

В этом-то доении — вся проблема. Руководители страны желали бы полностью освободить советскую науку от участия евреев, но видят, что и с политической, и с военной стороны ничего хорошего из этого проекта не получается. Вопрос остается в подвешенном состоянии. Вождям жаль расстаться с подойником.

Осенью 1975 года, приняв от академика М. И. Лаврентьева руководство Сибирским отделением Академии наук СССР, академик Гурий Иванович Марчук объехал подведомственные ему академические учреждения и среди прочих руководящих указаний отдал распоряжение: „Ныне работающих в институтах евреев не выгонять, новых — на работу не брать". Таково последнее слово государственной мудрости по отношению к гражданам еврейской национальности. Специалистов, добросовестно делающих на местах свое дело, хотя и притесняют по мелочам, но работы все-таки не лишают. Зато новое поколение исследователей встречает в отделах кадров НИИ твердое „нет!''

Пропагандисты на закрытых партийных собраниях пытаются аргументировать такую политику недоверием к ученым-евреям в связи с начавшейся эмиграцией. Но стремление отрезать еврейский народ от науки и культуры возникло еще при Сталине, за четверть века до начала исхода. И тогда же перед руководителями страны возник этот проклятый вопрос: как бы не упустить плоды еврейского таланта, как бы использовать их в области вооружений. Так оно и идет с тех самых сталинских пор: „Еврея в науку лучше бы не пускать, но если это еврей полезный...'' Ну, что ж, и в гитлеровской Германии, как говорят, было 30 тысяч **полезных** евреев.

Итак, полная ,,деюдизация'' науки невозможна, но еще более невозможно отказаться от традиционного и оттого естественного государственного антисемитизма. Как же выглядит нынче эта ситуация в масштабах научного миллиона?

С одной стороны, во главе ряда крупнейших научно-исследовательских институтов Академии наук стоят полезные евреи. Люди этого типа абсолютно зависимы от режима и оттого абсолютно ему преданы. Они и несколько сот евреев, допущенных к руководству лабораториями, являются главными поставщиками идей, изобретений и открытий прежде всего для военного ведомства[10]. Но кроме этой небольшой, хорошо подкармливаемой верхушки, есть большое число рядовых специалистов, обреченных на совершенно иную научную судьбу. Эти также горят желанием оплодотворять науку и производство отечества своими идеями, есть среди них немало ярких талантов. Но еврейское происхождение делает все их попытки тщетными. Открытия, совершенные не в военной области, чаще всего вообще никому в России не нужны, а те, что совершены евреями, и вовсе нежелательны. Люди пассивного склада в конце концов примиряются с этой безнадежностью. Но многие искатели в силу присущего им темперамента настойчиво лезут со своими проектами в ЦК КПСС, пишут в газеты, сочиняют слезницы в министерства. Им очень хочется обогатить отечество дарами своего интеллекта, и они решительно не понимают, почему с их действительно ценными подчас дарами отечество обращается столь бесхозяйственно.

Все это тянется уже годами и десятилетиями: равнодушная родина-мать походя раздает своим беспокойным детям увесистые подзатыльники и давит в зародыше любые добрые намерения. А те, с блаженной улыбкой на устах, продолжают устно и письменно вычислять выгоды, которые могли бы принести народу их идеи, изобретения, открытия. В ситуации этой меня долгое время удивляло только одно: почему, удушая рядового ученого- еврея, государственные и научные чиновники при всем том еще и кипят против своих жертв раздражением и даже злобой? Эту озлобленность постоянно приходится наблюдать в министерствах, в редакциях газет, в дирекциях многих НИИ. Конечно, есть объяснение психологическое: мы не любим тех, кому делаем зло. Но в науке в этой ситуации есть своя специфика. Порыв творчества, исканий, борьбы за внедрение колеблет застойное спокойствие управляемой науки, выявляет лень и бездарность администрации, экономическую абсурдность системы в целом. Как же чиновнику не сердиться? В обществе, где все блага раздаются строго в соответствии с табелем о рангах, где одобрение или наказание нисходит на гражданина только **сверху** и только по инициативе начальства, объявляются лица, которые хотят достичь успеха **собственными силами.** Евреи-ученые, евреи-изобретатели, евреи-организаторы науки, все эти бесконечные кандидаты в гении и таланты желают получить общественное признание не по милости вышестоящих, а за свои **реальные заслуги**. Это ли не наглость?

Талант, лезущий снизу, взламывает самые основы, самый фундамент власти. В еврейской инициативе, в еврейской энергии хозяева страны безошибочно узнают признаки того более динамичного общества, которое, вопреки предсказаниям, не только не сгнивает на корню, но на шестидесятом году советской власти все еще снабжает СССР хлебом и машинами. Масса евреев-ученых, таким образом, не только не вписываются в четкие контуры управляемой науки, но самим своим существованием вступает в противоречие с формами советского общественного сознания. „Слишком шустры!" — как заметил в приватной беседе крупный чиновник комитета, занятого изобретениями и рационализацией. Шустрых у нас не любят. Всех вместе. Не разбираясь, кто прав и кто одарен.

Под нелюбовь к „шустрым" подводится сейчас философская база. В ряде официальных и полуофициальных выступлений в последние годы вполне серьезно обсуждается план, по которому национальный состав интеллигенции СССР будет приведен в соответствие с количественным составом каждого народа. У большого народа и интеллигенции должно быть больше. Естественно, что евреи, составляющие меньше одного процента населения страны, на большую интеллигенцию права не имеют. Иными словами, следует ограничивать прием евреев в высшие учебные заведения до тех пор, пока число интеллигентов-евреев не придет в пропорциональное соответствие с числом интеллигентов других национальностей. Надо ли говорить, что для евреев России такое насильственное „выравнивание" означает не что иное, как полную деградацию, оно вытесняет их из тех областей науки и культуры, где, благодаря своим знаниям и опыту, они десятилетиями играли руководящую роль. Но пока философы спорят, в приемных комиссиях план „выравнивания" уже давно стал рабочим документом... Там уже не спорят, а действуют.

Таковы в самой грубой форме основы конфликта, который возник между еврейской творческой интеллигенцией (в том числе научной) и Кремлем. Частично нарыв этот разрешился эмиграционным потоком. Поток этот крайне разнороден, но в массе своей евреи уезжают из СССР по той же причине, по которой покидали царскую Россию их деды: они уходят из мира, в котором жесткий государственный контроль над знанием, образованием, наукой и культурой мешает таланту занять в обществе причитающееся ему место.

Эмиграция, конечно, не разрешила и не разрешит проблему еврейства в Советском Союзе. Сколько бы кандидатов и докторов наук не выехало из страны, значительно больше их останется дома. И перед остающимися встают чрезвычайно серьезные проблемы этического порядка. Нравственный мир их подвергается испытаниям тягчайшим. И, насколько мне известно, многие люди, проявившие поразительное упорство, пока речь шла о научном поиске, о защите их диссертации, начинают крошиться и мельчать, когда наступает пора рутинного институтского существования. Юношеские надежды быстро блекнут в нашем лабораторном климате. И у еврея-исследователя, которому на каждом шагу напоминают о его второстепенности, формируется сознание обреченного, возникает психология неудачника. Творческие возможности таких людей быстро истощаются и глохнут.. Они ходят в свой НИИ лишь по привычке и по материальной необходимости. Этот тип я особенно часто наблюдаю среди сотрудников закрытых (секретных) лабораторий, перевалившиx за сорок.

Неестественная обстановка, в которой приходится жить еврейской научной интеллигенции, порождает и другой тип. „Хочешь жить — умей вертеться!" — частенько слышишь эту циничную поговорку, порождение советского времени, от евреев, занявших уже какое-то положение в институте. С тайным страхом в душе и с улыбкой готовности „вертится" иной кандидат наук то вокруг своего научного шефа, то на партсобрании, убеждая себя, что только вот так, с раболепно согнутой спиной, можно вымолить право на творчество. Ах, эти неразборчивые, слишком гибкие еврейские мальчики и девочки! Как мало радости получают они от науки и как мало пользы наука получает от них! Руководящие бонзы очень любят эту породу сотрудников: ведь их руками так легко совершать подлости. А в случае нужды, так просто вышвыривать евреев-подлипал из институтов и лабораторий. Ведь это только евреи...

Пройдя через грязь и унижения, кое-кто из ученых евреев достигает высоких должностей. От таких лучше держаться подальше. Недаром еще древние римляне говорили, что самые скверные люди — вольноотпущенники. Тип недавнего раба, взявшего в руки бич надсмотрщика, встает перед моими глазами, когда я вспоминаю бедствия, которые обрушились на советскую генетику в конце сороковых годов. На знаменитой августовской сессии ВАСХНИЛ 1948 года, когда облеченный диктаторскими полномочиями академик Лысенко громил биологию и биологов, в его окружении оказалось удивительно много евреев-ученых. Презент, Беленький, Рубин, Куперман, Кушнер, Фейгинсон, Халифман — они держались особенно нетерпимо и агрессивно. В стране бушевал шквал развязанного Сталиным антисемитизма, уже был расстрелян Еврейский антифашистский комитет, убиты виднейшие еврейские писатели, артисты, а Исай Презент, Нео Беленький, Борис Рубин и другие, как подлинные хозяева жизни, расправлялись с противниками Лысенко, а заодно и с противниками собственными. Незадолго до „дела врачей-отравителей" еврей-профессор Б. А. Рубин был назначен заведовать кафедрой биохимии в черносотенном Московском университете. Он и поныне занимает эту должность. Через много лет, когда от лысенковского диктата не осталось и следа, я спрашивал профессора Рубина, чем объяснялись его агрессивные речи и действия в пору августовской сессии ВАСХНИЛ 1948 года. И старый университетский профессор сказал, как о чем-то совершенно естественном: „Иначе тогда вести себя было нельзя, или ешь других, или съедят тебя. Вы же помните судьбу Раппопорта..."

Я знаю профессора Иосифа Абрамовича Раппопорта, генетика Раппопорта, которого после сессии Академии сельскохозяйственных наук (ВАСХНИЛ) полностью лишили возможности заниматься биологической наукой. И в свой черед расскажу о нем. Но сначала об этой формуле: „Иначе вести себя нельзя..." Формула эта на редкость живуча. Летом 1973 года, подписав вместе с другими академиками открытое письмо против Андрея Дмитриевича Сахарова, академик А. Н. Фрумкин, директор Института электрохимии, собрал у себя на даче самых близких друзей. Человек сумрачный и немногословный, семидесятивосьмилетний Александр Наумович Фрумкин и на этот раз не стал заниматься духовным стриптизом, но коротко и убежденно сказал, что если бы академики не сочинили и не подписали непристойного по своей сути письма против Сахарова, то Академию в целом ждали бы серьезные неприятности. Об этом Келдышу прямо заявили в ЦК КПСС. В ЦК готовили целую серию ударов по Академии, если она окажется неуправляемой. Так что акт подписания письма является прежде всего актом спасения главного очага российской науки.

После смерти А. Н. Фрумкина один из его родственников, сам ученый-химик, еще более уточнил для меня позицию старого академика. Фрумкин никогда не забывал, что он еврей. Какими бы наградами его не осыпали, он знал, что малейшая ошибка может для него как директора института оказаться губительной. В чаянии предстоящего разгрома Академии, он с полным основанием понимал, что **начнут** с него и ему подобных. Он не произнес перед своими близкими сакраментальную фразу: „Иначе вести себя было нельзя...", но все его поведение говорило об этом. Как и поступки других академиков — Харитона, Браунштейна, Франка, Вула, — общественные поступки академика Фрумкина всегда были продиктованы тем чувством неустойчивости, неуверенности, которое все евреи-академики сознательно или бессознательно носят в себе. Эту деморализующую психологию усваивают и их сотрудники: ведь положение еврея-завлаба еще менее устойчиво...

Деморализация через национальное чувство? Не странно ли? Мой опыт показывает, что национальное чувство в условиях сегодняшней России стало одним из основных источников разрушения морали. Выше мы рассмотрели, как эти раздуваемые в политических целях чувства порождают безосновательные претензии у тысяч молодых и не слишком ученых Туркестана, Азербайджана и Киргизии. Особые права, даваемые национальной принадлежностью, как правило, развращают ученого. В то время как в национальных республиках СССР процветает национальная спесь, большинство евреев-ученых в России были бы рады, наоборот, забыть о своей национальной принадлежности. Им не позволяют этого и тем самым также развращают наиболее слабых. В нравственном плане ревальвация духовных ценностей в среднеазиатских национальных республиках ведет, таким образом, к тому же эффекту, что и девальвация духовного и творческого потенциала евреев-интеллектуалов.

Комплекс неполноценности у моих единокровных приводит подчас к развитию характеров трагикомических. Я уже говорил о встречах с рижским химиком академиком С. А. Гиллером (1915—1974). Директор научно-исследовательского института с международной репутацией, Соломон Ааронович даже у себя в квартире не решался говорить в полный голос. Едва беседа касалась национальных научных кадров (в Латвии это весьма щекотливая тема) или политики, как академик немедленно переходил на шепот. При этом испуганный взгляд его постоянно шарил по стенам давно обжитой квартиры в поисках того места, где может быть запрятано записывающее устройство. Страх перед любой неожиданностью, перед любым начальством — партийным, академическим, московским или рижским — заставлял ученого целыми днями скрываться от посторонних. В институте секретарше директора было приказано отвечать всем, что академика Гиллера нет на месте. Дома ту же функцию исполняла жена. Более всего академик боялся принимать в свой институт евреев. „Если я беру в свой институт бездарного латыша, меня хвалят, но если я начну брать евреев — это сразу погубит и институт, и меня," — шептал мне Гиллер и тут же просил никому не говорить и нигде не писать, что в Институте органического синтеза в Риге три еврея все-таки работают...

В отличие от Гиллера, московского иммунолога Георгия Яковлевича Свет-Молдавского (род. в 1926 году) трусом не назовешь. Помимо своих блестящих работ по иммунологии опухолей, профессор Свет-Молдавский известен как человек, который уже много месяцев ведет упорную борьбу с собственной неизлечимой болезнью. Сотрудники, работающие в его отделе в Институте онкологии АМН СССР, считают даже своего шефа человеком чрезвычайного мужества. Того же мнения держится и мой друг-кинематографист, недавно снимавший о профессоре документальный фильм. Пока фильм еще находился в работе, друг мой разрешал мне прослушивать записи разговоров ученого, его лекции и беседы с сотрудниками. В многочасовых, не вошедших в фильм, разговорах этих Свет-Молдавский, действительно, открывается как личность недюжинная. Но однажды, включив новую кассету, я прослушал короткий диалог, который обнажил, очевидно, тщательно скрываемый уголок в душе профессора. Свет-Молдавский рассказывал режиссеру о трудностях, возникающих перед ним как руководителем большого коллектива. Уже много лет, например, не может он взять в свою лабораторию врача Мишу Владимирского. Миша написал отличную диссертацию, проявил себя блестящим экспериментатором, но тем не менее парень до сих пор работает в скорой помощи. Взять его в институт онкологии невозможно.

— Почему же? — спросил кинематографист. — У него анкета неподходящая?

— Да, анкета. Миша — еврей.

— А вам самому ваше еврейство не мешает?

— Мне самому?.. — голос ученого стал вдруг вялым и тихим. — Мне самому... Мне не так уж мешает... Наверное, мешает... Как это называется... Это уже не для записи... Пауза. Потом щелчок выключенного магнитофона. Тишина, за которой нетрудно угадать: кинематографист неосторожно прикоснулся к главной „болевой точке" в душе ученого.

Такова обстановка, в которой еврею-ученому приходится начинать и завершать рабочий день у себя на родине. Этические уступки, надрывы и надломы, которые одни исследователи считают чем-то само собой разумеющимся, а другие тщательно скрывают, но которые в конечном счете все равно разрушают и тех, и других. Противостоять разрушению трудно еще и оттого, что государственный „плановый" антисемитизм взращивает стихийные антисемитские настроения и в ,,частном секторе''. Многие директора НИИ и заведующие лабораториями имеют ныне свой собственный, личный, так сказать, интерес в травле евреев. Не удивительно, что обложенные со всех сторон жертвы в конце концов перенимают предрассудки своих гонителей. Возникает национальная антипатия, перерастающая подчас в озлобление против всего русского. От некоторых ученых приходилось даже слышать, что антисемитизм — естественно присущ каждому русскому человеку, а тем более каждому образованному русскому.

Согласиться с этим я никак не могу. И в сороковых, и в пятидесятых, и в семидесятых годах я знавал многих русских ученых, которых государственный антисемитизм ранил не менее остро, чем их коллег-евреев. Защищая сотрудников-евреев, ученые-администраторы не раз ставили под удар свое собственное положение. Из моей книги *По следам отступающих* (М., 1963) цензура вымарала многозначительный эпизод, происшедший с Николаем Ивановичем Ходукиным, эпидемиологом из Ташкента.

Зимой 1952 года директор Ташкентского института вакцин и сывороток профессор Ходукин получил в райкоме партии устный приказ уволить из института всех евреев. В тот же день директор собрал у себя в кабинете обреченных на изгнание и сказал примерно следующее: „В истории нашей страны бывало немало темных периодов. Они проходили. Пройдет и этот. Заявлений об уходе не подавайте. Если выгонят вас, уйду и я''.

Речь директора очень скоро стала известна партийному руководству города. В Ташкенте открыто заговорили, что дни профессора Ходукина сочтены. Скорее всего его арестуют, а в лучшем случае лишат партбилета, докторской степени, и пошлют работать в глухой кишлак. Все шло именно к этому. В райкоме партии готовили материалы для разгрома института и изничтожения директора. Несколько смущало организаторов травли то, что покровителем сионистов оказался старый партиец, сын рабочего-железнодорожника, активный участник гражданской войны, ученый, освободивший Узбекистан от губительной для здешних мест малярии. Впрочем, к февралю 1953 года эти детали уже не имели значения. Общее собрание Института вакцин и сывороток, на котором предстояло снять директора, назначено было на первые числа марта. Но умер Сталин, партийцы растерялись, „дело" Ходукина повисло в воздухе. Однажды апрельским утром, придя в свой институт, Николай Иванович Ходукин застал большую часть сотрудников в вестибюле: ученые обсуждали только что услышанную по радио весть — евреи-врачи, евреи-отравители, оказывается, никого не отравляли...

— Боже праведный! — воскликнул Ходукин. — Наконец-то я могу вздохнуть полной грудью! Наконец-то, не стыдясь, я могу почувствовать себя русским профессором!..

Передавая мне в Ташкенте этот эпизод, доктор медицинских наук Евгения Яковлевна Штернгольд и кандидат наук Мария Залмановна Лейтман, бывшие сотрудницы профессора Ходукина, добавили: „Николай Иванович был из тех, кто слово держал крепко. Мы знали: он покинет институт вместе с нами". В Москве я пересказал эту историю моим друзьям евреям. „Трогательно, — прокомментировали они. — Но согласитесь все-таки, что нам живется здесь труднее, чем им!" Кому труднее на Руси, русским или евреям? Не знаю. Думаю, что независимо от национальной принадлежности, труднее всего людям с живой совестью.

...На этом месте можно было бы поставить точку и тем завершить главу про Вавилонскую башню с пятиконечной звездой. Но за автором остался должок. „Вы же помните судьбу Раппопорта?.." Так вот о Раппопорте.

За три десятка лет я встречал его не более трех-четырех раз. Но каждая встреча была по-своему замечательна. Впервые это случилось в августе 1948-го года на той самой сессии ВАСХНИЛ, которая потом стала всемирно известной: ведь как-никак сессии этой удалось на десяток лет остановить развитие биологии в Советском Союзе. Но летом 1948 года, начинающий журналист, корреспондент газеты "Московский большевик", я не имел понятия об исторических событиях, свидетелем которых мне предстояло стать. Я просто ехал по редакционному заданию в клуб Министерства сельского хозяйства СССР на Садово-Кудринскую улицу писать о достижениях советской науки. Газета интересовалась только научными победами, потому что, как объяснил мне мой шеф, победы эти подтверждают преимущества социализма. Если, приехав в НИИ, журналист не находил побед, то следовало немедленно покинуть этот НИИ как нетипичный, и ехать к другим, более типичным и прогрессивным ученым. Ибо ничего другого, кроме „величественных достижений советской науки'', редакция от своих корреспондентов получать не желала.

Ни о каких „достижениях'', к счастью, я в тот раз не писал, ибо, начиная со второго дня сессии, в зале начались события, которые никак нельзя было назвать „типичными'' и которые, даже напиши я о них, редакция никогда бы не опубликовала. Поэтому я вообще перестал что бы то ни было записывать, а только с изумлением смотрел и слушал. Впрочем, теперь все это уже описано: и то, как вновь назначенные академики в два пальца освистывали противников Лысенко, старую профессуру, и про то, как во время доклада упал с сердечным приступом академик Завадовский, и про то, как под занавес в спешке и панике лезли на трибуну каяться академик Жуковский, профессора Поляков и Алиханян. В калейдоскопе тех давних трагических и комических эпизодов встает передо мной по-мальчишески юный, чернокудрый Иосиф Раппопорт. Он был очень красив в своем военном кителе без погон, со множеством орденских планок на груди. Даже черная перевязь, закрывавшая пустую глазницу, не уродовала его. Повязка лишь подчеркивала значительность его бледного, нервного лица. И речь кандидата наук Раппопорта была подстать его облику — чуточку нервная, но твердая. Говорил он, в общем, о вопросах сугубо научных: что ген — научная реальность, что мутациями можно управлять, что генетика, уже много давшая человечеству, принесет в будущем еще много благодетельных плодов. И закончил речь немудреной мыслью: „Только на основе правдивости, на основе критики собственных ошибок можно прийти в дальнейшем к большим успехам, к которым нас призывает Родина". В стенографическом отчете[11] значится, что И. А. Раппопорт из Института цитологии, гистологии и эмбриологии АН СССР сошел с трибуны, сопровождаемый **редкими аплодисментами**. Мне помнятся аплодисменты вперемешку со свистками.

Следующий докладчик построил свое выступление исключительно на полемике с Раппопортом. Иосиф Абрамович ответил той же монетой: как рапирой колол противников репликами из зала. В последний день стало известно, что **сам** товарищ Сталин рассмотрел доклад Лысенко и одобрил его. И тогда все, кто осмелился возражать Лысенке, стали **один за другим каяться и просить прощения**. „Бессонная ночь помогла мне обдумать мое поведение, — хныкал на трибуне академик П. М. Жуковский, ученик и сотрудник Николая Вавилова. Поведав о бессонной ночи, академик стал **истово клясться**. — „Мы на страницах печати не ведем борьбы с зарубежными реакционерами в области биологической науки... Я буду вести эту борьбу и придаю ей политическое значение"[12]. Генетик С.А. Алиханян пошел еще дальше: „С завтрашнего дня я не только сам стану всю свою научную деятельность освобождать от старых реакционных вейсманистско-морганистских взглядов, но и всех своих учеников и товарищей стану переделывать, переламывать". Выступил и Иосиф Раппопорт. Но не для того, чтобы оплевывать себя и своих учителей, а для того, чтобы еще раз сказать: „Я верю в подлинность точно поставленного эксперимента, я верю в существование гена, верю в будущее генетики". Эта заключительная речь его в стенографический отчет сессии почему-то не попала.

В кулуарах Раппопорта жалели. Рассказывали, что он всю войну провел на передовой, а потом в партизанском отряде. Был представлен к званию героя Советского Союза, но из-за своего еврейства награды не получил. Высказывали уверенность, что теперь этот упрямец поплатится свободой. Лагеря ему не миновать.

Иосифа Раппопорта не арестовали, но все, что может случиться с советским ученым, открыто показавшим свою неуправляемость, с ним произошло. Его исключили из партии, выбросили из института, лишили ученой степени. Как биолог он больше работать не мог. Ушел к геологам. Там очень скоро предложил новый способ определения возраста угольных пластов, исходя из анализа пыльцы древних цветов. После смерти Сталина защитил диссертацию на степень кандидата геологических наук...

Прошло десять лет. В 1958-м в одном из залов Московского университета собралась Первая конференция генетиков. Первая после разгрома. Народу — тьма. Люди в коридорах обнимаются, радостно смеются, даже смахивают тайком слезы. Десять лет разлуки позади. Можно, наконец, снова безбоязненно заниматься наукой, которую годами в стране клеймили, как порождение религиозных предрассудков и приманку капиталистических держав. На трибуне, встреченный овациями, Раппопорт. Да, да, все уже знают, что академик Семенов предоставил Иосифу Раппопорту возможность работать в Институте физической химии. Иосиф Абрамович уже начал практически осуществлять те идеи, о которых он говорил на сессии ВАСХНИЛ в 1948-м. Он создает и испытывает химические вещества — мутагены, которые позволяют изменять наследственность культурных растений. Мутагены уже помогли создать ряд новых сортов. Правда, пока главным образом за границей. Я тоже радуюсь успехам этого замечательного Раппопорта. Он попрежнему красив, хотя шевелюра над высоким лбом сильно поредела, а плечи сгорбились. Разыскиваю его в одной из аудиторий. Представляюсь. Прошу разрешения встретиться. Проблема химического мутагенеза меня как журналиста очень интересует. Раппопорт молча разглядывает меня. Потом спрашивает: „Как вы сказали, ваша фамилия? Вы писали о генетиках? Нет? А книга о Лысенко?'' Книгу о Лысенко написал мой отец Александр Поповский. За время лысенковского диктата книга эта переиздавалась десять раз, ее перевели на многие языки. Но к сочинению этому я никакого отношения не имею. Я собираюсь все это объяснить моему собеседнику, но не успеваю. Глаз Иосифа Раппопорта наливается бешенством, черная бровь, изгибаясь, ползет вверх. „Вон! — кричит он и тычет пальцем на дверь. — Вон немедленно!!" Я оглядываюсь, но встречаю лишь осуждающие взгляды. Эти люди не желают слушать моих объяснений. За последние десять лет журналисты и писатели насочиняли столько небылиц о морганистах-менделистах, что генетики не верят больше ни одному слову литератора. И они правы. Покорно склонив голову, я покидаю Первое совещание генетиков.

Проходит еще более десяти лет. Я уже написал книгу о Николае Вавилове и другую о нем же, которую отказались издавать. Все чаще вспоминаю Раппопорта. Вот бы о ком написать книгу! Но как к нему подступиться, к этому грозному Раппопорту? Зимой 1971 года мне позвонила приятельница, сотрудница радио. „Мы записываем выступление Раппопорта. Я говорила ему о тебе. Он читал твои последние книги. Согласен беседовать. Приезжай срочно". Бегу. Поздним вечером, после записи, мы сидим втроем в опустевшей радиостудии. Профессор совсем поседел и сгорбился, но как и прежде, в нем нет никакого стариковства. Одет в выгоревшую рубашку без галстука, с расстегнутым воротом, и помятый, неопределенного цвета, костюм. Бедность? Нет, просто въевшаяся в плоть и кровь привычка жить на гроши. Его душит астма. Произнеся несколько фраз, он подносит ко рту флакон с лекарством. Но беседа его интересует. Книга о Николае Ивановиче Вавилове? Это прекрасно! Вавилов его идеал. Но о нем, о Раппопорте, писать незачем. Разве что только после смерти. Теперь уже недолго осталось. Я прошу у Иосифа Абрамовича разрешения приехать к нему домой. „Приходите, — улыбается он, — но знайте: я очень упорен в обороне".

Потом мы едем с ним на машине по городу. Несколько оттаяв, Раппопорт отвечает на мой вопрос о Нобелевской премии. Да, было такое. Дважды, в 1957 и 1964 годах, Нобелевский комитет запрашивал Академию наук СССР о том, как АН отнесется к присуждению премии творцу теории химического мутагенеза. В первый раз профессор Раппопорт узнал о запросе из Стокгольма через много месяцев от случайного человека. Академия отвергла предложение шведов под каким-то благовидным предлогом. Но достойные доверия люди говорят, что основная причина в том, что Раппопорт — еврей. Во второй раз Президиум Академии согласился принять премию, если Раппопорт вступит предварительно в партию. Вступить в партию, в которую он вступил в первый раз во время войны, а затем был выгнан по указке Лысенко, Иосиф Абрамович не пожелал...

Книга об Иосифе Раппопорте так и не была написана. Этот скромник и аскет действительно оказался „упорен в обороне". Он четко делит ученых на классиков, которых надо воспевать и описывать, и ломовых лошадей науки, к которым относит и себя. Людям такого рода, по словам профессора Раппопорта, место либо на работе, либо на погосте. Никаких претензий к человеческой славе у лошадей нет...

Полезный еврей профессор Борис Анисимович Рубин имеет на славу совсем другие взгляды. Он сам разыскал меня и пригласил к себе в дом, в надежде, что я напишу его биографию. Ну, что ж, ведь написал же кто-то биографию наполеоновского министра полиции Фуше.

Мы долго беседовали с Рубиным. Позировал профессор охотно. Говорил много. Тогда-то и прозвучала его фраза: „Вы же помните судьбу Раппопорта..." Да, я помню судьбу Иосифа Раппопорта и очень сожалею, что люди в моей стране так мало знают о нем. И не потому совсем, что он — отец химического мутагенеза. А потому, что в нем явственно проступают черты Сына Человеческого.

Примечания

1. См. главу 1 „Миллион".
2. В 1966 году „Простор" опубликовал мою документальную повесть *1000 дней академика Николая Вавилова*, которая не вошла ни в одну из моих книг.

3. *Комсомольская правда*, 13 февраля 1974 г. „Пробный камень'', автор Н. Беднарук.

4. Считают, однако, что снятие с должности Первого секретаря ЦК КПСС Грузии Мжаванадзе и перевод в Москву на повышение Мухитдинова из Узбекистана и Подгорного с Украины — акты, которыми Москва пытается преодолеть националистические крайности в республиках.

5. М. А. Леонтович — одна из наиболее ярких фигур в современном ученом мире СССР. Он не только известен своими основополагающими работами в области плазмы, но также хорошо ведом в ученых кругах, как человек кристальной честности и непримиримости в вопросах нравственных. Мне приходилось вместе с ним обращаться в Министерство Внутренних Дел СССР с требованием улучшить медицинскую помощь политическим заключенным Ю. Галанскову и В. Буковскому. Леонтович относится к тем немногим людям в Президиуме Академии наук СССР, само присутствие которых сдерживает акции крайних реакционеров. Он не подписал ни одного письма против акад. А. Сахарова, голосовал против избрания в члены Академии лысенковцев и т. д.

6. В среднем по СССР среднее законченное образование имеет около 22 процентов населения, а высшее — 4 процента.

7. Такое распоряжение получило, в частности, в начале 1976 года издательство „Радио'', выпускающее сугубо техническую литературу по радиоэлектронике.

8. Серию таких статей опубликовала в начале 1976 года газета *Moscow News*.

9. Об этом см. в главе 8 „Вечный выбор''.

10. Среди наиболее полезных следует назвать директора Института ядерной физики в Новосибирском Академгородке Г. И. Будкера, директора Института кристаллгорафии АН СССР в Москве Б. К. Ваинштейна, директора Института теоретической физики И. М. Халатникова, директора Института спектрографии под Москвой С. Л. Мандельштама, директора Института высоких температур Г. М. Франка, а также академиков и членов-корреспондентов АН СССР В. Л. Гинзбурга, Ю. Б. Харитона, М. А. Маркова, Я. Б. Зельдовича, Ф. Л. Шапиро, Е. С. Фрадкина, Л. Б. Окуня и других.

11. *О положении в биологической науке*. Стенографический отчет Сессии ВАСХНИИЛ, 31 июля — 7 августа 1948 г. ОГИЗ — Сельхозгиз, Москва, 1948, стр, 130.

12. Там же, стр. 524.

Глава 7

ГОРОДА И ЛЮДИ

...Не только человека с живым словом встретить было невозможно, но даже в хорошей говядине ощущалась скудость великая...

М.Е. Салтыков-Щедрин. Полн. собр. соч. в 20 томах (1965–1969). Т.2, стр.72.

Вице-президент ВАСХНИЛ профессор Бурский, который в начале 30-х годов считал, что совхоз — вполне подходящее место для обучения исследователей и развития науки[1], ничего особенно оригинального не придумал. Своим предложением он только довел до логического конца излюбленную идею новой власти о том, что коллективное творчество всегда предпочтительнее творчества личного. Тезис профессора Бурского: „Концентрируя мозговую энергию специального коллектива над одним вопросом, мы ускоряем научную мысль", переносил в научную лабораторию опыт, накопленный при рытье котлованов. И тем не менее мысль эта не заглохла, и даже наоборот — с годами получила развитие и распространение. Выше я уже говорил о существовании БОНа (1930–37), Бактериологической секретной лаборатории в Суздале. Во время войны также возникло множество „шарашек" — концентрационных лагерей для ученых. В „Туполевской шарашке" под руководством академика Туполева несколько академиков и членкоров, десятки докторов наук и кандидатов конструировали и строили боевые самолеты. Другое научно-тюремное заведение приобрело широкую известность благодаря роману А. Солженицына *В круге первом.*

Стремление „концентрировать мозги" и тем самым принудительно ускорять науку прослеживается во всей деятельности Сталина и его преемников. Концентрация не только отлично уживалась с принципом „управляемой науки", но даже дополняла и расширяла его. Управлять учеными, собранными в одно место, под одним общим присмотром, удобнее и проще.

Первыми преимущества такой простоты ощутили на себе физики. После войны все исследования, относящиеся к делению атома, были отданы в ведение КГБ. Л. Берия стал меценатом и хозяином ядерной физики. Научные совхозы Бурского реализовались в виде номерных атомных городков. Не отмеченные на карте, но реально существующие, они и поныне пятнают отечественную землю от Москвы до Волги, по Уралу и Сибири. Что касается технических секретов, которые там таятся, то к ним, надо полагать, вполне приложимы слова Норберта Винера, заметившего, что „...Гораздо более важно обеспечить у нас наличие адекватных знаний, чем обеспечить **отсутствие** этих знаний у какого-либо возможного врага. Вся организация военно-исследовательских лабораторий во всех отношениях враждебна нашему собственному оптимальному использованию и развитию информации"[2].

Нас, однако, интересуют не эти копеечные секреты, а жизнь, душевный мир и нравственная атмосфера, в которой обитают в засекреченных поселениях сотни кандидатов и докторов наук. Увы, тайна окутывает и эту сторону их бытия. Все, кто когда-либо побывал за колючей проволокой полулагерей-полуарсеналов, напуганы так, что предпочитают хранить о своем прошлом полное молчание. Мне, однако, удалось записать рассказ человека, который провел в таком городке детство. Привожу полностью его бесхитростный рассказ.

„Мой отец, ученый-атомник, многие годы провел в секретном атомном городке в средней полосе России. Там прошло и мое детство. Окруженный со всех сторон оградой из колючей проволоки (думаю, что ограда эта не уступала той, что возводится на государственной границе), городок наш лежал среди нищих деревень. Главное воспоминание детства — строгая, даже жестокая иерархичность. В домах-дворцах, в домах-крепостях жили начальник „объекта" и главные специалисты. Для начальников отделов возводились коттеджи в сталинском стиле, с верандами и двориками. Кандидаты наук жили в стандартных финских домиках, инженеры — в домах многоквартирных, а техники — в бараках. Я, житель привилегированного коттеджа, познакомился с бараком после того, как наша прислуга вышла замуж за рядового механика. Она с мужем жила в комнате, где, кроме них, помещалась еще одна семья. От соседей их отделяла матерчатая занавеска.

Но были в нашем городе люди, которые жили намного хуже — заключенные. Город-завод обступали со всех сторон лагеря. На рассвете каждого дня, в течение полутора часов, я слышал несмолкаемый топот: на заводы под конвоем шли колонны зеков. Очень редко, но люди из этой черной безликой массы все-таки обретали для нас человеческую индивидуальность. Однажды группу зеков пригнали строить рядом с нашим домом канализацию. Запомнились бритые наголо головы, измученные серые лица. У матери в коридорчике стояла бочка соленых огурцов. Голодные зеки опустошили ее дочиста. Когда они работали, охрана сидела в начале, в середине и в конце переулка. Однажды, возвращаясь из школы, я увидел, как калитка нашего дома распахнулась, из нее, беспечно размахивая котелком, вышел среднего возраста бритоголовый зек и направился к выходу из переулка. Один солдат спал, сидя на бревнах, но другой, не говоря ни слова, вскинул винтовку и выстрелил. Зек, боясь, очевидно, быть опознанным, юркнул за дом, а солдат как ни в чем не бывало уселся на бревна. Переждав стрельбу, я тоже спокойно отправился в свой коттедж. Подобные эксцессы в те годы (1947–1953) никого в городе не удивляли. После смерти Сталина зеки из города исчезли. Вместо них работать на заводах стали солдаты-чернопогонники из строительных батальонов. Но дух города не изменился и позже. Сословность и жесткая секретность разъединяют людей в таком военно-научно-производственном центре ничуть не меньше, чем это было при Сталине.

В городок наш из внешнего мира не проникало никакой достоверной информации. Ученые, творцы бомбы, оставались в уверенности, что своим трудом они совершают доброе нужное дело, и если бы они не производили бомбы, то американские империалисты давно уже напали бы на Советский Союз. Представление об Америке как о стране чрезвычайно агрессивной, где трудовые люди живут в крайней нищете, разделяли даже зеки. Помню, в городе нашем был полуразрушенный домишко с провалившейся крышей. Обитали там нищие старик и старуха. Проходя мимо этой норы, один из зеков обронил:

— Вот живут... Как в Америке...

Мальчишки в школе реагировали на социальную „многоэтажность'' атомного городка более непосредственно, чем взрослые. В школе то и дело вспыхивали жестокие драки между нами, детьми ученых-специалистов, и детьми рабочих и техников. Драки носили откровенно классовый характер и нередко превращались в настоящие побоища. Дети бедняков набрасывались на нас с криками: „Бей бобрят!'' Бобрами — слово это было широко распространено в городе — техники и рабочие называли специалистов с учеными степенями...''

Таков город физиков. Но есть свои укромные уголки и у биологов. Хотя советское правительство еще в 1925 году подписало в Женеве соглашение о запрете бактериологического оружия, под Москвой с конца 20-х годов работал секретный бактериологический институт, где директорствовал сначала профессор Великанов. Позднее институт перевели в Калининскую область и разместили его на одном из островов озера Селигер. Когда началась война, Сталин лично распорядился перевести Бактериологический городок в глубину страны в областной город Киров (Вятка). Вождь указал даже здания, которые институту следует занять. То были помещения Вятской земской больницы, где однажды до революции лежал Сосо Джугашвили. Корпуса лечебницы находились тогда на окраине города. Но с тех пор Киров вырос, поглотил больницу, и секретный бактериологический городок, с запасами страшных инфекций, вознес свой бетонный забор в двух шагах от центра, рядом с обкомом КПСС и облисполкомом. Городок, где производится наступательное и оборонительное оружие, по структуре своей напоминает деревянную русскую матрешку. Снаружи его скрывает областной город Киров, пределы Бактериологического городка охраняют армейские части, а внутри городка, отделенные еще одним забором, находятся производственные помещения, охраняемые для верности войсками КГБ.

Город-матрешка в высшей степени привлекателен для ученых — медиков, микробиологов, биохимиков. Заработная плата кандидата наук, старшего научного сотрудника, здесь достигает 600 рублей в месяц, то-есть выше, чем у доктора наук, заведующего кафедрой в соседнем Кировском мединституте. В то время как полки магазинов в Кирове привычно пустуют, жители секретного городка обеспечены всем необходимым. Правда, жизнь за стенами подчиняется строжайшей дисциплине и секретности, но блага, которые имеет офицер-ученый, настолько велики (квартиры, шестичасовой рабочий день, ежегодно путевки в хорошие санатории, возможность без труда защитить секретную диссертацию и т. д.), что большая часть жителей города-крепости охотно переносит обстановку несвободы.

Доктор наук, много лет проведший в Бактериологическом городке, утверждает, что его прирученные коллеги не только знают, что создаваемое ими оружие незаконно, но осведомлены и о том, что оно неэффективно. По существу, речь идет о фальшивом оружии, с помощью которого можно выиграть войну разве что в каком-нибудь Мали или Мозамбике. Но, зная это, сто двадцать пять научных сотрудников городка, ради личных удобств и привилегий, продолжают работу, обманывая свои военные и научные власти.

„Внутри городка царит атмосфера зависти, страха и подозрений, — рассказывает мой собеседник. — Это здесь традиционное. Первый директор института профессор Великанов был расстрелян вместе со своей женой, другой директор, профессор Копылов, был найден в своей квартире мертвым. Очевидно, он покончил самоубийством, предвидя арест, а возможно, его просто прикончили. Самоубийства среди сотрудников происходят довольно часто, но причины всех этих трагедий, опять-таки по причине тотальной секретности, остаются окружающим неизвестными. Впрочем, в основном, в городке господствует дух жизнелюбия. Все боятся потерять блага, предоставленные секретной работой, и поэтому стараются подорвать доверие к тем, кого считают потенциальными конкурентами. Главный метод в борьбе всех против всех опять же подсказан секретностью: надо доказать, что твой противник недостаточно бдителен. Такое обвинение в городке дает наибольший эффект. В надзор за бдительностью играет все население городка. Ситуации при этом возникают самые разнообразные. Доктор наук, полковник С. выронил из кармана пропуск, кандидат наук, полковник П. шел следом и пропуск подобрал. Он не вернул документ коллеге, а тайком отнес его на пропускной пункт. В другом случае недоброжелатели выкрали две страницы из только что завершенной диссертации научного сотрудника Р. Диссертация секретная. Расчет воров прост: соискателю придется держать ответ перед военным судом...

Как же с моральной точки зрения объясняют ученые Бактериологического городка свою научную деятельность? На такие темы бактериологи обычно между собой не разговаривают. Но моему информатору в ряде интимных бесед удалось все же выслушать несколько точек зрения своих товарищей. Большинство ссылалось на цитату из Ленина. Вождь, как они утверждают, говорил, что если у противника есть какой-то вид оружия, то не разрабатывать этот тип оружия было бы величайшей глупостью и недальновидностью. Эту цитату любит приводить в своих речах начальник Седьмого управления Генерального штаба Советской армии доктор медицинских наук генерал-полковник Е. И. Смирнов, хозяин секретных бактериологических городков. Сторонники такого простейшего объяснения ссылаются на то, что у американцев есть свой Кемп-Детрик, где разрабатывается бактериологическое оружие. Чего же нам стесняться?

Другие объясняют свое пребывание в городке тем, что они — люди военные и работают там, где приказывает командование. Военный — человек подневольный. А использовать или не использовать уже созданное бактериологическое оружие — дело начальства. Никакой вины на себе, таким образом, ученый не несет.

„Я долго верил ссылкам на подневольное положение моих товарищей по работе, — рассказывает мой знакомый. — Уйти из армии, а тем более из секретного учреждения — действительно нелегко. Но однажды жизнь поставила в нашем городке, как говорится, „чистый опыт". В 1965 году был закрыт большой отдел. В подобных случаях сотрудник отдела получает право подать рапорт об уходе с работы и даже о демобилизации. Таково правило. Но из нескольких десятков „подневольных" сотрудников отдела покинули городок... двое. Остальные и не подумали оставлять золотое дно в секретном городке. Итак, моральные запреты не мешают им и дальше выращивать смертоносные культуры и вскармливать миллиардные тучи насекомых — переносчиков заразных болезней. И не им одним. Ведь таких городков, как в Кирове — несколько...

Но оставим в покое атомно-водородные и заразно-бактериологические населенные пункты с их нечеловеческим уставом и бредовым назначением, и заглянем в научные городки обычного типа. Такие более или менее открытые поселения для ученых стали создаваться в конце 50-х годов, и одним из первых оказался ныне знаменитый Академгородок рядом с Новосибирском. Толчком для его строительства послужили поездки Хрущева за границу. Первый глава советского государства, выбравшийся за пределы страны, увидел среди прочих чудес Запада американские университеты. Зеленые лужайки и изящные здания поселка ученых произвели на Хрущева неизгладимое впечатление. Его советники не преминули разъяснить, что в США большая наука делается именно в таких заповедниках, причем страна получает при этом от науки огромные выгоды. Результатом заграничных поездок явилась программа „догнать и перегнать Америку'', в которой не последнее место заняла постройка научных городков.

В американский вариант, впрочем, русские внесли серьезные коррективы. Прежде всего, проект обрел политическую окраску, без чего никакое государственное начинание у нас не мыслимо. Сибирский, а затем Дальневосточный научные центры стали осмысляться как форпосты колониального господства в Сибири. Первый „хозяин'' Новосибирского Академгородка академик М. А. Лаврентьев в частных беседах неоднократно говорил, что в обстановке китайской опасности надо готовиться к обороне не только в военном, но и в социальном отношении: надо глубже внедрять в сознание 30 миллионов сибиряков русскую, советскую цивилизацию. Для этого и создан Центр в Новосибирске.

Пропагандная машина также увидела в Академгородке свое лакомое блюдо. Там, где недавно бродили медведи, в стране, куда правительство (конечно же, царское!) ссылало революционеров, мы, советские люди, строим Город Науки. Вот они, преимущества социализма!

Свою концепцию научных городков имела и столичная интеллигенция. Помню, как один из моих знакомых, предтеча будущих диссидентов, горячо убеждал меня: „Какие бы они (т. е. власти — М.П.) цели ни ставили, но тысяча ученых, тысяча интеллигентов, собранных в одном маленьком городке, создадут небывалый эффект! В таких вот интеллектуальных теплицах может неожиданно родиться новая философия российской жизни!''

Сначала городки хотели строить на американский манер — в стороне от больших центров. Но традиционная российская нищета определила географическое положение этих населенных пунктов на свой манер. Из-за вечной нехватки продуктов питания городки стали жаться поближе к старым промышленным центрам: там какая-никакая, а все-таки была еда. Вторая проблема научных поселений нового типа состояла в том, как залучить наиболее талантливых и продуктивных ученых из Москвы, Ленинграда, Киева? Проще всего было бы свезти их туда насильно. Так было привычнее. Но новая „либеральная" эпоха требовала новых решений. В качестве приманки использовали главную ценность нашей жизни — квартиры. Для ученых стали строить коттеджи и дома. Кроме того, ученым, едущим в Сибирь, обещано было резкое повышение в должности, легкая защита диссертаций и продвижение в членкоры и академики. В городки, расположенные недалеко от Москвы — Обнинск, Дубна, Черноголовка, Пущино, Протвино, Жуковский и Зеленоград — привлекали в основном молодежь, и опять-таки обещанием дать квартиру, ускорить защиту диссертации.

Что же стало с учеными, освобожденными от столичной суеты, живущими в обстановке научных интересов и сравнительного материального благополучия? Те, кто жили в Новосибирске Научном в 50-х, начале 60-х годов, утверждают, что атмосфера в институтах и лабораториях тамошних, действительно, выгодно отличалась от столичной. Вспоминают, что на улицах Академгородка, в скверах, на лыжных прогулках можно было видеть ученых, горячо толкующих о проблемах своей науки, об искусстве. Говорят также, что в первые десять лет (совпавших с периодом послесталинской оттепели) отношения старших и младших в Академгородке отличались сравнительным демократизмом. И докторам, и „неостепененной" молодежи одинаково приходилось трудиться, чтобы собственными руками поскорее достроить свои лаборатории. Совместный труд сближал ученых разных поколений. Мне рассказывали также о некотором оживлении культурной жизни в те годы. В Академгородке возникли клубы любителей поэзии, музыки, кино. Кафе „Под интегралом" служило местом встречи ученых с наиболее прославленными в стране писателями, поэтами, бардами, распевающими под аккомпанемент гитары собственные песни. Широкую известность, как место встреч с писателями, приобрел также книжный магазин с литературно-романтическим названием „Гренада". Наконец, известно, что в те же годы сотрудники молодых институтов дали ряд интересных научных идей и открытий. Особенно активизировалось творчество физиков, математиков, но заметный вклад в науку дали также геологи и специалисты по гидродинамике.

О городке много тогда говорили и писали. Московская, так называемая творческая, интеллигенция охотно ездила в Новосибирск на всевозможные встречи. Мой коллега, писатель и врач Юлий Крелин, побывав в Новосибирске в 1968 году, написал очерк, в значительной степени передававший тогдашний наш пиетет перед Городом Науки:

„...Едешь по городу — дивишься и радуешься — до чего ж красиво все, красивы дома в тайге, красив комплекс: гостиница, почта, магазины, кино. Это центр города. Едешь на периферию города, а там замечательные красивые коттеджи. Здесь живут особо выдающиеся доктора наук, члены-корреспонденты, академики. А затем — истинные центры городка — институты. И опять красиво. И я не понимаю даже, что именно красиво. Такие же здания, как и по всей стране. И дома, где живут и покупают и где работают — все такое же, как и по всей стране, а все равно красиво. Или это от леса. Или от сознания, что все эти дома — обычные, обыденные — блаженны духом. Духом истины, духом будущего, духом науки, духом интеллекта... Идешь по городу, идешь в магазины, в толпу. Да и толпой это не назовешь... Я никогда не видел, чтобы таким потоком, почти без перерыва, шли интеллигентные лица. Постепенно мне начало казаться, что все женщины, которые попадаются на пути, — красивы, а мужчины — умны, стройны, спортивны".[3]

Ю. Крелин видел Академгородок уже на излете. В конце шестидесятых годов тут все начало меняться. Остались и дома, и лес, и белки на улицах, но что-то подломилось, и поселение, недавно еще полное духовных интересов, начало стремительно уклоняться от своего первоначального облика.

В действие вступили законы, не раз уже разрушавшие фаланстеры в стиле Шарля Фурье и четвертого сна Веры Павловны.

Первое, что, как я уже говорил, с самого начала отличало научные городки, это недостаток продуктов питания. Но недостаток этот сразу выявил „классовый" характер населения. Младшим научным полагались свои распределительные талоны, докторам – другие. Члены-корреспонденты и академики получали „кремлевский" паек. Особенно дефицитно в городах науки мясо. Неся из магазина свой весьма скромный, выданный по талону кусочек говядины, МНС из Академгородка мог видеть, как к коттеджу подъезжает закрытый автофургон, из которого дюжие молодцы вытаскивают и вносят в дом тяжелые, накрытые салфетками, корзины с набором мясных и прочих продуктов. Новосибирские „младшие" рассказывали мне также о существовании особого, специального для академиков, „Дома ученых" с изысканным рестораном. А также о том, как в „общем" Доме ученых на специальном заседании Правления доктора наук серьезно обсуждали, может ли вообще кандидат наук быть действительным членом „Дома".

Возникшая и строго поддерживаемая иерархичность, при которой ученая степень и должность определяют уклад жизни ученого, привела к резкому уменьшению доверия между людьми. Научные сотрудники, которые и прежде имели тенденцию общаться только с коллегами внутри своей научной дисциплины, стали общаться лишь внутри своего общественного слоя. „У нас тут все четко, – разъяснил в первый день моего пребывания в Академгородке социолог А. А. – кандидаты отдельно, доктора отдельно. Об академиках и говорить не приходится. Недоступны и незримы, как боги". Молодежь потеряла возможность на равных обсуждать со старшими научные проблемы, не говоря уже о проблемах общественных. В результате поднялась волна откровенного карьеризма, младшие стали стремиться как можно скорее перескочить в другой, более высокий общественный этаж.

Безнравственный характер отношений общественных быстро перешел на отношения научные. Академик-физик Лев Андреевич Арцимович (1909 – 1975) весьма точно обрисовал создавшуюся обстановку: „Спокойная и тихая жизнь в условиях предельно узкой специализации, при полном отсутствии интереса к тому, что делается у соседа, – вот, к сожалению, довольно распространенная картина в некоторых наших институтах. В этих условиях сделать крупное открытие так же трудно, как купить, скажем, лампу Аладина или волшебную палочку в Мосторге"[4]. И действительно, продуктивность институтов Академгородка с этого времени начала падать и падает доныне. Зато год от году лезет вверх кривая роста научных „кадров".

К концу первого десятилетия в Новосибирском Научном состав научных работников резко ухудшился. Из городка в Москву и другие крупные центры стали отливать уже „остепененные", заработавшие себе имя, исследователи. Причиной такого отлива, с одной стороны, была изменившаяся общественная атмосфера, но среди причин отрицательного свойства не последнее место занимало и плохое снабжение городка, недостаток все той же злополучной говядины. Полушутя, полувсерьез один из бывших новосибирцев рассказывал мне: „Я горю на работе, прихожу домой обедать, а жена говорит – мяса нет, „кушай тюрю, Яша..." И так год, два, семь. Ну сколько можно терпеть?"

Ухудшение состава научных работников шло и по другой линии. Когда рядом с Новосибирском возник Академгородок, многие горожане – инженеры, химики, медики, учителя, работавшие прежде на заводах, фабриках, в больницах и школах, потянулись в научные институты в надежде защитить со временем диссертацию, улучшить свое материальное положение. Поток этот захватил сотни людей самых разных способностей и природных данных. Новосибирским социологам удалось исследовать этот процесс и в эпоху некоторого политического потепления даже опубликовать кое-какие цифры. Между прочим, опросив несколько сот научных сотрудников, пришедших в науку с производства, социологи пришли к выводу, что склонность к научному творчеству привела в институты 67,9 процентов опрошенных. Остальные 32,1 процента — каждый третий! — попали в науку случайно, прельстившись сугубо материальными возможностями.[5]

Переломным для Академгородка стал год 1967-й, когда сорок шесть научных сотрудников из разных институтов подписали письмо в ЦК КПСС с протестом против ареста и заключения поэта Юрия Галанскова.[6] Среди подписавших письмо преобладала молодежь. Почти половина из тех, кто поставил свои подписи, оказались евреями. В ответ на протест власти организовали массовые репрессии против молодежи и инспирировали акты антисемитизма. От провинившихся требовали публичного покаяния. Для нераскаявшихся создавали условия, из-за которых они должны были уйти с работы (биолог Р. Берг, математик А. Фет, литератор И. Гольдберг, биофизик Заславский и др.) Им отказывали в защите уже готовых диссертаций. Кафе „Под интегралом'', клубы любителей поэзии и музыки были объявлены рассадниками политической неблагонадежности и закрыты. Встречи с писателями, с бардами, выставки неофициального изобразительного искусства прекращены.

Администрация особенно подогревала раздражение научных старшего поколения против младших. Академики математики С. Л. Соболев и А. Д. Александров послали в ЦК КПСС просьбу усилить репрессии против инакомыслящих юнцов. Тогда же геолог академик А. А. Трофимук заявил: „Наш городок — это маяк, который некоторые сопляки собирались погасить''. Два года спустя, в марте 1970 года, я слышал, как директор Института ядерной физики академик Г.И. Будкер говорил: „Мы построили Академгородок для того, чтобы заниматься тут наукой; мальчишки мешают нам, мешают развитию науки, таких надо гнать отсюда грязной метлой''.

В Новосибирск Научный я впервые приехал читать лекции по приглашению Дома ученых. Стоял март 1969 года. Первое выступление было посвящено судьбе погибшего в тюрьме академика Вавилова. В те годы интерес к недавно разысканным материалам о жизни и гибели великого биолога был очень велик. В институтах Москвы, Ленинграда, Саратова на лекции о Вавилове собиралось обычно 200–300 человек. В новосибирский же Дом ученых, к моему удивлению, пришло не более полусотни слушателей. К тому же председательствующий член-корреспондент АН СССР Д. К. Беляев не разрешил присутствующим задавать вопросы, и тотчас же после моего сообщения объявил встречу законченной. Когда я спросил, почему в зале так мало людей, Д. К. Беляев ответил: „Мы не заинтересованы, чтобы молодежь наша слушала **такие** доклады''. Иными словами, молодых научных работников на встречу с писателем попросту не пустили.

Эту войну двух поколений я наблюдал и на следующий день. Мое второе выступление называлось „Зачем ученому совесть''. Руководители Академгородка снова попытались уберечь молодых от „слишком острой'' проблематики и пустили в ход испытанный метод: предназначили для встречи очень маленький зал. Приглашения получили только доктора наук, члены-корреспонденты и академики. Молодежь, однако, прослышала об этом плане и сорвала его. Младшие заполнили зал загодя, и когда появились старшие, то им пришлось брать свои „законные'' места с боем. И снова после встречи я услыхал от председателя Дома ученых профессора Гайского рассуждение о том, что надо самым строгим образом ограждать молодых от писательских выступлений, которые напоминают о трагических судьбах одних ученых и безнравственном поведении других. „Молодежь может понять вас неправильно и сделать ложные выводы'', — выговаривал мне профессор Гайский, чей отец, крупный ученый-микробиолог, лишь по чистой случайности не погиб в научной „шарашке'' 30-х годов[7].

Антипатией к молодежи Академгородок болел долго и, кажется, не излечился от этой старческой болезни до сих пор. Вот типичный диалог, который произошел у одного из новосибирских докторов наук с приезжим писателем:

— Среди молодых я что-то не вижу ярких, не вижу талантов...

— А как вы общаетесь с молодыми?

— Читаю им лекции.

— У вас же в таком случае нет с ними прямого контакта.

— У меня нет времени на более короткие взаимоотношения, я не могу вести занятия, семинары, — занят.

— Так возьмите хотя бы одну группу. Вы услышите их голоса, узнаете их мысли. Может быть, молодежь после этого не покажется вам такой уж бездарной.

— А что вы так ратуете за молодежь? Забываете — все плохое всегда делалось руками молодых.

— Во-первых, хорошее тоже, а, во-вторых, вообще все новое. Но если ,,все плохое'', то тем более надо с ними больше общаться, прививать им категории добра и честности. ,,Плохое'' они делают всякий раз, когда им прививают идею примата пользы над добром и честностью...

— Над этим надо работать каждый час, каждую секунду, а где же я время на это возьму? Нет, это невозможно!

— Но, может быть, главное — именно это?

Впрочем, представление о конфликте ,,молодых'' и ,,старых'' в Новосибирском Академгородке не совсем точно определяет расстановку сил. Радикалами подчас оказывались не только молодые по возрасту. Сигналы о социальном неблагополучии в городке на исходе 60-х — в начале 70-х годов исходили подчас и от ученых старшего поколения. А молодые биологи, дискутируя с молодыми физиками, высказывались таким, например, образом:

— Ну, хорошо, вы, физики, миру дали многое, но на совести-то у вас ведь должны кошки скрести — придумали ведь все уничтожающее оружие...

— Мы прежде всего ученые и не можем отказываться от истины, раз она нам уже открылась. А бомба — просто отходы истины. За истину всегда приходится расплачиваться...

— Понимаю: вы не можете закрыть то, что уже открыто. Но совесть-то должна вас мучить? Мир спасает ведь совесть и совестливость людей, нравственность.

— Что за претензии? Бомба? Но, не будь бомбы, в наше время государства вынуждены были бы поставить под ружье миллионы людей. Мир превратился бы в военные лагеря. Мы мир, может быть, спасли. Хотя, конечно, и не без издержек... А вы, генетики, дай вам власть, еще и не такое натворите...

Итак, кошки у физиков не скребут в расчете на кошек генетиков.

А вот еще диалог, живописующий духовную жизнь Академгородка в начале 70-х:

— Смотри, вон у той официантки та самая косынка!

— А как она к ней попала?

— В том-то и дело! Их продавали только в закрытом столе заказов для академиков и членкорров.

— Ну и черт с ней...

— Да, черт! А знаешь, какой скандал был! Академши возмутились: форма не соблюдена, порядка нет — эта косынка для высшего градуса...

В начале 1976 года я получил возможность снова услышать о жизни Академгородка. Из Новосибирска приехал давний знакомый, доктор биологических наук Ш., а вслед за тем удалось встретиться в Москве еще с двумя учеными, лишь недавно покинувшими Город Науки в Сибири. Итак, каков же он ныне, на пороге своего двадцатилетия?

Биолог:

„Я провел в Академгородке восемь лет. У меня там много друзей и знакомых, но сейчас я ушел оттуда. Для меня, как и для других, Академгородок потерял свою привлекательность. Дух науки отлетел от него, он превратился в место, где просто „шлепают диссертации''. И хорошие, и плохие, и совсем негодные диссертации проходят через Ученые советы беспрепятственно: „своих" заваливать нельзя. Что погубило городок? Обстановка коммунальной кухни. Здесь все всех знают, все всех вынуждены видеть днем и вечером и утром, все зависят от всех, все всех боятся. Однообразие зрительных и духовных впечатлений в конце концов породило равнодушие и к науке. Теперь уже не встретишь людей, которые на улице, в магазине, в Доме ученых, забыв все, обсуждают друг с другом научные проблемы. Теперь после окончания рабочего дня люди спешат юркнуть в свои норки-квартиры''.

Чем же занимается кандидат или доктор после работы? Ш. рассказывает о своем приятеле, который, по его мнению, является типичной фигурой для Академгородка. Сорокалетний доктор наук, физик, завлаб, часами лежа на тахте, смотрит телевизор или без цели, в одиночку, бродит на лыжах. С тех пор, как в городке закрыли клубы и кафе, в общении ученой публики произошла перемена. Главными двигателями духовного прогресса стали водка и коньяк. Без них не обходится ни одна встреча. Люди в домашней обстановке более не беседуют, не обмениваются мнениями, взглядами. Кажется, они утеряли способность слушать и связно рассказывать. Зато появился и возобладал тип одинокого пьяницы. Местные социологи считают, что не менее 35 процентов мужчин и женщин в Академгородке пьют постоянно, а многие — ежедневно. Другой приятель Ш., доктор геологических наук, считает, что в Новосибирском Научном не может быть ни настоящей дружбы, ни настоящей любви. Он ссылается при этом на бесчисленные, вызванные скукой, адюльтеры, которые стали бытом поселка ученых. И мужчины, и женщины бравируют своими постельными похождениями.

По мнению Ш., наиболее яркие творчески личности из Академгородка выехали. К власти в институтах и к общеакадемическому руководству пришли жесткие дельцы, хваткие политики, для которых наука — только средство сделать карьеру.

Эти бытовые зарисовки биолога Ш. социолог К. дополняет размышлениями, которые он также почерпнул из многолетних наблюдений над жизнью Новосибирского Академгородка.

„Игра в большую науку конкурирует у нас с моралью. В глазах большого числа исследователей занятие наукой само по себе оправдывает любой аморализм личности. Как возникла такая этическая установка? Многие годы пропаганда твердила нам, что советская наука разрешит в конце концов все проблемы бытия. Нам твердили, что ученый, работающий над грандиозным проектом — герой. В кино, в книгах и ныне множится фигура, которая ночей не спит, в отпуск не идет, только бы к сроку сделать какой-то проект, завершить какое-то очень важное государственное задание. Такие труженики у нас действительно есть. Но даже самые ограниченные из них не могут не видеть, что едва наука снесет золотое яйцо, как стервятник-государство уносит его. Ученые понимают, что их самые грандиозные проекты служат для весьма мелких политических целей. Но если бы они попытались довести свою мысль до конца, то им пришлось бы бросить науку, либо стать политическими борцами. Ни на то, ни на другое подавляющее число их не способно. Остается третий, спасительный вариант, который всех устраивает: этичной объявлена сама наука, высокоморальным — поведение всякого, кто наукой занимается. Ученый создает полезный продукт, создатель полезного продукта — конечно же, человек нравственный. К этому удобному выводу добровольно или насильственно влекут сегодня себя многие ученые. В конкуренции с моралью наука побеждает[8]. Академгородок — место, где такая точка зрения возобладала полностью. К сожалению, это произошло слишком поздно, тогда, когда там и науки-то серьезной не осталось''.

Мой собеседник — бывший университетский преподаватель из Новосибирска, без ученой степени. Его волнует судьба самого младшего поколения Новосибирска: студентов, школьников. Ведь это они через несколько лет сменят нынешних МНСов и СТСов в лабораториях.

В пору расцвета Академгородка там возникла школа для высокоодаренных детей. Учреждение это — любимое детище академика М. А. Лаврентьева — должно было по идее выпускать гениев. Да почему бы и не выпускать? С помощью системы конкурсов по всей Сибири отбирались ежегодно 600 — 800 математически одаренных мальчиков и девочек. Их привозили в городок и помещали в закрытый, казарменного типа интернат. Вундеркиндам преподавали академики и членкорры. По физике и математике их учили таким штукам, в которых и студенты физмата не всегда разбираются. Правда, школьникам при этом урезали гуманитарные предметы вдвое. Но зачем математикам история и литература? Поскольку наука моральна сама по себе, и занятие ею в Советском Союзе всегда занятие высоконравственное, то, по мнению академика Лаврентьева, никаких иных дополнительных моральных факторов детям не нужно. К школьникам, правда, приставляли воспитателей, но высокоодаренные своих воспитателей в грош не ставили.

Воспитывало их, в конечном счете, другое. Стоило ученику получить тройку, как его по статусу физмата школы автоматически отчисляли. Страх и стыд перед тем, что придется низвергнуться с таких вершин, вернуться в **обычный** мир, постоянной угрозой нависал над детьми. Дружба, взаимная выручка, помощь сильного слабому — все эти устарелые добродетели очень скоро выветрились из стен привилегированной школы. Зато восторжествовала философия победителей, которых, как известно, не судят. Пятнадцатилетние карьеристы и холодные деляги начали процветать, а их ровесники со слабой нервной системой и просто с добрым сердцем сходили с ринга.

Но главное испытание подстерегало выпускников физматшколы после сдачи экзаменов. В университете на первых курсах им подчас нечего было делать, так как они знали больше остальных. Одаренные бездельничали, грубили преподавателям. Они не уважали и не любили своих слишком **обыкновенных** однокурсников, а те чуждались вундеркиндов. Судьба этих однобоко образованных, дурно воспитанных и бездуховных людей сложилась в дальнейшем по-разному, но сказать, чтобы они обогатили науку или общественную атмосферу Новосибирска — было бы большим преувеличением.

С годами открылись и другие губительные стороны привилегированного обучения. Академики потеряли интерес к школе, преподавать там стали учителя не намного более просвещенные, чем учителя нормальных школ. Уровень подготовки снизился, а претензии выпускников остались прежними. Вместе с тем, выгребая ежегодно из общего котла несколько сот наиболее одаренных математиков и физиков, Академгородок обеднял талантами рядовые школы, плодил по всей Сибири серость и посредственность. Сейчас затеянный много лет назад эксперимент, по существу, изжил себя. **Все это понимают, но закрыть „школу гениев" никто не решается**: нужны указания свыше.

...Я подробно остановился на жизни Новосибирского Академгородка, потому что болезни его типичны для всех **других городков такого рода. Причина этих „болезней" лежит** не только в давнем нездоровье советской науки в целом, но и в том, что городки эти, также как городки военных или поселки сезонных рабочих, есть образования **бескорневые**. Здесь у большинства горожан нет родственников, нет старших в роду, школьных товарищей и учителей, нет соседа, знающего тебя с мальчишеских лет, нет той первой девушки, встреча с которой весь век потом волнует и заставляет быть чище и лучше. От антисоциальных крайностей жителей бескорневого городка ничто не удерживает, разве что страх потерять службу или природная осторожность. Внутренний толчок совести перед осуждением со стороны близких — здесь почти нереален.

Бескорневые городки имеют свою собственную, с одной стороны, довольно унылую, а с другой — насыщенную электричеством, неспокойную атмосферу. Я бывал в Протвино и Пущино, в Дубне и Рамони, в Обнинске и Черноголовке. Они разнятся между собой рельефом, постройками и характером разрешаемых там научных проблем, но во всех этих поселениях мне чудилось нечто общее. Человек чувствует себя здесь временным жильцом. Неустойчивость, непостоянство его судьбы, в конечном счете, приводит к внутренней неуравновешенности. Эта неустойчивость видится в поведении даже наиболее одаренных и вполне вроде бы благополучных исследователей. Впрочем, послушаем лучше их самих...

Черноголовка, поселок трех академических институтов. Год основания — 1958-й. Пятьдесят километров от Москвы. До конечной станции столичного метро часа полтора езды на автобусе. Население — около 10 тысяч человек, в перспективе — 30 тысяч. Много маленьких детей. Примерно тысяча научных сотрудников. Кроме жилищ и институтских корпусов, в Черноголовке есть: один магазин, почта, больница, школа, Дом ученых. Лес подступает к самым окраинам. Каких-либо форм самоуправления в поселке нет. Все функции власти принадлежат основателю и фактическому хозяину городка — заместителю директора института и ученому администратору Ф. И. Дубовицкому, по местной этимологии — „царю Федору Иоанновичу".

Доктор Дубовицкий по специальности взрывник, человек крутой и правил твердых. Научное служение он понимает, как в 15 веке русские государи понимали стрелецкую службу: стрелец должен знать только свою пищаль да пороховницу. Остальное — блажь. В соответствии со своими принципами „царь Федор Иоаннович" за 18 лет правления не построил в Черноголовке ни бассейна, ни теннисных кортов, ни ресторана. Все это он считает излишеством.

Я только однажды, да и то мимоходом, видел этого самодержавного руководителя. Мои спутники-ученые показывали мне достопримечательности городка. Мы были в магазине, когда туда вошел крепкий старик под семьдесят, смахивающий на отставного служаку-полковника. Походка и взгляд выдавали в нем хозяина. Среди мужчин и женщин, стоявших в очереди к прилавкам, пробежал почтительный говорок. И в тот же миг все торговые операции прервались. Даже кассирша перестала принимать деньги. Из глубины магазина выскочил директор в белом халате, и только что не под локоток повел высокого гостя в недра своего святилища. Туда же по вызову стали удаляться и продавцы. Очередь молчала. Никто не жаловался.

Личность „царя" мелькнула передо мной еще раз в случайном разговоре. В лаборатории зашла речь о неизвестном мне докторе наук Х., и тут прозвучала многозначительная фраза.

— Дубовицкий любит этого Х., любит за то, что Х. его боится...

Итак, Черноголовка. Год 1975-й. Что думают о себе и о своем городе его обитатели-ученые?

Александр Евгеньевич Шилов, доктор наук, профессор, 45 лет. Второе лицо в Черноголовке. Живет в двухэтажном коттедже с женой, сыном и собакой. Счастливый владелец автомобиля, прямой телефонной связи с Москвой и специального столичного снабжения.

„Первоначальная идея — создать поселок, где ученые жили бы на природе, освобожденные от городского шума и городских забот — была очевидно разумной и плодотворной. Академик Н. Н. Семенов долго не мог найти себе подходящего заместителя для работы в Черноголовке. А я вернулся как раз в 1962-м из научной командировки в Англию. Мне понравилось жить в коттедже, как в Оксфорде, поэтому я согласился сюда поехать...

О частной жизни нашего городка я знаю мало. Мы с женой стараемся ни с кем из здешних не общаться. Но кое-какие перемены за последние годы все-таки можно отметить. Город наш выглядит неуютным. В архитектурном отношении он совершенно не удался. Те, кто его планировали и строили, не предусмотрели никаких удобств для ныне живущих и совсем не подумали о будущих поколениях горожан. Дети научных сотрудников, которые приехали сюда в начале 60-х годов, подросли. Куда им идти после школы? Единственное место работы у нас — НИИ. Не обращая внимания на склонности и вкусы своего потомства, родители посылают их на химические и физические факультеты. Цель одна: выучатся — вернутся, тогда любыми правдами и неправдами пропихнем их в Институт физической химии. **Ведь тут квартира**! Так постепенно в институте изменяется состав научных сотрудников. Если раньше сюда приезжали те, кого влекла наука, то теперь у нас много таких, которые работают только ради квартиры. Это роковая для института и для науки в целом проблема, которую мы пока развязать не сумели.''

Алла Константиновна Шилова, 40 лет. Кандидат наук, жена А. Е. Шилова.

„Обстановка в городе решительно ухудшилась после того, как у нас построили приборостроительный завод и в городок влилось три тысячи рабочих. Раньше у нас было чисто, никто не смел бросать на тротуар окурков. Теперь — грязь. Завод втягивает все новых и новых парней из Ногинска. Им квартиры дают без очереди. Эти кудлатые юнцы с транзисторами — как правило хулиганы".

Г. Л. — доктор наук, 41 год. Автор международно известных исследований. Женат, один ребенок. Живет в многоэтажном кирпичном доме.

„Мы с женой живем замкнуто. Мне не хочется приглашать к себе сотрудников. Все разговоры в городке неизбежно скатываются к перемыванию чьих-то косточек или болтовне о тряпках (женщины) и лабораторных делах (мужчины). Открываться в нашем мирке небезопасно.

За пределами лаборатории — скука. В поисках новых впечатлений или хотя бы какого-то разнообразия черноголовцы то и дело бросают свои семьи, детей. Новые браки так же мало осмысленны, как и прежние".

Р. Г. — кандидат наук, около сорока лет. Женат, двое детей. По отзывам руководителей, трудолюбивый и энергичный исследователь.

„А мне здесь нравится. Люблю природу. По утрам бегаю рысцой по окрестным лесам, а зимой — лыжи. Скучать некогда: в лабораторию прихожу в 9 утра и ухожу в 9 вечера. Работы много, и она мне нравится. Но в Черноголовке многие действительно томятся. Угнетает мысль, что уехать отсюда трудно, почти невозможно. Институт считает квартиру своим достоянием. Обменять квартиру на другой город можно только через суд. А это скандал, дурная служебная характеристика. На это страшно решиться.

К тому же, дирекция требует, чтобы на твое место приезжали только молодые люди. В Черноголовке старики считаются балластом.

Лаборанты и МНСы берутся за кандидатские диссертации

почти исключительно из-за бедности. Будешь двадцать лет лаборантом — будешь двадцать лет получать свою сотню рублей. Из-за этого в науку прут и способные, и неспособные, и такие, от которых науку следовало бы держать на расстоянии пушечного выстрела''.

Десять лет назад, по словам Р. Г., научные сотрудники еще ходили друг к другу в гости, но теперь личные связи распались: не хочется повторять за чайным столом того, что и так каждый день слышишь в лаборатории. Зато Р. Г. очень хотел бы потолковать о научных проблемах с такими знатоками дела, как Чарлз Микена из Флоридского университета. Ему интересно было бы обсудить свои опыты с Леонардом Мартинсоном из Техасского университета, с ребятами из лаборатории по фиксации азота, что в университете штата Огайо. Особенно хотелось бы переписываться Р. Г. с Чарли Микеной, отличным парнем и умной головой. Что там у Чарли? Какие идеи? Но свои письма в США кандидат наук Р. Г. имеет право посылать только через Иностранный отдел Академии наук, письма идут месяцами, ответ приходит через полгода, когда уже и интерес к этому ответу пропал и проблема устарела.

А если в письме коснешься чего-нибудь слишком личного, то письмецо твое и вовсе канет в Лету. Микена, как и любой другой иностранец, приехать в Черноголовку не может, а для кандидата наук Р. Г. научная командировка в США почти невозможна. Каждый год он подает в Академию наук заявку на такую поездку, но...

А. К. — 28 лет. Диссертацию кандидатскую защитил совсем недавно. Женился тоже не так давно. Зарплата — 175 рублей. Живет с женой в общежитии, но надеется получить квартиру. Ведь все характеристики у него хорошие...

„Женка у меня врач, очень тоскует в Черноголовке. Да и другие мечтают вырваться отсюда: скука, говорят, одиночество заедает. А я уезжать не собираюсь. Во-первых, работа интересная, а во-вторых, я привычный. Мой отец — офицер. Мы всю жизнь по военным городкам скитались. Там тоже ни у кого ни родных, ни друзей нет. Так что здешние условия на меня не действуют. Закален. Дружу с теми, с кем служу. Соберемся дома и о том же говорим, о чем в лабораториях. А о чем же еще говорить? Художественную литературу читать некогда. Только на *Литературную газету* времени хватает... Конечно, иной раз сходил бы куда-нибудь, чтобы рассеяться, но кроме Дома ученых идти некуда. Членом Дома могут быть только кандидаты и доктора. За каждым в зрительном зале кресло закреплено. А я недавно остепенился. Мне ничего пока не положено. Если только случайно в кассе останется билетик от настоящих ученых..."

Кандидату наук Е. Ф.-у — 32 года. О нем в Черноголовке говорят, как о человеке блестящем, с чрезвычайно интересными идеями.

„Живем мы здесь, как в стеклянном доме. Когда мне хочется побыть одному, уединиться, чтобы подумать прежде всего о делах научных, я не нахожу себе места. Квартирка маленькая, дома жена, ребенок. На улицу выйдешь — все знакомы, сейчас же вовлекут или в выпивку, или в пустые разговоры. Остается одно: удрать в Москву, в толпу, в городской шум. Лучший вид одиночества — толпа. Такой зарядки хватает на неделю. Жена еще хуже переносит черноголовское житье. Но куда уедешь? Квартира...

Общественное мнение у нас более жестокое, чем в больших городах. Развратничают и пьянствуют только втайне. У нас, например, считается пристойно по двенадцать часов сидеть в лаборатории, но непристойно гулять со своим ребенком или просто так, без дела, гулять в лесу. Если бы у нас открыли ресторан, то он быстро прогорел бы: научные сотрудники боялись бы появляться в нем, чтобы не раздражать „общественное мнение", а по сути, начальство".

И, наконец, мнение рядового врача без ученой степени, В.Л. У нее свои проблемы, не менее серьезные, чем у публики ученой. Ее волнует, например, сын-школьник. Уже несколько раз его избивали в школе мальчишки, кричали ему „жид".

Школа здешняя — тоже достопримечательность особого рода. Она служит базой Академии педагогических наук. Сюда из Москвы приезжают ученые-педагоги. Здесь опробуют новые методы обучения. За проект школы архитекторы даже премию всесоюзную получили. При всем том школа в Черноголовке по своей структуре не что иное, как яйцо, в котором годами не смешиваются и не сливаются две категории учеников: дети ученых и дети крестьян из окрестных колхозов. Между ними кипит постоянная вражда. Потомки интеллигентов, более просвещенные и начитанные, самоутверждаются на уроках. Зато наследники хлеборобов берут свое на переменах и после уроков. Драки, зуботычины, всякого рода клички, оскорбления — главное содержание школьной жизни. И тут никакая Академия педагогических наук ничего поделать не может.

Другой вопрос, угнетающий доктора Л.: что сегодня приготовить на обед. Местный магазин убог, снабжается из районных ресурсов. Сорок ведущих научных сотрудников получают продуктовые „заказы'' из Москвы. А у врача Л. нет ни своей машины, ни права на специальный паек. Остается лишь одеть мужу, доктору наук, на плечи рюкзак и отправить его на автобусе искать продукты в Москве. Природа? Да, врач Л. любит природу, но при здешнем быте, при тех усилиях, которых требует здешняя жизнь, на природу как-то нехватает сил...

Такова сегодняшняя Черноголовка. Как видим, образ жизни и внутренний дух городка сибирского и подмосковного не слишком разнятся между собой. Черноголовка — это Академгородок, не переживший „золотого века''. Здесь не было того кратковременного общественного и научного оживления, которое оставило у новосибирцев самодовольные воспоминания и иллюзорные надежды. В Обнинске, в Протвино, Пущино и Рамони надежд нет. Внутренние отношения тут оголены до предела. Откровенна несвобода, откровенно неравенство. Общественный вес ученого определяется чаще всего не его талантом и не творческой потенцией. Вес этот определяет зарплата, качество занимаемой квартиры, право сидеть или не сидеть в кресле Дома ученых и даже просто вес того куска мяса, который ему полагается.

Этическая картина в Сибири и под Москвой тоже довольно однообразна. Я смог многое повидать своими глазами после того, как десять лет назад начал цикл публичных выступлений с выездом в научные городки страны. Говорил я о судьбе академика Вавилова, жертве сталинского режима и о нравственности современного ученого. Собственно, начинал я свои выступления не там, а в научно-исследовательских институтах и университетах Ленинграда, Саратова, Владивостока, Тарту. Но скоро в Союз писателей и Генеральную прокуратуру СССР стали приходить доносы. Меня обвиняли в политической нелояльности. Пришлось держать ответ перед генералом Ильиным, надзирающим за московскими писателями, и генералом Тереховым из Генеральной прокуратуры СССР. Выступления мои были запрещены (в Центральном доме литераторов, Академии сельскохозяйственных наук) . Но интерес к судьбе Николая Вавилова все возрастал. И тут в дело вмешались дома ученых Новосибирска, Дубны и других городков. Они стали приглашать меня, минуя Союз писателей. Началась моя дружба с большим кругом жителей научных поселений.

Я, откровенно говоря, не сразу понял, почему мои любезные хозяева могут себе позволить то, что уже не могли разрешить себе рядовые библиотеки в НИИ столицы. Но первый же приезд в Дубну разрешил все сомнения. Олег Грачев, директор тамошнего Дома ученых, бывший (?) майор КГБ, которого я предупредил, что в моем изложении биография академика Вавилова содержит ряд острых моментов, в ответ лишь снисходительно улыбнулся: „У нас вы можете говорить о чем хотите. Лагеря? Тюрьмы? Удушение Вавилова Лысенкой? Пожалуйста. Нам это не опасно. У нас тут у всех **высокая зарплата**''.

Высокую зарплату в Дубне получают далеко не все, но ее присутствие где-то рядом, самая возможность получать ее когда-нибудь, насколько я мог судить, весьма явственно умеряет политические страсти. Тем не менее, для постороннего первое появление в научном городке — всегда праздник. Вам отводят номер в отличной гостинице, затем показывают синхрофазотрон, толкуют с вами о пучках и милливольтах. Вы совершаете прогулку вдоль низкого берега Волги, обедаете в неплохом местном ресторане. А вечером — выступление и поздний ужин в обществе новых друзей. В такой раме городок и впрямь может показаться пристанищем мудрецов и интеллектуалов. То же впечатление от первого дня оставляет и Протвино, и Пущино. В Протвино впечатляет величественный Дом ученых, интересна архитектура торговых рядов. Приставленный к гостю молодой физик с восторженным умилением рассказывает о домах с двухэтажными квартирами, которые тут начали строить для докторов и завлабов. „Шик! Не хуже, чем в Англии!"

Город биологов Пущино на своем бугре кажется, наоборот, недостроенным и пустоватым. Но здесь зато радует природа. С высокого холма над Окой хорошо смотрятся просторные березовые дали, хороша Ока, серпом охватывающая городок. И воздух тут удивительно чистый. Надышавшись всласть, можно пойти в ресторан с каким-то грекоримским именем („Нептун"? „Посейдон"?), где в полном соответствии с названием гостя угощают рыбными деликатесами. Ну, а далее все по той же программе: выступление, интеллектуальная беседа, великолепная гостиница...

У того, кто покидает это жилище богов поутру с тем, чтобы никогда сюда более не возвращаться, в памяти остается лишь вкус угощений да зрелище заокских далей. Если же приезжаешь в Пущино второй и третий раз, если заводишь там друзей, то этот город пяти институтов Академии наук СССР открывается с новой стороны. Вот, например, поздно светящиеся по ночам окна, которые вам в первый раз показывают с гордостью: „Ученый и днем, и ночью горит на работе". Однако, пожив день-другой в Пущино, доподлинно узнаешь, что окна ночью светятся только в квартирах лаборантов и неостепененных младших сотрудников. Кандидаты наук, те с одиннадцати вечера уже в постели, а доктора почивают еще раньше. Неостепененным же спать некогда, надо диссертацию клепать: голод не тетка.

Или взять другой пущинский миф, которым потчуют гостя в первый день: „У нас многие исследователи проводят в лаборатории и субботу, и воскресенье''. Но на третий день пребывания в городе тот же факт обретает новый, более достоверный комментарий. Женщина-математик, несколько лет прожившая в Пущино, объясняет:

„Да, в воскресенье, действительно, многие сотрудники отправляются в свои лаборатории. Но почему? В маленьком нашем поселке запас внутрисемейного тепла расходуется быстрее, чем в большом городе. Молодому кандидату или доктору дома скучно. Да и быт у нас „трудный''. Вот мужчины и придумывают себе самооправдание: не могу помогать жене, потому что отдаю все силы науке. В лаборатории ему проще, можно и без дела проболтать весь день с приятелями. Лаборатория в воскресенье — нечто вроде духовного трактира''.

Доверительные беседы с коренными жителями-учеными приоткрывают завесу над самыми интимными сторонами жизни поселка, жизни личной и общественной. Молодой кандидат физико-математических наук Р. считает Пущино наиболее свободным и удобным для жизни среди других городков Подмосковья. Тут и транспортная связь с Москвой лучше обеспечена, и среди начальства институтского есть люди вполне приличные. Например, академик Александр Сергеевич Спирин, директор Института белка. Он не подписал пока ни одного письма против академика Сахарова. Нечестные сотрудники, как правило, в его институте не задерживаются. Но вместе с тем в Институте белка, по мнению физика Р., почти нет интеллигентных людей. „У нас в институте хорошая библиотека, — говорит он, — но мои товарищи, физики, биохимики, биологи — не желают читать ничего, кроме детективов, фантастики. Прихожу в библиотеку и только слышу: „Дайте что-нибудь полегче''. Серьезные книги не пользуются решительно никаким спросом. А подавляющее число ученых вообще не испытывает нужды в художественной литературе''.

Аспирант третьего года, биохимик, рассказывает еще об

одной стороне пущинской жизни. Аспирант академика Глеба Михайловича Франка (Институт биофизики АН СССР), некто Елкин, списал свою диссертацию с иностранной статьи. А чтобы его не разоблачили — уничтожил взятый в библиотеке журнал. Подлог удалось раскрыть лишь через два года после защиты диссертации. Пущинская молодежь этой историей возмущена, молодые требуют публичного разбора инцидента. Но академик Франк не желает никаких разоблачений. И остальные профессора тоже. Когда вопрос вынесли на Ученый совет Института биофизики АН СССР, то не нашлось двух третей голосов, чтобы лишить вора ученой степени: доктора наук побоялись идти против директора института. Молодые продолжают настаивать на честном решении, но их голоса в Пущине не слышны. „Мы будем и дальше бороться против тех, кто покрывает лже-ученого'', — говорит мой собеседник-аспирант. И тут же добавляет: „Но скорее всего у нас ничего не выйдет, этот Елкин очень по душе местным партийцам. Он — делегат съезда комсомола и даже председатель общества молодых ученых. А мы кто? Никто...''

Протвино, городок, лежащий в двадцати километрах от Серпухова, на второй и на третий день пребывания также открывает подлинную свою духовную структуру. Как и в Пущино, структура эта оказывается многоплановой и многоэтажной. В качестве ядра — синхрофазотрон, как рассказывают, значительно более мощный, чем в Дубне. А вокруг этой чертовой карусели дома с двухэтажными и одноэтажными квартирами, гаражи, магазины, детские сады, научные карьеры и научные склоки. Жизнь 10 тысяч обитателей Протвино определяется ритмом деятельности Института высоких энергий, а институт плюс город являются частью еще более крупного образования — Государственного комитета по атомной энергии при Совете министров СССР. Географически Протвино лежит на реке Протве, притоке Оки, а политически — на пересечении самых главных государственных устремлений, связанных с атомным величием, атомным страхом, атомным шантажом.

В городке все направлено на то, чтобы на корню закупить душу молодого ученого. Приехав в Протвино, он узнает, что как ни убога жизнь в окрестных деревнях, тут, в городке, снабжение всегда приличное (атом!) . Его осведомляют, что через два-три года он получит квартиру, не двухэтажную, конечно, а обыкновенную однокомнатную в блочном доме. Но и двухэтажная с холлом внизу и спальнями наверху от него тоже не уйдет. Надо только много работать, поменьше открывать окружающим свои подлинные мысли и слушать старших.

Конечно, тут тоска зеленая, все разговоры давно переговорены и никто ни к кому давно не ходит. Тут МНС не может на свою зарплату прокормить жену, а тем более ребенка, а для жены, если она не дворник и не уборщица, работы нет. Конечно, тут доктор наук на улице или в Доме ученых не станет с тобой, с младшим научным, вот так запросто разговаривать. Все это верно. Но верно и то, что Протвино — город возможностей, город-трамплин. Со временем, лет через шесть-восемь, можно будет плюнуть на эту лесную дыру и рвануть в столицу. Даже непременно это следует сделать. Пока же — никаких лишних слов, никаких лишних движений: в системе атомграда надзор за тобой повышенный. Тут стукачи — через одного...

В Протвино после моего выступления (снова: „Зачем ученому совесть?") уже не в зале, а в интимном кругу за бутылкой пива, милые юноши безо всякой горячности или иронии, а просто из любопытства, выспрашивали у гостя: „Зачем, собственно, ученому быть интеллигентом?" Никто из них не согласился с авторами Оксфордского Словаря, которые слово „интеллигенция" определили как „часть общества, способная к самостоятельному мышлению". Самостоятельное мышление? Ребята за столом иронически пофыркали. В науке они вынуждены сверять каждую пришедшую им в голову мысль с завлабом (за это завлаб-доктор наук выделяет каждому из них „кусок", дает защититься) . А что касается идей общественных, или не дай Бог политических, то пусть их чужой дядя толкает: физикам политикой заниматься заказано, да и некогда.

Они, правда, спросили меня, как я отношусь к академику Сахарову и, похоже, им было приятно, что я уважаю Сахарова как ученого и общественного деятеля. Но сами они считают, что никаких социальных проблем в науке нет. Вот, например, в СССР и США изобрели лазер: денег вбили в это изобретение и те и другие примерно поровну, и времени столько же понадобилось. При чем же здесь социальная структура? Милый инженер-электрик, высказавший эти соображения, снисходительно улыбнулся мне. Он убежден, что наука сама пробивает себе дорогу. Если открытие созрело в техническом отношении, оно реализуется, независимо от того, кто правит страной и что передают по радио. Что передают по радио, протвинских обывателей, действительно, не интересует. Но диссертацию кандидатскую, а потом и докторскую надо пробить во что бы то ни стало. В этом мире есть правила, соблюдая которые, получаешь доступ к заветной цели. В душе молодежь правила эти презирает, но нарушать их не собирается.

...Разговор о научных резервациях в Советском Союзе мне хочется завершить мнением специалиста. Несколько лет назад из Польши в СССР приезжала женщина-социолог Я-ская. Она навестила, между прочим, новосибирский Академгородок. Корреспонденты советских газет проинтервьюировали ее. Конечно, гостье задали дежурный вопрос о том, как ей понравился Академгородок. Казалось, ответ мог быть только комплиментарным. Но социолог из Польши сказала то, чего от нее никак не ожидали:

— Таких городков строить не следует, — заявила она. — Мы живем в несовершенном мире, в жестко дифференцированном обществе. В больших городах эта дифференциация — должностная, материальная, правовая — затушевана, и это позволяет людям из низших слоев общества не так остро страдать из-за своей второсортности. У вас в Новосибирске разница положений — режет глаз. Академик непременно живет в коттедже, член-корреспондент — обладатель половины коттеджа; старший научный имеет право на квартиру с потолком высотой в три метра, у младшего — потолки два метра с четвертью, этаж неудобный и санузел совмещенный. У вас достаточно ткнуть пальцем в окно дома, где живет ученый, чтобы определить его общественное положение, его права, его возможности, его перспективы.

Социолог из Польши увидела в Академгородке главное: судьбу личности в обстановке, разрушающей личность. Ну, а мы? Поняли ли хозяева советской науки, что, в отличие от Запада, наш эксперимент с научными резервациями провалился? Я разговаривал об этом с некоторыми руководителями городков, с сотрудниками Президиума АН СССР. Нет, положение не представляется им катастрофическим. „Конечно, у нас есть трудности, но в целом...'' В целом они, как и один из двух хозяев Черноголовки, профессор А. Е. Шилов, полагают, что болезни научных городков — болезни роста. Их собственный двухэтажный коттедж с гаражом и горячей водой во многом оправдывает для них существование всего городка в целом. Что до партийных руководителей науки, то они в городках души не чают. Именно городки для них — символ лучшего, что есть в науке страны. Что же их так восхищает? На прямой вопрос партийные боссы отвечают малосодержательными фразами о ,,взаимном оплодотворении наук'', об атмосфере энтузиазма среди жителей Академгородка, Дубны и Пущино. Как мы теперь знаем, энтузиазмом тут не пахнет. Но зато есть нечто другое, действительно ценное. В городках науки исследователь еще более зависим от администрации, чем в Москве, Ленинграде или Киеве; проявление личной или общественной инициативы там еще менее возможно, чем в больших городах; общественное мнение доведено до нулевой отметки, личностный характер в науке полностью отсутствует. Иными словами, советская наука в научном городке **более управляема**, чем где бы то ни было в другом месте.

Примечания

1. См. главу 1 „Миллион''.
2. Норберт Винер: *Кибернетика и общество*. Издательство И. Л., Москва, 1958, стр, 128.
3. „Ю. Крелин''. Очерк написан по заданию журнала *Знание — сила*. Не опубликован.
4. Цитирую по статье, опубликованной в *Литературной газете* от 19 февраля 1969 г.
5. Сб. *Организация и эффективность научных исследований*. Изд. 2. Новосибирск, 1967 г., стр. 125. Статья И. В. Чернова и А. И. Щербакова: „Социологические вопросы организации труда''.
6. Ю. Галансков, 33-х лет, погиб в Потьминских лагерях осенью 1972 года.
7. Об этом в главе 1 „Миллион''. История ареста микробиологов, занимавшихся туляремией (Гайский, Эльберт и др.).
8. Один из рьяных защитников этого тезиса — академик математик из Новосибирского Академгородка, А. Д, Александров. Наиболее полно его теория подвижной, зависящей от количества информации, морали, изложена в сборнике *Наука и нравственность*. М. 1971, стр. 26 — 73.

Глава 8

ВЕЧНЫЙ ВЫБОР

Они сидели смирно и, как мне показалось, шептали губами обычную короткую молитву культурных людей:
— Пронеси, Господи!

М.Е. Салтыков-Щедрин.
Полн. собр. соч. в 20 т. (1965—76 гг.) , т.7, стр.179.

Академик Вавилов при встрече с интересующими его людьми любил спрашивать: „Какова ваша философия?''. Имел он при этом в виду научные взгляды собеседника, но, жадный до общения, Николай Иванович был очень рад, если новый знакомый выкладывал также свои общие взгляды на жизнь, на науку, на общество. Эта традиционная страсть русских интеллигентов даже не с очень близким человеком обсуждать проблемы мироздания, веры и политики по понятным причинам увяла в эпоху сталинского владычества. Даже после смерти Сталина, в середине 50-х годов, стоило большого труда подвигать людей на сколько-нибудь откровенный разговор об этой самой „философии''. Положение и сегодня не слишком изменилось. В обстановке подслушивания телефонных разговоров, перлюстрации писем и вербовки интеллектуалов в осведомители, мало кто способен с открытым сердцем отвечать на вопрос: „Како веруешь?'' И все же я годами и десятилетиями не оставлял попыток дознаться, во что же верует и во что не верует человек из научного миллиона, какова его нравственная философия, каковы идеалы узника „управляемой науки''.

Раскрыть каждое из миллиона сердец — дело невозможное. Но за годы литературной работы я „передержал в руках" сотни деятелей науки самого различного положения, таланта и характера. Со многими учеными я знакомился во время поездок по стране. С наиболее значительными вел многолетнюю переписку. Некоторые из иногородних ученых стали друзьями нашей семьи. Приезжая в Москву из Краснодара, Владивостока, Ленинграда, Ташкента или Таллина, они появляются у нас дома. Об этих встречах в квартире на улице академика Павлова, когда уже нет командировочной спешки и далеко позади первые робкие попытки сближения, думаю я теперь с глубокой благодарностью. В тесной комнате с зеленым уютным абажуром разговор приобретает доверительный, задушевный характер. Чинов научных я не признаю, и поэтому мои гости — академики и профессора, лаборанты и младшие научные — всегда чувствуют себя раскованно. Они и сами рады сбросить духовную узду, в которой институтская жизнь держит ученых независимо от их звания и должности. А коли человек распрямился, вернул себе естественность, то его, по старой российской поговорке, тянет поговорить, пооткровенничать. „Что есть в печи, то на стол мечи..."

О чем только ни говорят мои гости в такие вот вечера! И о делах семейных, и о проблемах государственных, и о Боге, и об академических скандалах. Покаянную исповедь академика, которого власти заставили подписать непристойное публичное письмо, сменяет деловой отчет молодого математика, который готовится эмигрировать в Израиль; вернувшийся из заграничной командировки ученый ахает по поводу того, как оборудованы тамошние лаборатории, а его коллега советуется, как вести себя перед лицом организованной в институте травли. Случаются и споры, и ссоры. Ибо люди собираются хоть и хорошие, но разные. И взгляды у всех — религиозные, политические, общественные — нисколько не схожи. Вот тут-то и открывается „философия" миллиона...

В беседах наших выяснилось, между прочим, важное обстоятельство: собеседники по-разному понимают самые термины — нравственность, мораль. Между тем терминологическая эта тонкость совсем не безразлична для понимания дальнейшего.

Мы постоянно слышим словосочетание ,,мораль и нравственность. Союз ,,и'' дает основание предполагать, что перед нами не синонимы, а два разных понятия. Однако новейшее издание Большой советской энциклопедии утверждает, что ''нравственность то же, что **мораль**''[1] . Не различают два эти понятия и мои слушатели. Мне кажется, однако, что мораль и нравственность существенно различаются между собой. Нравственность, как я понимаю, вырастает на почве нравов, обычаев, традиций и представляет собой **форму приспособления личности к социальной группе**. Заповеди: не убий, не укради, не пожелай жены ближнего твоего — есть заповеди нравственные. Нравственные (и безнравственные) поступки обычно вполне явственны для окружающих и не требуют дополнительного толкования. Безнравственность есть попирание нравственных принципов, принятых в данной общественной группе. В частности, ученому, согласно нравственным принципам его клана, надлежит быть строго правдивым в проведении опыта и в оценке полученных данных. Ему следует также достойно вести себя по отношению к своим коллегам, не унижать себя передержками в собственных научных сообщениях, быть честным при рецензировании чужих работ, не кривить душой при голосовании на Ученом совете и т. д.

Мораль есть осознание себя в качестве человека, личности. Мораль выражает личную позицию человека в самых важных сферах соприкосновения его с миром. Моральные принципы определяют отношения человека:

с обществом и государством;

с природой;

с Богом.

Рудольф Гесс, комендант лагеря смерти в Освенциме, был хорошим семьянином, любящим мужем и заботливым отцом. Он и на службе считался человеком корректным, справедливым, сотрудники его уважали. В своей семье завел он трудовую обстановку и, как он сам писал, придавал трудовому воспитанию „решающее значение для сохранения нравственного и психического здоровья''. Но признаем ли мы Гесса человеком моральным?

МОРАЛЬ – ГУМАНИСТИЧЕСКОЕ СОДЕРЖАНИЕ НРАВСТВЕННОСТИ. Нравственность **может быть частично или полностью безморальной.**

В прошлых главах много говорилось о нравственном поведении человека советской науки. Теперь пришла пора потолковать о его **морали**. Для начала – об отношении его к обществу и государству.

Трудно согласиться с заверениями отечественной пропаганды о морально-политической монолитности советского народа. В ученом миллионе, который вполне можно рассматривать как модель общества в целом, видится моральный спектр весьма пестрый. Главная моральная позиция наших ученых в течение полувека состояла в том, что творчество их принадлежит государству, а сами они **обязаны** творить для общества, для народа. Талант, высшее образование, ученая степень только повышают долг ученого перед народом. Ибо все, что мы имеем, взято у народа, получено от государства. Соответственно изобретать, изучать, открывать надо то, что сегодня нужно народному хозяйству СССР. Эта мысль повторяется в официальной прессе, в биографических очерках и книгах о современных ученых[2]. Должен покаяться: и аз грешен в нагнетании этой рабовладельческой, по сути, психологии. Во многих моих книгах ценность героя-исследователя по принятой схеме выводилась из его „общественной полезности''[3].

Отказ от себя как от независимой личности, признание своей строгой **государственной** функциональности особенно явственно слышится в мемуарах советских академиков и профессоров. Весь смысл жизни ученого, утверждают авторы этих книг, в том только состоит, чтобы быть полезным стране, народу, государству. Сейчас, в середине семидесятых годов, такая генеральная моральная конструкция уже отмирает. Но в 30-х — 50-х годах ее исповедовали самые крупные наши ученые. Я писал об одном из таких „зубров", академике ВАСХНИЛ селекционере А. Л. Мазлумове. Создатель большой школы свекловодов-селекционеров, творец полусотни сортов, Аведикт Мазлумов (1897—1972) рассказывал мне, как он выгонял из Всесоюзного института сахарной свеклы всякого, кто пытался выгородить в науке „кусок собственной территории". Во имя создания сортов для народа, для государства, ученый лишал своих сотрудников творческой независимости, научной свободы. Те, кто соглашались на таких условиях работать с Мазлумовым, чаще всего оставались без ученой степени, без признания личных заслуг, потому что, по словам одного из них, они „ради общего государственного дела себя забывали".

Ныне такая степень самоотверженности и уничижения более типична для провинции, нежели для столицы, распространена более среди женщин, чем среди мужчин. Письмо, полностью воспроизводящее официозную моральную конструкцию, я получил недавно от кандидата наук Марии Левитанус. Хирург с более чем тридцатипятилетним стажем научной работы, она писала: „Я продолжаю работать, потому что... я не все заплатила за то, что мне дала моя советская родина"[4]. Плата в этом контексте, конечно, мыслится метафизически, но для хирурга из Ташкента она не становится от этого менее священной. Выше я уже говорил об ученице академика Мазлумова, фитопатологе Ираиде Поповой, которая в письме ко мне выражалась столь же непримиримо: „Система моя прочная и надежная: служить интересам отечественной науки, и если мои действия могут хоть на иоту препятствовать этому, то я не могу называться советским ученым"[5].

Для определенной части исследователей ура-патриотизм в науке содержит достаточно глубокий смысл. Веруя в неоспоримую и неизменную мудрость власти, верноподданный обретает убежденность в своей всегдашней правоте. Его моральный выбор при этом упрощается до крайности и сводится к точному исполнению начальственных предписаний. Какое бы решение он ни принял, решение это, освященное сверху, освобождает его от любых моральных терзаний. Ведь „там, наверху, лучше знают..."

Вера в „мудрость верхов" толкает наших ученых-провинциалов (в прямом и переносном смысле этого слова) к решениям, подчас более чем спорным. Например, в тех случаях, когда приходится заниматься проблемой „Человек и природа". Свежий лесок, чистую речку, незагаженный песчаный пляж любят все. И в том числе ученые. Но это чувство — домашнее, личное. Оно тотчас же меркнет, едва ура-патриоту приходится выбирать между любовью к природе и „высшими интересами". Хотя в СССР принят закон об охране природы, государственная администрация относится к чистоте воздуха, к сохранению почв, вод и лесов сугубо прагматически. Сиюминутные нужды индустрии, особенно атомной, военной, то и дело приводят к истреблению основных, невосстановимых ценностей страны.

В 1966 году группа ведущих советских ученых сделала попытку приостановить строительство кордового комбината на озере Байкал. В своем открытом письме академики предупредили, что уникальная флора и фауна Байкала будут уничтожены отходами предприятия, что погибнет резервуар чистой питьевой воды, столь необходимый для будущих поколений. Но в ЦК КПСС ученым „разъяснили"[6], что кордовый комбинат на Байкале — предприятие военное, и все протесты враз утихли.

Понятия "военный", "оборонный", "секретный" относятся к тем магическим заклинаниям, которые у любого советского гражданина, какое бы высокое положение он не занимал, вызывают полный паралич воли. „Секретный объект" — это нечто такое, о чем нельзя знать, что нельзя обсуждать. Оспаривать правомерность „секретного объекта" может в наших условиях разве что безумец. В каменистой пустыне на полуострове Мангышлак в Каспийском море создан закрытый город Шевченко. Заводы его пользуются опресненной водой, которую посылают им атомные опреснительные установки. Сотни ученых, живущих и работающих в городе, — химики, физики, биологи, — знают, что установки эти сбрасывают в Каспий концентрат, содержащий 310 граммов соли на литр воды. Сброс концентрата привел к тому, что на десятки километров вокруг города в море нет не только рыбы, но даже донной растительности. Море умерло.

Мой друг, ездивший в Шевченко, пытался говорить с местными учеными о невосполнимом ущербе, который они наносят окружающей природе. Но ученая публика секретного города ответила, что проект, погубивший жизнь в море, они приняли и поддерживают **в интересах государства**. Нет, они не чувствуют за собой никакой моральной вины. Министр предприятий среднего машиностроения (код атомной индустрии) Славский, побывав в Шевченко, личным распоряжением освободил ученых от действия в районе их города законов об охране природы — сроком на пять лет. Не беря на душу греха, химики и биологи смогут еще пять лет отравлять вокруг все живое.

Обсуждать мораль министров — дело безнадежное. „Но политика портит нравы, а это уж наше дело" (Иосиф Бродский). Как успешно чиновник разрушает нравы ученого, я наблюдал также за много тысяч километров от Шевченко в городе Владивостоке. Утро 27 мая 1974 года я провел на заседании объединенного Ученого совета биологических институтов Дальневосточного научного центра (ДВНЦ) Академии наук СССР. На совете в тот день выступал с отчетом заместитель директора Института биологических проблем Севера. Институт расположен за полярным кругом в Магадане, и я надеялся, что магаданец сообщит интересные подробности. Докладчик, однако, оказался на редкость скучным, члены совета откровенно дремали. В прениях, однако, возник инцидент, который я описал в своем дневнике.

Лесовод Розенберг из Владивостока спросил магаданца, почему их институт ничего не делает для улучшения и оздоровления местных почв. Дело в том, что на тысячи километров вокруг Магадана лежит вечная мерзлота. Летом мерзлая почва оттаивает на несколько сантиметров и покрывается мхами и другой столь же скромной растительностью. Но стоит пройти по этому тонкому слою жизни тракторным гусеницам, как образуется почвенная рана. Рана раздвигается, разрастается и сама собой не заживает годами. Развитие горной индустрии в крае, особенно золотопромышленные разработки, превращают магаданскую землю в сплошные, лишенные растительности болота. Спасение, укрепление почвы в крае вечной мерзлоты — важнейшая задача местных ученых, но институт в Магадане не запланировал ни одной такой разработки. Почему? Отвечая Розенбергу, заместитель директора рассказал, что в 1973 г. в Магадан приезжал председатель Совета министров СССР А. Косыгин, который призвал местную администрацию увеличить добычу золота. Если магаданцы увеличат добычу золота на два процента, то Москва выделит Магадану дополнительные средства на капитальное и жилищное строительство. Кроме того, Косыгин обещал магаданским руководителям освободить их от государственного закона об охране природы. Они могут теперь разрушать почву, не беспокоясь о последствиях, лишь бы добыли на два процента золота больше, чем полагается по плану. В связи с этим указанием руководство Института биологических проблем считает, что заниматься сохранением северных почв несвоевременно.

Рассказывал об этом ученый из Магадана безо всяких эмоций, как о деле самом обыденном. Владивостокские биологи, услыхав, что разрушение почв санкционировано сверху, тоже воздержались от прений. Во время перерыва я догнал докладчика на лестничной площадке и спросил, как он сам, лично он, относится к проблеме разрушения почв в полосе вечной мерзлоты?

— Это сложный государственный вопрос, — (опять-таки безо всякого выражения в голосе и на лице) ответил мой собеседник. — И если сам товарищ Косыгин решил проблему так, а не иначе, значит с точки зрения государственных интересов...

— А вы сами-то что об этом думаете? Ведь земля-то гибнет...

— Я?.. Я ничего не думаю... Я по образованию — врач...

Не исключено, что ученый из Магадана только имитировал веру в премудрость А. Косыгина. Но можно не сомневаться: магаданские биологи (директор Института биологических проблем Севера член-корреспондент АН СССР В.Л. Контримавичус), призванные своей профессией и своей совестью заботиться о природе Севера, не сказали ни слова в ответ на беззаконное распоряжение А. Косыгина. В конце концов, это самое удобное: сослаться на высшие государственные интересы.

Я заметил, однако, что большинство поклонников государственной мудрости люди пассивные. Если им ничего не угрожает и рядом нет государственного чиновника, они не станут лишний раз распинаться в верности власти. Но управляемая наука не была бы столь совершенной, если бы в недрах ее не нашлось места для искренних, (или, во всяком случае, желающих выглядеть искренними) прямых охранителей режима. Это, прежде всего, администраторы, те 25-30 тысяч партийный деятелей, которые стоят у кормила Академии наук СССР, Академии медицинских наук, ВАСХНИЛ, Академии педагогических наук. В качестве верной гвардии властям служат также ректоры университетов, директора НИИ, парторги институтов, заведующие секторами и кафедрами. Они охранители уже потому, что их должности, зарплата, престиж зависят только от партийных органов. Передающий привод к научному миллиону, они несут службу ревностно и порой даже проявляют инициативу раньше, чем заслышат команду сверху. Для нормального функционирования этой категории никакие принципы не нужны.

Второй эшелон охранителей должен, по логике, состоять из ученых идеологов, тех, которые исследуют и преподают историю партии, исторический и диалектический материализм, историю советского периода, политэкономию социализма, советскую литературу и т.д. Государство наше, по официальной версии, зиждется на научной основе — следовательно, теоретикам **этих** наук следует, пользуясь аргументами науки, сзывать народ под коммунистические знамена. И действительно, идеологическая армия велика, шумна, многоречива и многокнижна. Но речи и книги ее настолько монотонны и скучны, настолько оторваны от реальной жизни, что никто сегодня уже не обращает на них никакого внимания. Если марксизм где-нибудь еще развивается и кого-нибудь искренне вдохновляет, то только не на территории моего отечества. У нас марксизм — служба для некоторого числа профессоров и доцентов и унылая зубрежка для студентов первого курса. И только.

Есть, однако, еще одна группа ученых, которая искренне пытается доказать, что в моральной и нравственной системе Советского Союза можно найти нечто животворное и даже вдохновляющее. Группа эта очень невелика и состоит не из деятелей идеологического фронта, а из математиков, физиков, химиков, биологов. То и дело разражается охранительными статьями академик-химик Нобелевский лауреат Н.Н. Семенов, произносит соответствующие речи академик-физик Д.В. Скобельцын, весьма плодовиты как публицисты также академик-математик А.Д. Александров, академик-медик Н.М. Амосов. Их речами, выступлениями, статьями власти очень дорожат. Ведь Семенов, Александров и другие позволяют вождям ссылаться на авторитет Большой науки. Повторяю, число открытых охранителей режима среди серьезных ученых ничтожно мало. Но люди эти интересны тем, что для защиты режима и его нравственной конструкции пытаются искать аргументы внутри науки.

Я познакомился в доме моих московских друзей с одним из таких деятелей. Мне рассказали: Ханин, видный специалист в области авиационной промышленности, человек честный, прямой, не чуждый интересов, лежащих в стороне от его профессии. Я увидел перед собой мужчину лет пятидесяти, решительного, даже капральского вида, который напрямик спросил меня, ради чего я пишу свои книги. Я ответил, что вижу свою задачу в том, чтобы утверждать нравственность в науке. Ханин заявил, что занятие мое бессмысленно и ему нетрудно доказать мою принципиальную ошибку. Тут же за чаем, взяв в руки карандаш и бумагу, прибегая то к графикам, то к расчетам, мой новый знакомый начал излагать свою ,,антиэтическую'' теорию. Вкратце сводилась она к следующему:

Все процессы в мире, и в том числе в мире человеческих отношений, имеют энергетическое происхождение. По законам физико-химическим все процессы стремятся расходовать энергию наиболее экономно. Системы, и в том числе общество или даже отдельный человек, могут функционировать успешно и достигать своих целей только при экономном расходе энергии. В связи с этим вся деятельность общества предопределена, детерминирована в пределах вышеуказанного физического закона. Никакой свободы воли в природе нет. Личность, общество, человечество в целом действуют в зависимости от своей физической структуры и энергетических возможностей. Следовательно, не приходится говорить о решающем значении нравственного, то есть свободного, выбора для человека или коллектива. В детерминированном обществе (мире) поступки личности, вступающие в конфликт с общим потоком, с главным направлением, не могут быть успешными, ибо они энергетически неоправданы. Для преодоления основного, массового потока личность не имеет достаточного количества энергии. Сопротивляясь, личность не может ничего изменить в общей поступательной кривой прогресса. Под прогрессом Михаил Ханин принимает рост производительности и знаний. Именно эти величины определят будущее человечества. Деятельность моралиста, писателя, миссионера любого рода — бессмысленна. Нравственность в прогрессе человечества никакой роли не играет.

Признаюсь, такая философия привела меня в замешательство. Померк свет не только моей собственной жизни (каждый из нас верит, что кому-то он все-таки светит), но исчез смысл труда и борьбы целых поколений. Утешало только то, что и сам Ханин считал, что поймут его только через двести лет. Не раньше.

Как можно жить, веруя в примат физической энергетики над энергетикой духа? Единственный вопрос, который я решился задать Ханину касался Жанны д'Арк. Мой собеседник снова терпеливо (с графиком в руках) стал разъяснять мне: Жанна, с ее духовным порывом, есть, с точки зрения энергетического баланса, ничтожно мелкое колебание во времени и пространстве, так что говорить о каком-нибудь ее влиянии на людей, историю, прогресс не приходится.

Итак, доктор Ханин учит нас, что человек не должен следовать нравственным порывам своего сердца: это нерентабельно и, следовательно, бессмысленно. Жить надо, расходуя как можно меньше калорий. Правда, сам автор теории, говорят, иногда спорит с начальством по отдельным вопросам. Из-за того, например, чтобы какая-то машина была изготовлена в срок. Машина — вещь необходимая. Она — элемент технико-экономического поступательного движения общества. Другое дело — судьба личности, справедливость, нравственность и мораль. Они представляются доктору Ханину делом сугубо личным и никакой борьбы не достойными.

Мир доктора технических наук Михаила Ханина, где все мы — роботы в руках ВФЗ — Великого Физического Закона, имеет, однако, то преимущество, что существует он пока только в мозгу своего творца и нескольких его почитателей-ученых. Доктор биологических наук Виктор Михайлович Инюшин продвинулся значительно дальше. Свои идеи собирается он внедрять практически с помощью новейших методов биологии.

При первой встрече в Алма-Ате Инюшин показался мне чудаком, одним из многократно описанных искателей, которым нет дела ни до чего, кроме их собственных гениальных идей. Передо мной предстал высокий, худой парень лет тридцати с небольшим. Отрешенный взгляд, давно нестриженные и нечесанные волосы, запущенная одежда выдавали человека, фанатически погруженного в науку. Дождливым майским днем 1972 года он примчался на работу на трескучем маленьком мопеде, весь забрызганный грязью. Никого не видя, прошагал в лабораторию, сомнамбулически натянул белый халат и тут же принялся обсуждать с сотрудниками результаты поставленного вчера опыта. Коллеги Инюшина ценили его за несомненный талант, но не скрывали, что в кино шеф не ходит, в театре, если удается его вытащить туда, спит, а книги читает только по специальности. Жесткая зацентрованность на чем-то своем почудилась мне и во время наших бесед с Инюшиным. Виктор Михайлович отвечал на мои вопросы хмуро, рассеяно и, казалось, продолжал думать о своих опытах.

Докторскую диссертацию защитил он, не достигнув 31-года, тогда же возглавил большую биофизическую лабораторию, а вскоре за тем и кафедру в университете. Может быть, в Европе или Америке такая стремительная карьера для юного таланта не редкость, но у нас все это выглядело, как чудо. Тем более в национальной республике. Исследования Инюшина касаются световых излучений живой ткани. Он установил, что излучения эти можно использовать как сигнал об энергетическом резерве и физиологическом состоянии органов и тканей. Падение уровня „живой энергетики'' (опять энергетика!) можно восполнять в организме направленным потоком красных лучей, которые несут в себе наибольший энергетически богатый заряд. Исходя из этого взгляда, биолог Инюшин предложил лечить некоторые болезни, облучая больных ориентированным и чистым красным светом. Он сам создал генератор такого света и собрал большой коллектив врачей, биохимиков, физиков, физиологов и инженеров для изучения световых эффектов в живой природе.

Лаборатория его показалась мне местом, полным творческого горения и энтузиазма. Смущал, правда, несколько угрюмый, замкнутый характер сотрудников и то, что они как будто побаивались своего шефа. Кроме того, ряд исследовательских тем оказались секретными, что говорило о связи лаборатории с военным ведомством.

Но вернувшись в Москву, я все-таки написал для журнала очерк об Инюшине, о его идеях и собирался осенью снова съездить в Алма-Ату, чтобы лучше понять этого заинтересовавшего меня человека. В будущем я намеревался включить главу о нем в свою книгу. Однако в августе герой мой сам оказался в Москве на Международном конгрессе биофизиков. Мы с женой пригласили его с сотрудниками провести у нас вечер. Лето 1972 года было очень жарким, участники конгресса сильно уставали. Я решил не заводить за столом серьезных разговоров, а просто угостить гостей и дать им возможность в приятной легкой беседе отдохнуть от дневных трудов. Сначала это удалось. Инюшин и три его сотрудницы как будто почувствовали себя у нас непринужденно. Виктор Михайлович даже разговорился и шутил. Отвечая на его шутку, я в том же тоне спросил, как ему удается удерживать в вожжах свой разношерстный по научным интересам коллектив. Не бунтуют ли физики и врачи, вынужденные идти в общей упряжке? И тут прозвучал монолог, для меня совершенно неожиданный.

,,Когда я в качестве студента-кружковца работал на кафедре физиологии и у меня возникли интересные идеи в области биофизики, я не стал противопоставлять себя моему шефу-казаху, а наоборот, помогал ему делать диссертацию. Если бы я заявил тогда, что мои идеи ценнее его диссертации (так оно, кстати, и было), то заведующий выбросил бы меня с кафедры, и я бы потерял десяток лет, мыкаясь из лаборатории в лабораторию. Но, применив некоторый иезуитизм (выражение В.М. Инюшина — М.П.), я сумел завершить нужную мне работу на той же кафедре. Став заведующим лабораторией, я понял, что младшего научного сотрудника нужно несколько смять, чтобы он не забывал о главных, общих целях лаборатории. Это необходимо ради общего дела, ради прогресса науки.''

В этом месте беседы мы с женой переглянулись. Но три дамы, сотрудницы Виктора Михайловича, нисколько не были смущены его откровениями. Он продолжал, между тем, развивать тему в более широком плане.

,,Личность ценна только в том случае, если ее вектор обращен вперед, в будущее. Первоначальной, не зависимой ценности личности нет и быть не может, так как всякая личность есть, прежде всего, **часть** целого, а целое — это общество. Общество более всего нуждается в прогрессе. Ценность личности поэтому зависит от того, насколько она участвует в общественном и техническом прогрессе, направленном на совершенствование общества в целом. Современный человек, достигнув сравнительно высокого уровня материальной культуры, склонен искать интерес в самом себе, в своем духовном мире. Мы видим, что вокруг нарастает разнобой вкусов и стремлений. Между тем, вследствие прогресса должно возникнуть **гармонизированное общество**, общество, в котором устремления каждой отдельной особи находились бы в сочетании со всем обществом, наподобие **гармоничных отношений клеток нашего тела**. Такую гармонизацию надо проводить планово. Надо гармонизировать общество на **научной основе** с тем, чтобы (это неизбежно!) люди ради общего прогресса отказались от собственных вкусов и стремлений.''

Я прервал Инюшина замечанием, что такая гармонизация представляется мне жестокой стандартизацией, что она поведет к обнищанию духа, к смерти личной, творческой инициативы, искусства и самой науки; что попытки такие уже делались и предпоследняя произведена была в Третьем Рейхе; что неуспех этого предприятия у всех на памяти. На это Виктор Михайлович спокойно отвечал, что все прежние попытки гармонизировать общество не удались только из-за того, что не были достаточно научно обоснованы. У него же есть рассчитанный на несколько лет научный план. Он надеется построить за это время уже начатый им **психогенератор**, аппарат, который сможет на расстоянии умерять страсти одних, добавлять оптимизм другим, твердость духа третьим и т.д.

,,Если, например, где-нибудь в Иванове на текстильной фабрике, где работает несколько тысяч женщин, установить такой генератор, то с его помощью можно будет дать тяжело работающим, неустроенным в личной жизни, истеричным женщинам чувство счастья. А это, в свою очередь, поведет к повышению производительности труда на фабрике. Тот же аппарат сможет побудить усталых рабочих к половой активности, если это необходимо для повышения рождаемости в стране.''

Что бы ни говорил гость, долг хазяев дома — оставаться

корректными и сдержанными. Но в какой-то момент моя жена не выдержала. „Как хорошо, что я не доживу до торжества вашей идеи", — сказала она со вздохом облегчения. „Доживете", — последовал твердый ответ.

Может быть, мы принимали у себя психически больного? Но трех сотрудниц, в присутствии которых шла беседа, идеи Инюшина нисколько не удивляли и не отталкивали. Вполне устраивает психика доктора биологических наук Инюшина и его начальников. В Алма-Ате он пользуется расположением администрации. С точки зрения принятых в стране критериев, доктор наук Инюшин и впрямь совершенно нормален. Советский строй Виктор Михайлович считает отличным. „Опровергать коммунистическую идею никто не может и не должен", — заявил он в тот вечер. Некоторые несовершенства нашего общества связаны для него только с тем, что общество управляется пока недостаточно научно, „не теми методами".[7] Кстати сказать, московский академик Николай Дмитриевич Девятков, один из самых доверенных лиц АН СССР, руководитель всех секретных научно-исследовательских работ по электронике, чрезвычайно расположен к Инюшину и его опытам. Девятков уже передал биофизику из Алма-Аты несколько десятков лазеров, оплачивает многие инюшинские опыты и, очевидно, собирается получить, если уже не получил, в свое распоряжение практические результаты этих экспериментов.

Нет, я не стал больше писать об Инюшине и его лаборатории, хотя он несколько раз приглашал меня приехать в Алма-Ату познакомиться со своими новыми достижениями. Только недавно, четыре года спустя после памятного вечера, я обратился с письмом к своим друзьям алмаатинцам с просьбой сообщить, как поживает Виктор Михайлович. И получил ответ: „Инюшин процветает."

Инюшин процветает, но у большинства научных сотрудников его планы, равно как идеи инженера Ханина и статьи академика А.Д. Александрова, успехом не пользуются. Всякая одержимость кажется массовому научному работнику излишней. Талантливые ученые смотрят на государственные требования и претензии как на докучную неизбежность, с которой, увы, приходится считаться. А деляги и искатели ученых степеней тем более не желают преклоняться перед кумиром ,,общего дела''. Они видят в институте только место работы. Работа может быть выгодной или невыгодной, интересной или неинтересной. Но при чем тут идеология? Даже самый разговор о служении народу вызывает у большинства иронические улыбки. Социальное равнодушие охватывает и крупных, и мелких деятелей науки, и высоко моральных, и тех, кто начисто лишен каких бы то ни было моральных критериев. Люди просто устали от собраний, политзанятий, проверки результатов соцсоревнования.

К отчуждению между государством и творческой личностью ведет и тот факт, что все более коснеющая система уже не может **взять** даже там, где ученый еще готов **дать**.

Вспоминается вечер в московской квартире, где за столом, среди других гостей, оказалось четыре ученых-экономиста. Разговор велся совершенно откровенный. Сорокапятилетний доктор наук, автор двух монографий, рассказывал, что цены на внутреннем рынке СССР не имеют никакого отношения к себестоимости продукта и товара и потому не способствуют регулированию спроса и предложения. Ценообразование ,,с потолка'' разрушает экономику страны. Но писать об этом запрещено. Другой специалист, связанный по роду деятельности с Госпланом СССР, сообщил, как каждый год ,,корректируются'' задания пятилетнего плана, с тем чтобы провал этих планов можно было объявить победой. Третий экономист жаловался на то, что ни Госплан СССР, ни Совет Министров, ни министерства решительно не желают слушать рекомендации специалистов в области экономики. Чиновник, на каком бы этаже общественной лестницы он ни сидел, не желает никаких экономических преобразований и усовершенствований. Присутствовавшие принимали эти рассказы как нечто привычное и даже рутинное, и только один молодой кандидат наук снова и снова обращался к гостям с вопросом: ,,Неужели в наших условиях творческому человеку действительно не остается места для полезной деятельности?" Он не готов был еще принять ответ, который давно уже уяснили его старшие товарищи, и все пытался растолковать нам какие баснословные выгоды получила бы страна, если бы последовала его экономическим рекомендациям. Остальные только скептически покачивали головами.

Невозможность достучаться „в инстанции" лишает многих исследователей желания вообще что бы то ни было предпринимать, изобретать и даже печатать. Есть тем не менее тип ученого-оптимиста, который, хорошо зная об экономической и политической косности советской системы, лично для себя находит своеобразный „выход из положения". Такие глушат себя формулой: „Критиковать — все могут, а я вот занимаюсь **делом, я работаю!** Надо поменьше болтать и побольше работать, и тогда все образуется". Как именно образуется — оптимист думать не желает. Да и некогда ему думать: он работает. Честный труд, как панацея от всех социальных зол, имеет некоторое количество сторонников среди людей 35-45 лет, которым действительно хочется заниматься своей наукой, у которых есть интересные идеи, но которые способны к социальному анализу не более, чем орвелловский битюг Боксер. Люди этого сорта уже не согласны признавать себя неоплатными должниками государства, поэтому им не по пути с наиболее окостеневшей частью старшего поколнеия, но и с младшими у них мало общего. Я спросил одного из таких трудяг, доктора наук, генетика-ихтиолога, поддерживают ли младшие сотрудники его лаборатории версию о том, что хорошая работа ученых спасет нас от социальных и моральных бед. Ученый в ответ только горестно развел руками: младшие хорошо работать не хотят, да и не умеют...

При всей внешней привлекательности аппеляция к напряженному научному труду часто служит лишь средством освободить себя от необходимости более пристально вглядеться в окружающую социальную ситуацию. Тот, кто твердит: „А я делаю **дело**!", как бы снимает с себя ответственность за все, что происходит вне его лаборатории. В среде ученых-техников и естествоиспытателей бытует даже представление о том, что интерес к делам общественным отвлекает исследователя, гасит его творческий запал. Работать надо **не размышляя**.

Поборник бодрого труда, освобождающий себя от общественных проблем, одновременно выносит за скобки и любые раздумья о моральной ответственности, о морали вообще. Выступая в городе физиков в Дубне, я напомнил слушателям о давнем примере мужества русской интеллигенции: в 1911 году, протестуя против полицейского вмешательства в жизнь Московского университета, профессура этого старейшего высшего учебного заведения покинула свои кафедры. В отставку одновременно подало более ста двадцати профессоров и доцентов.

— Ну и что же? — возразил мне из зала академик-физик. — А вы знаете, как низко после этого в университете упал уровень преподавания физики?

Я подумал, что академик шутит, и оглядел зал. Смеются? Нет, никто не улыбался. Для моих слушателей преподавание физики в университете вопрос серьезный...

Работать, не размышляя, — лозунг, настолько для всех удобный, что кажется даже: придумали его не ученые, а чиновники из министерства и ЦК. Создаваемая при этом психологическая конструкция настолько прочна, что сквозь нее к душе исследователя пробиться невозможно.

... В марте 1976 года в одном из лагерей Мордовии произошел многозначительный эпизод. Из барака, в котором держат группу осужденных за национализм украинских интеллигентов, на вахту (что-то вроде штаба лагеря — М.П.) вызвали одного заключенного. Его переодели во все новое и через некоторое время вернули в барак. Товарищи заподозрили подвох. Стали ощупывать одежду вернувшегося товарища и, действительно, в толще ватника обнаружили полупроводниковый, с пуговицу величиной, радиопередатчик и такие же крохотные питающие его батарейки. Это великолепное произведение современной научно-технической мысли должно было служить для того, чтобы лагерное начальство могло подслушивать разговоры заключенных. А если окажутся те разговоры недостаточно лояльными, то, опираясь на секретную радиозапись, арестантов этих можно судить лагерным судом и давать им новые сроки заключения. Так, кстати сказать, не раз уже и делали.

Создатели аппаратуры едва ли знают, для какой цели используют их мастерство. Интересно, что они скажут, узнав о мордовской истории?

Возникла возможность поговорить об этом с московским ученым, кандидатом физико-математических наук Львом М. Мы встретились в гостях у общих знакомых. Раньше этого М. я никогда не встречал. Знал только, что трудолюбивый и небесталантный физик работает в секретном Институте космической медицины, что у него уже готова докторская диссертация, что сам он парень вроде не плохой, бывший боксер-любитель, но берет в жизни не столько бицепсами, сколько своей весьма толковой головой. Он был мне симпатичен, этот пренебрегающий галстуками сорокадвухлетний крепыш. Мордовскую историю слушал он внимательно и ответил не сразу, а помолчав. И сказал следующее.

„Если я стану думать над тем, как именно военные или кто-нибудь еще могут использовать мое изобретение, то я сойду с ума или суну голову в петлю. Если же, по соображениям этическим, я оставлю свою работу, то это приведет не только к уменьшению моей заработной платы, но и к тому, что как личность я не состоюсь в этом мире. Но я люблю свою работу, люблю свои идеи и свои „железки''. Они дороже мне всех и всяческих моральных абстракций...''

Так сказал без пяти минут доктор физико-математических наук М., и мне кажется, восемьдесят из ста его ровесников и товарищей ответили бы то же самое. Ибо они — рядовые советской науки, кормящиеся от нее и исповедующие ее идеалы. В своей семье, в своей лаборатории М. порядочный человек. Бытовая, семейная, служебная нравственность для него незыблемы. Уголовный кодекс он тоже чтит. А моральные обязательства кажутся ему слишком абстрактными, чтобы о них думать. И дабы окончательно отбросить от себя эту ненужную, неудобную ношу, физик извлек из глубины памяти термин „абстрактный гуманизм''. В школе, которую он окончил еще при Сталине, а потом в институте, ему, как и нам всем, объясняли: абстрактный гуманизм — зловредная выдумка буржуазных философов.

Дело — иной вопрос, дело — для М. самоценно. Однако и с делом у него, как и у других талантливых трудолюбцев, отношения не простые. Дело интересует их не в качестве даже конечного продукта, не столько в виде машин, лекарства или вновь выведенного сорта растения, не в качестве доброго подарка, который можно принести народу, родине. Дело для них прежде всего возможность получать личное удовольствие от научного поиска, не портя себе кровь посторонними переживаниями. Назначили в институт прохвоста-директора? Бог с ним, авось не съест, я ведь делом занимаюсь... Не разрешают ему выезжать на международную конференцию по интересующему вопросу? Ладно, обойдусь без конференции как-нибудь. Поработаю сам... Съели хорошего парня, заведующего соседней лабораторией? А что я могу сделать? У меня своих дел выше головы...

Они снова и снова уступают начальству, деловые и вроде бы вполне порядочные (в житейском смысле слова) люди. У властей они на самом лучшем счету: во-первых, продуктивны, а во-вторых, управляемы, ибо их слабое место всегда на виду. И нажать на эту болевую точку проще простого. Ведь деловые больше всего боятся потерять то, что уже имеют. На это их и ловят. Приглашают, например, академика Соломона Гиллера в ЦК Латвии и пододвигают ему листок бумаги с текстом. „Надо подписать письмо против Израиля. Дело государственное.'' Академику Гиллеру письмо отвратительно, но он утешает себя: „Тем самым я сохраняю наш замечательный институт''. В ЦК об Институте органического синтеза, где директорствует Гиллер, и слова не было сказано, но обе стороны знают: стоит Гиллеру взбрыкнуть — и конец его работе в институте, который, кстати, он создал своими руками. Итак, институт цел и невредим, а академик Гиллер, извините, всю жизнь по уши в г...

Никого так часто и так много не искушает государственный чиновник, как тех, кто может и хочет работать хорошо. Эти на виду, подходи и бери их голыми руками. Да они и сами в руки идут. В 30-е годы так попал в государевы сети великий биолог Николай Вавилов. Власти знали, как страстно влюблен он в свое дело, и умело извлекали из этой любви свою пользу. ,,Хотите поискать в Афганистане родину пшениц? Езжайте, но по дороге не забудьте для государственной надобности сфотографировать крепость на индо-афганской границе'' (1924-25гг.). ,,Вас интересует генетический фонд сельскохозяйственных растений Европы и Америки? Отправляйтесь, езжайте по свету, но не откажите в любезности в публичных лекциях прославлять советскую науку, успехи советского сельского хозяйства и советской власти. Это крайне необходимо для государственного престижа СССР и для опровержения буржуазной пропаганды'' (1931-33 гг.) Думал ли Вавилов, подыгрывая дьявольской игре государственной дудки, что, поступаясь своей совестью, творит он зло? Насколько мне известно, нет. Своему другу, академику В.В. Таланову, который порицал его за аморальное общественное поведение, Николай Иванович с изумлением отвечал, что никакого аморализма он, Вавилов, себе не позволял и не позволяет. Ведь он ездил в Афганистан ради серьезного научного **дела**. И в Европу, и в Америку тоже ради успехов **науки**... Так шаг за шагом дошел академик Вавилов до выполнения последнего имперского приказа: вырастил ,,ученого из народа'' Лысенко, своего убийцу. Отстаивая неприкосновенность своих институтов, пришел он к их разгрому, изыскивая возможность во что бы то ни стало заниматься наукой, попал в каменный мешок Лубянской тюрьмы.

Но то, скажут нам, старая быль. Теперь ведь не так... Нет, все так же. Государственное, общественное дело, польза научная для народа по-прежнему ставятся подавляющим числом талантливых исследователей выше личной морали ученого, личной его общественной ответственности. Профессор Ленинградского университета, метеоролог Буйницкий, человек по всем общепринятым статьям порядочный, поясняет своему сотруднику, страдающему от обостренного морального чувства:

— Ты хочешь протестовать? Бороться против несправедливости? Отлично. Протестуй, но не вовлекай в это дело нас. Мы — ученые и хотим заниматься наукой. Совмещать науку и протесты, даже моральные, невозможно. Ergo, подавай заявление об уходе с кафедры...

Профессор Буйницкий — герой арктических экспедиций, участник дрейфа ледокола „Седов" в Полярном океане, надо думать, не трус и не реакционер. Он не хуже изгоняемого сотрудника знает, в какой моральной грязи приходится жить советскому ученому. Он за другими даже право на борьбу признает. Но Наука — превыше всего. Не мешайте нам заниматься полезным для народа делом...

Так рассуждают трудовые и одаренные. Но сейчас, в 70-е годы, трудяги всех видов и родов быстро сходят с научной сцены. На смену им идет масса, лишенная не только социалистических иллюзий, но и в науке видящая только хорошо оплачиваемую и престижную службу. Откровенные циники из этой массы, едва защитив диссертацию, спешат расположить свою персону в научном пространстве в соответствии с афоризмом украинского академика Константина Яцемирского. „Начальство — солнце, — утверждает академик из Киева, — и относиться к нему следует, как к солнцу: окажешься слишком близко — сгоришь, будешь далеко — замерзнешь."

Не все, конечно, рвутся к теплу начальственных лучей, но большинство ищет для себя оптимальную позицию, при которой можно не утруждать себя науками, общественными нагрузками и государственным контролем. Стремление ускользнуть из строгих рамок службы, уклониться, перехитрить начальство, тайком побездельничать стало ныне излюбленной системой поведения огромного числа научных сотрудников низшего и среднего звена. Во многих НИИ парткомы бьют в набат по поводу „падения политической активности'', по поводу того, что они называют ,,внутренней эмиграцией''. Замечают эту опасность и наверху. Газеты нередко посвящают свои полосы фактам отчуждения гражданина от общественных задач. На закрытых партийных собраниях лекторы и инструкторы из центра произносят по поводу ,,внутренней эмиграции'' угрожающие и предупреждающие речи. Но процесс этот необратим. Фальшь политзанятий и философских семинаров, лживость соцдоговоров и агитаторства настолько явственны, а шансы на осуществление собственных научных идей настолько малы, что молодые МНСы и СНСы, не слишком рвущиеся к карьере, помышляют только о том, чтобы как-то укрыться, спрятаться от начальственного глаза. Их единственное желание состоит в том, чтобы **провести время**.

Но и те, кто уходят во внутреннюю эмиграцию, и те, кто жаждут положить живот свой за родное рабоче-крестьянское государство, и даже сами ученые-охранители одинаково пребывают в страхе перед властью. Страх — ключ к пониманию психологии советского ученого. Не знаю, верен ли слух о том, что КГБ завело досье на каждого, кто окончил институт, но получившие высшее образование, и в том числе научные сотрудники всех рангов, всегда ощущают себя лицами, находящимися под особенно пристальным вниманием КГБ. Явных и тайных запретов так много, что их нельзя ни предусмотреть, ни упомнить. Я уже не говорю о постоянных опасениях, которые сопровождают жизнь слишком талантливого ученого, чьи работы привлекают внимание иностранных коллег; или о том страхе, что объемлет завлаба, у которого в лаборатории завелся сотрудник-диссидент; или о переживаниях, которые терзают ученого-еврея. Этим категориям попросту полагается пребывать постоянно в страхе божьем. Но если даже ты не знаешь за собой ничего предосудительного, не являешься ни евреем, ни диссидентом, то и тогда ты не чувствуешь себя спокойно, ибо никогда не известно, что именно власти сочтут крамольным и криминальным в удобный для них момент.

Рядом с подмосковным домом моих родственников каждое лето снимает дачу средних лет математик из города Донецка, член-корреспондент Академии наук Украины. Человек вполне благонамеренный, он одержим одной лишь страстью: безудержной любовью к книгам. На покупку книг тратит он большую часть своей зарплаты. Проходя мимо дачи соседа, я почти всегда вижу его сидящим на веранде за столом: ученый с утра до вечера что-то пишет. Мы познакомились, и сосед мой рассказал, что пишет он вовсе не математические трактаты, как можно было бы ожидать. От руки переписывает он те уникальные издания Анны Ахматовой, Макса Волошина, Николая Гумилева и Марины Цветаевой, которые ему никак не удается купить. За минувшее лето, по словам профессора, ему пришлось переписать 800 страниц поэтического текста!

Из дальнейшего разговора выяснилось, что причины, заставляющие профессора склоняться над клеенчатыми тетрадями, совсем не так уж забавны. „Зачем вы переписываете книги, вышедшие из печати? — спросил я. — Если их нельзя купить, то в крайнем случае можно перепечатать на машинке.'' При упоминании машинки и машинистки профессор-книголюб в ужасе замахал руками. Оказывается, в городе Донецке обком партии учредил жесткую слежку за любой перепечаткой любого текста. Всякая перепечатка художественной литературы на стандартных листах считается Самиздатом. Держать у себя на полке перепечатанные на машинке стихи Анны Ахматовой опасно. Могут донести. Ведь к профессору ходят студенты и сотрудники... И вот в век линотипов и множительных аппаратов профессор математики гнется над своими тетрадями: стихи, переписанные от руки, пока еще не зачислены Донецким обкомом КПСС в проскрипционные списки. Спрашиваю ученого: „Вам не кажется странным запрет властей на машинопись?'' — „Я не думал об этом, — недоуменно говорит он. — Наверно... Очевидно... Но закон есть закон. Я не могу рисковать своей кафедрой...''

Соседа по даче понять нетрудно: если Донецкий обком КПСС лишит его своего расположения, профессор, как пуля, вылетит с университетской кафедры. Но подавить страх перед властями не может даже тот, кто, казалось бы, достаточно огражден от гнева вышестоящих своим высоким общественным положением. Я слушал передачу из Стокгольма, когда там вручали Нобелевскую премию советскому академику Леониду Витальевичу Канторовичу. Во время пресс-конференции один из корреспондентов спросил свежего лауреата, что он думает по поводу того, что второй лауреат этого года академик Сахаров не смог покинуть СССР и появиться в Стокгольме. Одеревеневшими губами ученый произнес очевидно заранее выученную фразу: „По этому поводу уже даны официальные разъяснения, мне нечего к ним добавить.'' Корреспондент повторил вопрос, подчеркивая, что его интересует **личная** оценка, которую уважаемый лауреат может дать этому странному инциденту. И тут перепуганный академик мертвым голосом произнес нечто совершенно невразумительное: „Коррепсондент имеет право сколько угодно повторять свой вопрос.'' Аккредитованные в Стокгольме представители прессы, возможно, не поняли всей абсурдности и постыдности этой дошедшей до них в переводе фразы. Но мы в России испытали при этом жестокий стыд. Ибо в тот миг всей кожей своей почувствовали, как наш земляк бьется в тисках унизительного страха.

Страх определяет поступки советского ученого даже тогда, когда это чувство он старательно скрывает от себя и других февральским вечером 1976 года я был в гостях у своего давнего знакомого доктора медицинских наук Г. Много лет назад я писал о нем в одной из своих книг и с тех пор мы поддерживаем приятельские отношения. Около восьми вечера мой знакомый стал посматривать на часы и, наконец, объявил, что сегодня дома не ночует. На время XXV съезда КПСС в учреждениях Москвы, и в том числе в НИИ и лабораториях, введено дежурство членов партии. Сегодня ночью ему надо заступать на пост. О том, что смысла в этих ночных бдениях нет никакого, мой знакомый понимал не хуже меня. И тем не менее не молодой уже, не слишком здоровый человек, доктор наук согласился сидеть всю ночь в пустой лаборатории. ,,Почему вы не отказались?'' — спросил я. ,,Об этом не могло быть и речи, — ответил ученый. — Нам объявили в парткоме, что эта честь предоставляется лишь самым достойным. Я принимаю дежурство как знак своего достоинства.'' Молча, со смущенной улыбкой, он продолжал укладывать в чемоданчик домашние туфли, завернутый в целлофан завтрак, маленькую подушечку, чтобы не так жестко было спать на стульях. Мы распрощались с ним около метро. Толстый человек в очках и шляпе, неся в руках ,,банный'' чемоданчик, скрылся в толпе. И, глядя ему вслед, я подумал, что точно так же, как сегодня, он, с плохо скрываемой досадой, едет проводить неудобную ночь по указанию партии, так и в другой раз, скрывая презрение и страх, исполнит любую другую команду, как бы она ни звучала и что бы она ни значила. Потому что, как и Лев М., и член-корреспондент из Донецка, и профессор Буйницкий из Ленинграда, профессор Г. — советский человек. Одна миллионная управляемой науки.

Научный сотрудник боится не только прямого носителя власти — министерского или партийного чиновника, директора института, работника КГБ. Он не без основания опасается также и своего преуспевающего коллеги: общественный успех ученого всегда отражает благосклонность властей. Если карьера профессора N.N. делает резкий рывок вверх, окружающие не сомневаются: профессору кто-то **там** начал ворожить. **Там** может быть и министерство, и обком КПСС, и ЦК, и КГБ. То, что происходит за закрытыми дверями, — тайна, но с N.N. лучше не связываться. Ведь неизвестно, кто за ним стоит. Такая психология благодетельна для сильных и хитрых и еще более закабаляет малых сих.

За последние годы пример такого необъяснимого поначалу восхождения показал академик-генетик Николай Петрович Дубинин. Гонимый при Хрущеве, он стал любимцем послехрущевских руководителей страны. Его сделали директором Института общей генетики АН СССР. Центральный орган партии *Правда* принялась настойчиво пропагандировать его на своих страницах. С чего бы это? Тайна восхождения Дубинина открылась в 1973 году, когда партийное издательство ,,Политиздат'' огромным тиражом выпустило в свет автобиографическую книгу Дубинина *Вечное движение*. Прочитав этот толстый том, и биологи, и многие небиологи пережили подлинный шок. Под пером ученого история отечественной биологии сорока последних лет неузнаваемо преобразилась. Явно полемизируя с Жоресом Медведевым, чья книга *Культ личности и биология* вышла за рубежом, Дубинин попытался доказать, что: а) Сталин вовсе не был причастен к аресту и смерти академика Н. Вавилова; б) и вообще не существовало никакого политического умысла в уничтожении генетиков и генетики в СССР; в) противники Лысенко, так называемые ,,формальные генетики'', ошибались все до единого, кроме него, Дубинина, который ни в какие ошибки и ереси никогда не впадал. Кроме того, академик Дубинин в самом безмятежном тоне поведал читателям 70-х годов, что смысл всех внутрибиологических споров тридцатых годов только в том и состоял, что талантливый ученый Лысенко хотел дать сельскому хозяйству страны более практические дары в виде сортов, а Вавилов и вавиловцы тяготели к сугубо теоретическим исследованиям. О том, как, при каких обстоятельствах эти еретики-теоретики (Н.Вавилов, Карпеченко, Говоров, Сапегин, Тулайков, Левит, Агол, Левицкий, Кольцов и многие другие) сложили свои головы, Дубинин умалчивает. Зато на каждой странице извергает он потоки славословия по адресу партии и ее мудрого (всегда мудрого) Центрального Комитета.

О том, что книга *Вечное движение* заказана академику непосредственно в ЦК КПСС, никто из читателей-биологов не сомневался. Верхи, которые после Хрущева принялись рестраврировать обветшалый фасад сталинского ампира, давно нуждались в таком сочинении. Требовалась новая историческая версия, которая освободила бы партию от обвинений в том, что именно она, партия, оказалась самым опасным тормозом прогресса.

Мне не раз приходилось слышать, как партийные лекторы, выступая в научных аудиториях, твердили, что прежнее надо забыть, не надо никакого реванша, потому что и у академика Лысенко есть тоже свои заслуги.[8] И вот эта аргументация получила поддержку в книге знаменитого генетика.

Миф, созданный академиком Дубининым, более всего потряс, конечно, непосредственных участников трагических событий. Тех, кому десятилетиями не давали работать, тех, кого арестовывали и шельмовали. Негодование их было настолько единодушным, что Совет Всесоюзного общества генетиков и селекционеров имени Вавилова в декабре 1973 года обратился в Президиум АН СССР и в Отдел науки ЦК КПСС с протестом по поводу выхода книги Дубинина. Как и следовало ожидать, ответа на свой протест Общество генетиков не получило. Дело заглохло. Но интересно другое. На два месяца раньше, в октябре 1973 года, я разослал двенадцать писем, приглашая наиболее видных биологов выступить с опровержением дубининских вымыслов в прессе. Я предложил даже ученым продвинуть их рецензии в печать. Но, увы, выступить против академика Дубинина открыто от собственного имени не решился ни один из двенадцати. ,,Я понял, что все не так просто, — ответил мне кандидат биологических наук Д.Л. из Ленинграда (Ботанический институт АН СССР). — Всякая рецензия, в которой будет рассказано, как академик фальсифицировал историю науки и как обстояли дела фактически, не пойдет в печать... Я разговаривал со многими генетиками, все плюются, все приводят массу примеров подлости автора, потешаются над академическими ,,красотами'' стиля... но никто не может предложить чего-либо реального...''

Ученик Вавилова, доктор сельскохозяйственных наук Н.И. из Всесоюзного института растениеводства АН СССР (Ленинград) испугался еще пуще. ,,Конечно, книжонка Дубинина пустая, лживая, напыщенная, но при чем здесь Политическое издательство? **Вот что настораживает, вот что опрокидывает навзничь.**'' Конкретный ответ пришел только один: из Новосибирского Академгородка кто-то прислал остроумную пародию на книгу Дубинина. Но кто автор пародии, я до сих пор не знаю: сочинитель не подписал своего имени...

Биологи боятся академика Дубинина, историки — академика Б.А. Рыбакова, директора Института истории АН СССР. У Рыбакова та же слава: конструирует историю по прямому заказу партийных органов, да и с КГБ в многолетних тесных отношениях. У лингвистов свой идол страха: член-корреспондент АН СССР Федот Петрович Филин, директор Института русского языка, он изгоняет из своего института каждого талантливого и независимо мыслящего. Среди физиков наиболее опасным (в самом прямом политическом смысле) почитается академик Н.Г. Басов. Химики ту же оценку дают академику Ю.А. Овчинникову. Немало есть и других деятелей Академии, за которыми кто-то стоит. Дрожит мелкая научная рыбка, встречая мощных академических акул. Дрожит и смотрит, в какую бы норку юркнуть...

Зависимость порождает страх, страх ведет за собой двоемыслие. Страхом и двоемыслием заражен почти весь советский научный миллион. Вернувшись со своего ночного партийного дежурства, доктор медицинских наук Г. на следующий день станет вполголоса вышучивать с женой тех, кто придумал это дурацкое бдение у телефона. Приехав к себе в Донецк, математик, все лето переписывавший стихи Анны Ахматовой, станет на очередном семинаре по теории научного коммунизма с энтузиазмом пересказывать Постановление ЦК партии о журналах *Нева* и *Ленинград* и об ошибках Ахматовой (1946). Двойная жизнь стала для них каждодневностью.

И не только для них. Двоемыслие, этот продукт неотрегулированных отношений гражданина с властью, бьет прежде всего по самому гражданину. Во многих научно-исследовательских коллективах можно слышать о царствующей там перераздраженной обстановке. По пустячному поводу сотрудники вступают в жестокие свары, совершенно неадекватные причине конфликта. Откуда эта несправедливость и жестокость? Говорят: люди устали, жизнь трудна. Но отчего устали? Разве во всем мире трудовому человеку живется легко? Отчего нет этого зверского раздражения всех против всех в лабораториях Англии, Западной Германии, США? Разгадку российской „сварливости'' вижу я в том, что эмоциональная сфера выбалтывает то, что вынужден скрывать ум. Люди в лабораториях устали не вообще, а прежде всего от двойной жизни, от двоемыслия. От того, что годами они не решаются разговаривать с соседом по работе о предметах подлинно важных и значимых, а подменяют настоящий духовный обмен бытовой шелухой. Необсужденные главные вопросы бытия болят, требуют выхода. Кроме общих тягот, таким образом, интеллигент тянет воз духовной неудовлетворенности. Эмоциональная атмосфера научного коллектива полна грозового электричества, но молнии бьют без разбора, убивая и калеча невинных и случайных. Многие даже не понимают причины своего раздражения, не догадываются, что все вокруг и сами они безнадежно больны двоемыслием.

Ну, а те, кто знают и понимают смысл происходящего, что испытывают они наедине с собой? Стыд? Душевный диссонанс? Безысходность? Общаясь с большим кругом научной интеллигенции, я мог убедиться: осознанное двоемыслие не мучает почти никого. Двоемыслие стало не только формой существования научного миллиона, но и системой неотразимых доказательств, с помощью которых каждая одна миллионная может себя и других убедить: жить возможно только так и никак иначе.

Эту массовую моральную коллизию, столь типичную для отечественной интеллигенции, хорошо обыграли студенты Московского униврститета. Во время одного любительского концерта на пустую сцену вышел человек. Он маршировал, тупо повторяя: „А что я могу поделать один?''. Потом с той же фразой вышел второй и стал в затылок первому, потом третий, пятый, десятый. И вот уже вся сцена занята дружно марширующими людьми, которые, топая в такт ногами и размахивая в такт руками, в одно горло выкрикивали: „А что я могу поделать один?" Концерт запретили.

Пантомима в клубе МГУ отражает лишь самый простой, так сказать, „студенческий" случай двоемыслия: когда, свалив вину за все на власть, личность изображает себя жертвой со связанными руками. В ученой среде чаще встречаешь двоемыслие не столь грубое, а просвещенное, подслащенное интеллектуальным юмором, элегической грустью и... самодовольством. Доктору медицины Г., о котором говорилось выше, приятно сознавать, что, с одной стороны, он все-таки не превратился в полную свинью, ведь он **все понимает** — и про государство, и про народ... В кругу близких и друзей такое **понимание**, выраженное в шуточках и анекдотах, делает его почти порядочным человеком. Доктор Г. видит, что при другом политическом режиме он как ученый мог бы добиться большего. Но другого режима нет и быть не может, значит, надо как-то жить, как-то уравновешивать желаемое и действительное.

Такая моральная конструкция ни властям, ни самому доктору Г. никакими бедами не грозит. В райкомах, горкомах, обкомах КПСС на всех партийных этажах уже поняли: как ни греми в барабаны, энтузиазма 20-х годов не вернуть. Интеллигент желает поразвлечься видимостью духовной свободы? Ну что ж, дадим ему такую возможность. Пусть развлекается у себя дома. Пусть слушает магнитофон и даже радиостанцию Би-Би-Си, пусть в кругу друзей рассказывает антиправительственные анекдоты. За это пока сажать не будем. Но на работе — никаких демонстраций, полная и безоговорочная покорность. Таков негласный и неписаный уговор между верхами и столичной образованщиной в послехрущевские времена. Уговор этот и породил то просвещенное двоемыслие, в котором некоторые хотели бы видеть либерализацию советского строя. Либерализации нет, есть сделка.

Вернувшись как-то из гостей, я, шутки ради, занес в дневник „Программу вечеринки московских ученых и литераторов середины 70-х годов XX века". Программа начиналась отключением телефона (!) и включением магнитофона с записями песен А. Галича. Затем следовали водка, картофель, фаршированный зеленым луком, мороженое. Еще Галич. Чтение писем от уехавших в Израиль, воспоминания об уехавших в Штаты. Галич. Чай. Остроты о подслушивании телефонных разговоров. И наконец, разъезд гостей с общей дискуссией: скрывается ли в массовом жилищном строительстве политический расчет? Ведь теперь, когда Москва разрослась, интеллектуалу значительно более трудно встретиться с интеллектуалом...

К сожалению, я не имею возможности так же точно записать, что именно делают мои друзья по утрам. Знаю только, что, сев за пишущую машинку или войдя в лабораторию, они напрочь изгоняют из себя „вольный дух" и принимаются добросовестно исполнять волю своих начальников. До следующей вечеринки. Таковы правила игры.

Впрочем, для понимания внутреннего мира интеллектуала вечеринка с магнитофоном место непригодное. Чтобы представить, как мыслит и чувствует советский человек, для которого морально-политическое двоемыслие стало воздухом, атмосферой, где он дышит, не замечая ни самого воздуха, ни процесса дыхания, надо идти к людям не столь близким. И разговаривать часами. Одна из таких бесед состоялась осенью 1975 года в Черноголовке. Моим собеседником был Александр Евгеньевич Шилов.[9] Я записал наш с ним разговор не потому, что хозяин двухэтажного коттеджа говорил что-то особенно оригинальное. Скорее наоборот. Речь его заинтересовала меня, так как никакой оригинальностью не отличалась. То же самое примерно мог я услышать от десятков и сотен преуспевающих профессоров в Москве, Ленинграде или в Новосибирском Академгородке. В наш „либеральный" век для такого обмена мнениями надо лишь, чтобы у собеседника было время и он чувствовал в вас своего брата-интеллигента, который выслушает и не продаст.

Итак, первое ноября 1975 года. Городок науки Черноголовка в подмосковных лесах. Вечер. Гостиная, увешанная картинами известных русских художников. Ученый и писатель в креслах возле журнального столика.

— Да, вы правы, — говорит ученый, — свободы печати у нас нет. А нужна бы, очень даже нужна. Пресса, литература — зеркало страны. Надо видеть себя в неискаженном зеркале... Коллективизация... Да, конечно, у нас кризис сельского хозяйства. Но неужели это правда, что Сталин нарочно разорил деревню? Мне эта мысль не приходила в голову. Но похоже на это... Пьянство у нас повсеместное... Рабочие работают с каждым годом все хуже... Все воруют...

Но вместе с тем:

— Все-таки постепенно все улучшается. Видели мы недавно с женой в театре на Таганке пьесы *Деревянные кони* и *Пристегните ремни*. Раньше за такие пьесы арестовывали, а теперь... Раньше от голода люди в стране мерли, а теперь хлеб для народа покупаем за границей... Голода не допускают... Да, много, конечно, недостатков, но не станете же вы отрицать побед Октябрьской революции? Ведь они-то, победы эти, неоспоримы...

Входит жена. Алле Константиновне 38 лет. Спортивна. Хорошо одета. В руках томик Ренана *Жизнь Христа* на французском.

— Послушай, Алла, вот М.А. некритически (так! — М.П.) относится к Западу...

Алла Константиновна всплескивает руками.

— Как можно? А Чили? А Гитлер? А Индонезия, где убили десять миллионов коммунистов...

Пытаюсь вставить, что Индонезия не Запад, а я не сторонник Гитлера, но остановить негодование Западом невозможно. Профессор только что вернувшийся из США и собирающийся в Швецию, тоже кипит негодованием:

— Я бы ни за что не хотел оказаться гражданином Америки, Франции или Англии. Французы убили миллион алжирцев. А американцы — что они делали во Вьетнаме! И англичане тоже хороши, свобода у них только для вида. Можете болтать в Гайд парке, в власть все-таки у буржуазии...

Я рассказываю о судьбе моего литературного героя Николая Вавилова, умершего в тюрьме от голода. Шиловы негодуют. Лысенко — гад. Рассказываю о самоубийстве А.А. Фадеева — сожалеют, понимают. Да, некрасиво получилось. Об академике А.Д. Сахарове — нехорошо сделали академики, которые подписывали против него письма.

— Я бы подписывать **такое** не стал, — говорит профессор.

— Еще как бы стал! — откликается жена. — Был бы академиком, подписал бы как миленький!

Шилов скисает. Он дважды баллотировался в члены-корреспонденты АН и оба раза его прокатили. Теперь он почти горд этим.

— Но все-таки Сахаров неправильно сделал, что обратился к Западу, там ведь нас ненавидят...

— А к кому было обращаться — парирует жена. — Другого-то пути сказать о наших безобразиях нет...

Алла Константиновна несколько радикальнее мужа. Она из бедной семьи и прожила тяжелую юность, о которой ее муж, сын академика, не имеет представления. Шилов готов согласиться, что Сахарову негде было произнести свое честное, правдивое слово, но вот Солженицын (живя за границей, Шилов читал все его произведения), хотя и хороший писатель, но озлобился. Достоевский (Достоевского профессор тоже читал) никогда до такого озлобления не доходил. В США Шилов читал речь Солженицына, обращенную к Конгрессу профсоюзов. Солженицын говорит, что социализм всегда бесчеловечен. „Ну разве это верно? Ведь все улучшается постепенно. Писателям пока еще, конечно, худо... Но со временем... К этому все идет...''

Заговорили о партии. Член КПСС, Шилов на эту тему говорит как-то вяло, стеснительно: „Если вступаешь в организацию, приходится соглашаться с ее принципами... Конечно, могут заставить сделать что-нибудь такое, что будет чуждо и стыдно. Гипотетически можно представить будущий конфликт с партией. Но до сих пор конфликта не случалось...''

Несколько приустав от оптимизма хозяина дома, я позволяю себе заметить, что для познания мира ему, очевидно, было бы полезно побыть денек-другой в шкуре, например, еврея-интеллигента, честного литератора или просто младшим научным в его же собственной Черноголовке. ,,Да, антисемитизм... Это еще, к сожалению, у нас бывает''. Но в своем институте он, Шилов, этого не допускает никогда... Нет, нет, Александра Евгеньевича не раздражают мои выпады. Корректен. Просто считает, что гость пессимистически смотрит на вещи. Шилов даже согласен, что постоянное его пребывание ,,в верхах'' мешает ему видеть наше общество в естественных формах и красках. Идет провожать меня до гостиницы. А может быть, просто прогуливает собаку. Интеллигентный профиль. Правильная, культурная речь. Благодарит за приятную беседу. Рукопожатие. Подобие улыбки. Расстаемся. Надеюсь — навсегда.

Уже войдя в гостиничный номер, вспоминаю еще один поворот нашей беседы. ,,Свобода необходима человеку, но свобода ограниченная''. Цитирует: ,,Свобода — осознанная необходимость''. Он, профессор Шилов, случись ему стать во главе издательства, не резрешил бы печатать **все**. ,,Как? Любую книгу? Но ведь есть секс, насилие, пошлятина''. Спрашиваю: ,,А кто станет определять, что дозволено, а что нет?'' Мнется. ,,Может быть, Союз писателей?'' — ,,Тогда уж лучше оставим все как есть, — предлагаю я, — цензура все-таки профессиональней...''

Химику Шилову в его двоемыслии живется сравнительно легко: ему не приходится излагать свои двойные взгляды в собстенных научных трудах. Ученые историки, философы, литературоведы в худшем положении. Впрочем, и эти находят для себя лазейку. Сотрудник Института мировой литературы АН СССР доктор филологических наук И. постоянно пишет про Максима Горького. Он встречает меня в кафе Дома литераторов так, будто мы с ним соучастники общего заговора.

— Старик, — жарко и таинственно шепчет он, — ты еще не читал мой последний опус? Прочти непременно... Там на странице такой-то я про основоположника соцреализма такое сказанул, что Максимыч, наверно, три раза в гробу перевернулся.

И отходит довольный. Ведь он мужество проявил, этот сладкий горьковед. Во-первых, какую-то свою, неприметную для начальства, правдочку ввернул в толстый том официального славословия. А во-вторых, о правдочке этой может теперь оповестить приятелей и знакомых. Как же ему не гордиться, как же не чувствовать себя героем? Этот тип в Москве очень распространен. Ведь всякий мастер двоемыслия хочет, сверх прочего, чтобы его еще и уважали...

Всего виднее отпечатываются каленые знаки эпохи на нежной плоти человеческой морали. ,,Узнают коней ретивых по их выжженным таврам..." Пожалуй, никогда прежде тавро это не казалось мне таким жестоким, как в те дни, когда завершал я свои выступления перед научной публикой. Эти три последних встречи в 1974-1975 годах запомнились мне во всех подробностях. Первая состоялась в Подольске.

Завод-институт, один из бесчисленных в Подмосковье секретных ,,почтовых ящиков". Мои слушатели — инженеры и физики — расселись в длинном полутемном ,,клубе". На стенах — пыльные лозунги, в углу — подобие сцены. Ни малейшего намека на уют или изящество. Клуб расположен на первом этаже того же дома, где живут ученые. Чтобы лучше наблюдать за научными сотрудниками и лучше ,,организовать" их, молодых ученых расселили по двое в комнате на всех этажах дома-башни. Для встречи с писателем их попросту сгоняли на первый этаж общежития. Те, кто желали избежать насильственного ,,окультуривания", заранее ушли в кино. Но человек сто организаторам все-таки собрать удалось.

Публика мне понравилась. Рослые, красивые, а иногда и щегольски одетые эти юноши и девушки слушали внимательно. Но вот начались вопросы, и я увидел, что физики из Подольска оспаривают в моем выступлении все то же, что неделю назад пытались опровергать химики из Черноголовки. Прежде всего, им не верится в то, что наука как область исследования внеморальна. Как же так, в детском саду, в школе, в институте им всегда говорили о науке как величайшем благе человечества, с помощью которого советские люди совершали и совершат немало великих подвигов; наука позволит самым справедливым образом разрешить все проблемы на Земле и в космосе, сегодня, завтра, всегда... Внеморальная наука? Разве это не бессмыслица? А кто же тогда должен быть морален? Ученый? И он один отвечает за совершаемые им в науке поступки? Значит, я тоже? И я? Ерунда какая-то. Ни за что я не в ответе. Ведь столько начальства над моей головой! Мы — люди маленькие. Исполнитель не может отвечать за выполненный им приказ. Даже если это приказ о кровопролитии. Писатель-докладчик говорит, что ученый свободен принимать любые решения в своей науке. Свободен? Что же это будет, если все начнут пользоваться своей свободой и самостоятельно решать свою судьбу? Хаос! Ну, к примеру, если такие люди, как академик Курчатов откажутся из моральных соображений работать над атомной бомбой — разве такое можно допустить?! Ведь это дело **государственное.**

Выступление давно окончено, но они теснятся вокруг меня, ладные, большие, с развернутыми спортивными фигурами и молодыми свежими лицами. Им что-то еще хочется сказать этому странному писателю, им хочется подловить его на непоследовательности, доказать абсурдность самой его концепции. Они переглядываются, посмеиваются над чем-то, но острое разящее слово как-то не идет с уст. И когда, ответив на все записки и вопросы, я собираюсь уходить, вдруг как-то радостно (эврика!) вспоминают:

— А Карла Маркса -то вы забыли! „Бытие определяет сознание". Разве не так? Значит, условия жизни, работы, все наше бытие и есть ответчик за нашу нравственность и безнравственность. Бытие, а не мы! И свободы никакой у современного ученого нет. Потому что — бытие определяет... Так что накладочка получается, товарищ писатель!

И все, кто стоят вокруг, с восторгом повторяют марксовы слова. Ведь и правда! Вот здорово! И веселятся, радуясь находке, как малые дети. Да и как не радоваться, коль Маркс свалил с твоей головы всякую ответственность? Потому что ты не один на свете, а делаешь все вместе с большим коллективом, в большом государстве, в большом и сложном XX веке, где бытие (только оно!) определяет чему быть, а чему не бывать в твоем поведении.

Это марксово ,,бытие'' поминали мне потом и биологи в научном городке Пущине. Там, у уютном зальце дискуссионного кафе ,,Желток'' за чашкой чаю тоже сидело немало молодых и красивых кандидатов и докторов. И там тоже, путая понятия **пользы** и **нравственности**, мне объяснили, например, что нравственный максимализм приносит меньше пользы науке, нежели некоторый умеренный компромисс ученого с властью и коллегами. Нравственная нетерпимость разрушает отношения в научном коллективе, а компромисс (совсем небольшой, крошечный!) сохраняет их. Компромисс укрепляет положение ученого в лаборатории, институте, компромисс сохраняет человека для творчества и, таким образом, способствует развитию науки, способствует прогрессу...

Теперь я уже не помню лица тех, кто мне это говорил, но помню четко физическое ощущение, что мои собеседники воспринимают меня как что-то инородное, беспокоящее, рездражающее. Они сердились на меня. А может быть, немного и на себя. Чуть-чуть...

Нет, мы решительно были друг другу непонятны. Глядя на этих рассерженных молодых людей, я думал о старом профессоре Александре Александровиче Любищеве (1890-1972) , тоже биологе, а точнее, последнем в России энциклопедисте. Ибо кроме энтомологии, статистики, математики и прочих ,,серьезных'' вещей, интересовался этот удивительный человек также философией, религией, проблемами нравственности и многим другим, о чем современники его давно не хотели слышать. Он много писал, почти не печатался на своей родине, знал многих людей и, живя в провинции, рассылал ученым замечательные письма-эссе, посвященные различным событиям общестбнной и научной жизни.

Копию одного такого письма, адресованного профессором Любищевым академику В.А. Энгельгардту, я храню в своем архиве. Как будто отвечая моим юным критикам из города Пущина, он в декабре 1964 года писал:

,,Первичным в деятельности настоящего ученого является не удовлетворение своих или чужих потребностей, а внутренний импульс, стремящийся удовлетворить жажду **чистого познания; лишь на этом древе чистого познания** вырастают плоды, используемые человеком для своих надобностей. Эта доктрина примата чистой науки господствовала и в несравненной Элладе, ее защищали и Луи Пастер, и К.А. Тимирязев. И вся история науки показывает, что те, кто утверждают, что в науке ведущим фактором является удовлетворение материальных потребностей, уподобляются известному крыловскому животному''.

Все ясно, все правильно. Но ,,что толку в факелах и очках, если люди не желают видеть?..'' Я понял это весной 1975 года. И тогда же решил прекратить свои публичные выступления. Последняя встреча состоялась в апреле во ,,Всесоюзном научно-исследовательском институте приборов''. Что за приборы делают в этом секретном институте я понял, прочитав в зале огромный плакат: экипаж ракеты ,,Салют—4'' благодарил институт за хорошую работу. В зале было много молодых лиц, но какие-то странные это были лица. Я не видел почти ни одной **живой** пары глаз. Никто не улыбался смешным эпизодам, никого не затронули эпизоды трогательные. И вопрос о моральных критериях в поведении ученого никого не заинтересовал, не привлек. Когда я кончил, сидевшая неподалеку от меня молодая дама сказала: ,,Вы нарисовали слишком мрачную картину массовой науки XX века. Ведь мы и есть массовые ученые. Но посмотрите на нас, разве мы аморальны?'' Кандидат наук лет тридцати, сидевший в глубине зала прямо под благодарственной телеграммой космонавтов, добавил с явным раздражением: ,,Законы морали не могут быть общими для всех. То, что морально для одного современного общества, то может быть аморально для другого.

К морали надо подходить с социальными мерками. А та мораль, которую вы нам тут преподносите, какая-то однобокая. Уж не христианскую ли мораль вы нам пытаетесь навязать?"

Это было последнее, что я услыхал от детей управляемой науки после тринадцати лет публичных выступлений.

Примечания

1. *БСЭ.* Третье издание, 1974 г., т. 18, стр. 144. Статья: „Нравственность".

2. Взгляд на ученого лишь как на безответного и старательного исполнителя государственных заказов многократно высказывали самые высокие должностные лица СССР. Председатель ЦИК СССР, а позднее Председатель Президиума Верховного Совета СССР М. И. Калинин писал, что „надо изобретать не то, что хочется, а то, что требует наше социалистическое общество". Или: „И когда вы выполняете любую деталь, то ваша работа должна исходить не из вашего вдохновения, а из общего плана, из общего рисунка, который вам дан" (речь в Высшем техническом училище 16 марта 1930 года; вторую цитату см. в книге Калинина *О коммунистическом воспитании*. М. 1956, стр. 75). Директивный характер имела речь И. В. Сталина на приеме в Кремле работников высшей школы 17 мая 1938 года, где вождь определил ***передовую*** науку как науку, „которая не отгораживается от народа, не держит себя вдали от народа, а готова служить народу, готова передать народу все завоевания науки, которая ***обслуживает народ не по принуждению, а добровольно, с охотой***". Слово „народ" не должно в данном случае вводить в заблуждение: в устах вождей победившего большевизма оно всегда было синонимом „государства". (См. И. В. Сталин: *Сочинения*, т.1 (XIV), Stanford, 1967, стр. 275. Курсив добавлен М. Поповским.)

3. В дневнике 24 февраля 1971 года я записал: „Хвалить (в биографической книге) ученого за принесенную им пользу обществу отныне считаю столь же абсурдным, как хвалить вовремя подоспевший дождь. Порицать ученого за то, что он не дал того-то и того-то, тоже чепуха. Можно и нужно говорить лишь о том, какие духовные богатства есть (были) в человеке и как, в зависимости от характера, совести и внешних условий, эти внутренние богатства реализовались... В своих книгах я, увы, не избежал каленой печати эпохи".

4. Мария Левитанус: Письмо к автору из Ташкента, 16 марта 1973.
5. Ираида Попова: Письмо к автору, 8 июля 1971 г. (Рамонь Воронежской обл.) Подчеркнуто И. Поповой.
6. См. *Комсомольскую правду* от 11 мая 1966 года, стр. 2. Письмо в редакцию ,,Байкал ждет'' быдо подписано такими видными учеными, как академики Арцимович, Берг, Герасимов, Жуков, Зельдович, Капица, Кнунянц, Кондратьев, Никольский, Трофимук, Петрянов, Эмануэль. Предсказания ученых оправдались: комбинат на Байкале уже загрязнил несколько кубических километров воды. Он продолжает истреблять бесценную байкальскую флору и фауну, являясь в то же время нерентабельным предприятием.
7. Ничто не ново под русской луной! В 1786 году англичанин Самуил Бентам уже строил по поручению князя Потемкина в его имении близ Кричева фабрику особой конструкции, где надзиратели, спрятанные в центральном помещении, могут беспрепятственно наблюдать за рабочими в цеху и спальнях. С русской почвы идея эта перепорхнула было на английскую. Брат Самуила, философ Иеремия Бентам, не только теоретически обосновал эту идею своего брата, но и собирался возводить в Англии по тому же принципу фабрики, тюрьмы, школы, больницы. Модель тюрьмы, где заключенные знают о том, что за ними всегда следят, Бентам назвал Паноптикон. В Англии, впрочем, конструкция эта была отвергнута. В России же вот уже двести лет нет отбоя от дюдей, готовых созидать и совершенствовать Паноптиконы всякого рода.
8. Эта официяльная точка зрения отразилась и в новом, 3-м, издании *Большой Советской Энциклопедии*. См. том 15, стр. 84, статья ,,Лысенко Т. Д.''.
9. О профессоре химике А. Е. Шилове, заместителе директора Института физической химии в подмосковном научном городке Черноголовке см. гл. 7, ,,Города и люди''.

Глава 9

НЕУПРАВЛЯЕМЫЕ

В этом именно и заключается жгучий вопрос эпохи: идти ли на сделку с установившимися формами жизни... или откровенно взглянуть на них, как на старый хлам, негодный даже для справок?

М. Е. Салтыков-Щедрин: *Каплуны*. Полн. собр. соч. в 20 томах (1965-1976), т. 4, стр. 248.

Книга об управляемой науке окончена. Вывод? Для того, кто его еще не сделал, приведу слова из неоднократно цитированной работы супругов Абелевых:

,,Наибольшую ценность в науке представляют те исследования, в которых обнаруживаются принципиально новые явления, открываются новые, неизвестные ранее законы природы... История науки показывает, что такие открытия чаще всего происходят неожиданно, в неожиданном месте и нередко делаются людьми, от которых меньше всего можно их ожидать. Непредсказуемым бывает и само содержание открытия...

Из непредсказуемости открытий вытекает уникальная особенность организации науки: невозможность управлять ею. Достаточно вспомнить исследования монаха Менделя на горохе, химика Пастера на пиве или эмбриолога Мечникова на морских звездах. Можно ли было запланировать, организовать и предсказать полученные результаты? Можно ли было решить эти проблемы на основе управления? В настоящее время не только примерами, но и объективным научным анализом установлен автономный и статистический характер развития науки, исключающий целенаправленное управление ею. **Попытки ограничения науки и направления ее по заданному руслу**, делавшиеся даже из самых добрых побуждений, **всегда тормозили ее ход и приводили к ее быстрому вырождению''.**[1]

Роковой диагноз Абелевых полностью приложим к советской управляемой науке (УН СССР). Перед нами организм, смертельно пораженный этической деградацией и опухолевым ростом административного аппарата. ,,Медицина бессильна'', — говорят в таких случаях врачи. ,,Не жилец...'' — добавляют простые люди, осеняя себя крестным знамением. ,,Аминь!'' — констатирует историк.

Я слышу, однако, протестующие голоса: ,,Ну хорошо, мы готовы согласиться с тем, что УН СССР не есть наука в общечеловеческом смысле этого слова. Мы согласны с тем, что патологическое перерождение ее тканей зашло далеко. Но не рано ли хоронить ее? Разве нет в России талантливых ученых? Разве нет хорошо работающих лабораторий? Ведь автор и сам называет в своей книге десятки достойных имен...''

Организм никогда не умирает одномоментно. Через несколько часов после того, как остановилось сердце и прекратилось дыхание, в теле умершего можно обнаружить живые клетки, ткани и даже некоторые живые системы. Да, полностью жизнь не покинула управляемую науку. Но какой ценой сохраняет себя эта жизнь? Талант, которому в наших условиях удается осуществлять свои замыслы, коллектив, который успешно и дружно работает над действительно крупными проблемами, — это не что иное, как **очаги неуправляемости**. Они существуют вопреки УН СССР, а не благодаря ей. Талант имеет **свои** собственные планы, у него **свои** требования к тому, что должно и чего не должно быть в лаборатории. Независимость — основное условие творчества, но она же и главная причина преследований, которые власти обрушивают на **каждый** очаг неуправляемости. В системе УН СССР талант, а особенно талант нравственности, воспринимается как очаг сопротивления и матежа. Каждый акт творческой независимости дирекция НИИ, министерство, Академия наук рассматривают как злокозненное нежелание ученого или целого коллектива подчиняться установленным правилам. В такой ситуации творчество превращается в непрерывную борьбу. Препоны и барьеры возвдвигаются по каждому поводу.

Вы хотите повторить исследование, проделанное в другой лаборатории? Нельзя, дублирование запрещено. Вы хотите оставить прежнюю область исследований, чтобы поискать обходной путь к интересующему вас открытию через другую область? Нельзя, та другая область не является профильной для вашего института. Вы желаете объединить свои усилия с учеными другой страны? Нельзя, это непатриотично. Вы считатете, что исследование ваше не завершено, что над ним следовало бы еще поработать? Нельзя, ваша работа включена в институтский план, институтский план затвержден в планах министерства, министерский план входит в пятилетку страны. Готово у вас или не готово, сдавайте все в срок!

Нельзя! Нельзя!! Нельзя!!! Посредственность легко смиряется с запретами и ограничениями. А талант — нет. Он борется. Или хитрит. Или впадает в состояние безысходности. Ибо для таланта его работа в лаборатории — сама жизнь. Когда запрещают жизнь, наступает смерть.

Порой это совсем скромное ратоборство. Человек не размахивает хоругвью и не выкрикивает лозунгов. Он просто находит в себе мужество оторваться от массовых корпоративных воззрений. Он учится преодолевать миф о том, что он — только ничтожная частица могучего и мудрого коллектива. Или что он — только честный исполнитель всегда безукоризненных указаний сверху. Почувствовать себя личностью, независимой от общественных, партийных или государственных предрассудков не так-то легко и на Западе. В тоталитарном государстве это граничит с героизмом. Делать в науке **свое** дело у нас во много раз опаснее, чем сидя в лаборатории не делать ничего.

Надо проявить недюжинное мужество для того, чтобы в обстановке откровенного великорусского шовинизма верхов, открыто оспаривать подлинность *Слова о полку Игореве*, этой национальной святыни, единственного сохранившегося памятника русской письменности XII века. Но уже много лет такое мужество проявляет московский профессор Зимин. Он считает *Слово* подделкой XVIII столетия и во всеуслышание излагает свои аргументы. А другой профессор Московского университета, верующий христианин, тайно, но упорно, с риском для своей карьеры, исследует религиозные проблемы православия.[2]

Еще труднее оставаться в науке собой, если ты живешь не в столице, а в провинции. Но и там находятся борцы за научную и духовную свободу. Ведущие археологи Литвы отказались принимать навязанную им из Москвы идеологическую линию. Чтобы отсечь московское влияние, они решили исследовать только археологию Литвы, не касаясь русско-литовских или литовско-германских связей. Такая установка, возможно, обедняет историческую науку в целом, но зато ограждает ее от неправды. А главное, избавляет литовских ученых от моральных переживаний, связанных с подчинением своей научной личности идеологическому диктату.

„Литовский вариант" этического противостояния может показаться мизерным. Но вспомним: из научного миллиона на такой шаг решилась лишь маленькая группа исследователей.

Впрочем, есть в борьбе за научную совесть и подлинные герои. Одесский гидробиолог профессор И.И. Пузанов (1885-1971) развернул против своих гонителей самое настоящее сражение. Я хорошо знал этого невысокого грузного старика с решительными манерами морского волка. Еще до революции он объехал Европу, ряд стран Азии и Африки. Много путешествовал и в новое время. Студенты и научная молодежь любили его за живой дружелюбный характер и готовность с каждым поделиться своими энциклопедическими знаниями. В принципах научных Иван Иванович был несгибаем и даже крут. Опираясь на данные своей науки (он специализировался по морским позвоночным), профессор Пузанов опубликовал статью, в которой напрямик заявил о несогласии с некоторыми взглядами всесильного в те годы академика Т.Д. Лысенко.[3] И не только сделал публичное заявление, но продолжал учить студентов так, как считал нужным. По логике вещей тот, чье мнение публично оспаривается, должен выступить с дополнительными аргументами в защиту своих идей. Лысенко этого не сделал. Он отмолчался. Защищаться пришлось самому Пузанову. Возглавляемую им кафедру буквально осадили всевозможные „проверочные" комиссии. Деятельность ученого-биолога проверяли с финансовой, научной, идеологической стороны. Исследовательская работа на кафедре была на несколько месяцев полностью дезорганизована. И тогда профессор Пузанов направил Ученому совету Одесского университета записку, которую, по словам одного современника, „следует читать стоя, как присягу". Ученый писал: „Напрасно члены некоторых комиссий полагают, что мне придется отказаться от моих взглядов. Мне в моем возрасте не подобает показывать слабость в **принципиальных** вопросах, отказываясь от своих убеждений, чтобы обеспечить себе на склоне лет спокойствие и служебное благополучие. Особенно это относится ко мне как к профессору университета, где учили Сеченов, Мечников, Ковалевский, которые никогда не кривили наукой".[4]

Ссылка на классиков русской науки не избавила упрямца от жестоких административных кар. Но сломить его не удалось. Нравственно Иван Иванович Пузанов своих гонителей победил.

Тот, кто в условиях управляемой науки отстаивает свои моральные ценности, должен быть готов к тяжелым последствиям. В январе 1973 года медики Москвы проводили в последний путь доктора медицинских наук Ивана Федоровича Михайлова. Пятидесятилетнего, полного сил ученого сразил инфаркт миокарда. Поначалу кончина профессора Михайлова представлялась необъяснимой. В биографии ничто не предвещало такой гибели. Он родился в 1923 году в Москве, в семье рабочего-печатника. После школы работал учеником наборщика. В 1941 г. пошел на фронт, был тяжело ранен. После войны учился в медицинском институте. Проявил способности к научной деятельности. Хорошая анкета позволила ему занять ряд высоких военно-медицинских постов. Одно время он даже был советником в Китае. Но при этом Михайлов не оставлял науку (его интересовала люминесцентная микроскопия). В Ленинграде, а потом в Москве он был назначен заместителем, а затем директором НИИ. Как директор столичного Института вакцин и сывороток им. Мечникова показал себя человеком умным и в пределах, допустимых для директора, порядочным. К пятидесятилетию получил орден Ленина. Человек этот и по внешности подходил под средне-директорский тип — был грузен, медлителен, имел грубое плоское лицо, о котором сам шутя говорил, что „морда у него — кирпича просит''. Впрочем, не лишенный юмора, Иван Федорович тут же добавлял, что такие морды „наверху'' любят и поэтому его непременно изберут в академики. Короче, доктор наук Иван Михайлов был типовым доверенным лицом власти. Его отличал лишь живой ум, искренний интерес к науке и что-то еще, чего не заметили те, кто назначали его на высокие посты. Это нечто его и погубило.

Если отбросить детали, то драма сводилась к следующему. Институт, где директорствовал доктор Михайлов, много лет (еще до его назначения) делал для военного ведомства некую комплексную вакцину. По причинам, не имеющим отношения к нашему рассказу, вакцина оказалась несовершенной и даже, более того, — опасной. Ее следовало еще несколько лет дорабатывать, совершенствовать. Министерство здравоохранения СССР не желало ничего слушать, чиновники требовали вакцину немедленно. Последний этап испытаний следовало провести на людях.

Чины Минздрава настаивали, чтобы директор ускорил испытание. Михайлов отказывался. Он отвечал, что препарат не готов, что испытания на кроликах дали ужасные результаты: прививка вакцины вызвала у зверьков глубокие абсцессы, некрозы. Прививать **такой** препарат людям нельзя. Такого же мнения держался и Ученый совет института.

Директору угрожали. Михайлов написал письмо министру. В ответ министерство направило в институт проверочную комиссию. Цель проверки состояла в том, чтобы неуправляемого директора снять, а вакцину срочно выпустить. После появления в институте комиссии у доктора Михайлова оставался последний шанс сохранить свою должность: следовало срочно подписать соответствующий протокол, утвердить вакцину годной для проверки на людях. Этим последним шансом на спасение он, однако, не воспользовался. Почему? Некоторые из его знакомых говорили, что человек военный, он несколько раз в своей жизни сам мучился от болезненных и малоэффективных прививок и жалел солдат, которым новая вакцина принесла бы еще больше страдания. Но подлинная причина лежала глубже. Люди, близкие к доктору Михайлову, знали, что под внешней грубостью и кажущейся стандартностью человек этот хранил душу врача-гуманиста. Требование испытывать непригодную вакцину на людях он рассматривал как акт безнравственности. Врач, чтущий клятву Гиппократа, он в давлении чиновников видел прежде всего этическое преступление. Инфаркт — следствие тяжелых нравственных переживаний — сразил его за сутки до того решающего заседания в институте, на котором, как он знал, чиновники одержат верх. Второй инфаркт добил его, когда, уже будучи отстраненным от должности, доктор Михайлов узнал, что вакцину на людях все-таки испытали.[5] У гроба ученого, обращаясь к толпе друзей и сослуживцев, его друг профессор Литинский сказал: „Мы понимаем, отчего умер Иван Федорович, знаем, кто виноват в его смерти. Он умер как боец".

Доктор Михайлов действительно совершил подвиг, и

подвиг этот особенно значителен из-за того, что совершил его **директор**. Тысячи коллег Ивана Федоровича каждый день подписывают самые бесчеловечные документы, совершают то, что от них требуют. Михайлов нашел в себе силы вырваться из этой трясины. Его смерть приводит на память слова Альберта Швейцера об Эйнштейне: ,,Эйнштейн умер от сознания своей ответственности за нависшую над человечеством опасность атомной войны''.[6] Не станем сравнивать таланты Ивана Михайлова и Альберта Эйнштейна. Ибо не о таланте, а о совести ученого идет речь. Ответственность, совесть оказались в равной мере присущи и русскому микробиологу, и физику из Соединенных Штатов. А рисковал при этом протестующий русский профессор значительно большим...

Как я уже говорил, число **неуправляемых** в советском научном миллионе невелико. Но как бы ни складывалась личная судьба каждого из них, в целом главный итог морального ратоборства сводится к тому, что осуществлять свои научные функции ученый в Советском Союзе может лишь через неуправляемость, через нравственную борьбу. Иного пути нет. Всякая другая позиция лишает возможности оставаться ученым, ибо наука есть независимость мысли. Идея эта, само собой разумеющаяся для западного мышления, на советской почве оформилась сравнительно недавно, всего лишь лет двадцать назад. Через три года после смерти Сталина, в обстановке едва наступившей ,,оттепели'' профессор Ульяновского пединститута Александр Александрович Любищев сформулировал свое главное пожелание молодым, вступающим в жизнь ученым в двух словах: ,,Будьте независимы''. Шестидесятипятилетний биолог и философ призвал молодых сохранять: а) независимость от окружающих: „Ты сам свой высший суд''... б) независимость от условий среды... в) независимость от узкой специализации... и наконец г) от догматов любого сорта... Этот последний пункт он расшифровал так: ,,Если можно говорить о бесспорном выводе из истории человеческой культуры, то этим выводом будет утверждение, что любое самое прогрессивное учение, переходя в неподлежащий критике догмат, превращается в тормоз общественного и научного развития''.[7] Манускрипт профессора А.А. Любищева предназначался для молодежной газеты и по понятным причинам в печать не попал. Тем не менее документ этот получил распространение в Самиздате и долго ходил по рукам, пробуждая от этической спячки лучшую часть российской молодежи.

Сегодня то в одном, то в другом углу страны, то в одном, то в другом научно-исследовательском институте мы встречаемся с людьми, для которых моральный императив, духовная раскрепощенность стали образом жизни. Преодолевая страх перед вполне реальной опасностью потерять работу, они стремятся хотя бы в пределах своей науки жить ,,не по лжи''. Через полтора десятка лет после Любищева призыв к высокоморальному поведению ученого снова сформулировали супруги Абелевы.

,,Одна из главных причин, заставляющих ученого совершать этические поступки, — внутренняя необходимость, чувство долга, стремление сохранить внутреннее равновесие и цельность. Мы мало что знаем о своем внутреннем мире, но одно мы знаем точно, что он неразделим... Ученый плодотворен лишь при наличии внутренней свободы, когда он следует своему интересу, доверяет своему мнению, когда он эмоционально живет в мире научных понятий и чувствует себя живой плотью науки... Ученый прекрасно знает, что, отступая от этической линии, он подрывает фундамент науки, способствует ее разрушению, наносит ей вред, который его активность в сфере исследования не может компенсировать. Тем самым он лишает смысла свою чисто научную деятельность. Изменяя научной совести, ученый убивает в себе исследователя — и это главное, что заставляет его с силой инстинкта самосохранения, вопреки трезвому расчету, с ,,ослиным'' упрямством стремиться к сохранению этической чистоты. Мы делаем это прежде всего для себя, а не для кого-то, кому мы помогаем, и не для конкретного осязаемого результата. Мы делаем это зачастую с досадой и раздражением, но делаем потому, что не сделать не можем.''[8]

Таково кредо горстки **неуправляемых**, вкрапленных в миллион управляемой науки. Слова эти могут служить также групповым этическим портретом той лаборатории, которой уже много лет руководит сам Гарри Израилевич Абелев.

Отдельный ученый или целая лаборатория, исповедующие нравственный императив, подвергаются преследованиям не только оттого, что государственный аппарат и общество наше в массе своей не признают обязательности этических норм. Главная опасность для независимо мыслящей личности состоит в том, что ее этический протест рассматривается как протест политический: в СССР между интеллектуалом и властью нет нейтрального пространства. Учитель, врач, инженер, научный работник, писатель не могут сосуществовать с властью, сохраняя независимые взгляды и убеждения. Когда поэта Иосифа Бродского спросили в Америке, почему ему пришлось покинуть Советский Союз, он ответил: ,,На моей родине гражданин может быть только рабом или врагом. Я не был ни тем, ни другим. Так как власти не знали, что делать с этой третьей категорией, они меня выслали.'' В этом полушутливом ответе — вся конструкция официального советского сознания. Государственный аппарат либо ,,всасывает'' вас, чтобы заставить служить своим намерениям, либо отбрасывает к барьеру политической борьбы. Третьего не дано.

Любой этический протест в руках властей трансформируется в политическое преступление и осуждается как уголовное деяние. Предсказать, как именно КГБ оценит тот или иной этический шаг ученого, невозможно. Границы между нравственным протестом, политической нелояльностью и уголовным преступлением настолько размыты, что советский человек никогда не знает, где в каждый момент своей жизни он, по мнению КГБ, пребывает. Подчас вполне законопослушные и нейтральные деятели науки оказывались в стане политических борцов, хотя о политической борьбе они даже не помышляли. Профессор хирургии В.Ф. Войно-Ясенецкий (1877-1961 гг.) провел в общей сложности двенадцать лет в тюрьмах и ссылках, хотя вся его вина состояла лишь в том, что он вопреки религиозной нетерпимости властей желал совмещать науку с верой. В конце 60-х годов директор одного из московских НИИ профессор Мешалова заговорила на партийной конференции о бедственном положении лаборантов и младших научных сотрудников без ученой степени. Не имея возможности жить на свою жалкую зарплату, лаборанты вынуждены лезть в науку даже в том случае, если сама по себе исследовательская деятельность их не интересует. В этой связи вполне лояльная гражданка, доктор медицинских наук Мешалова сгоряча заметила, что ее совесть протестует против несправедливо раздутой зарплаты секретарей ЦК КПСС. Мешалова тут же была снята с работы, исключена из партии. И хотя она не была взята под стражу, но предъявленные ей политические обвинения буквально балансировали на грани уголовных.

Преднамеренная неопределенность права и законодательства, неопределенность, назначение которой держать народ в состоянии страха и опасений, парализует подчас даже самые естественные человечесткие чувства. В марте 1976 года умер один из друзей академика А.Д. Сахарова, (член Комитета в защиту прав человека) биофизик Григорий Подъяпольский. Идя на гражданскую панихиду, я пригласил с собой женщину-биолога, которая хорошо знала покойного. „А мне ничего за это не будет?" — спросила она и на всякий случай от прощания отказалась.

Неопределенность в праве и законодательстве позволяет властям постоянно оказывать давление на этические принципы исследователя, вмешиваться в самые интимные стороны его жизни. Пожилой ленинградский генетик профессор В.С. Кирпичников узнал, что в Вильнюсе предстоит суд над его любимым учеником кандидатом биологических наук Сергеем Ковалевым.[9] Влекомый симпатией и состраданием к молодому коллеге профессор выехал в Вильнюс.

Суд над Ковалевым, как и все политические процессы, оказался закрытым, профессора Кирпичникова в зал заседания суда не впустили, зато ему предъявили телеграмму из Ленинграда. В телеграмме значилось: „СРОЧНАЯ. НАЧАЛЬНИКУ КАНЦЕЛЯРИИ ВЕРХОВНОГО СУДА ЛИТОВСКОЙ ССР. ПРОШУ В СВЯЗИ С НЕОБХОДИМОСТЬЮ В РАБОТЕ ОБЕСПЕЧИТЬ НЕМЕДЛЕННОЕ ВОЗВРАЩЕНИЕ В ИНСТИТУТ ЦИТОЛОГИИ ПРОФЕССОРА ВАЛЕНТИНА СЕРГЕЕВИЧА КИРПИЧНИКОВА — ТРОШИН". Автор телеграммы директор Института цитологии АН СССР член-корреспондент Афанасий Трошин (1912 г. рождения) отлично знал, что никаких срочных опытов его сотрудник профессор-консультант Кирпичников производить не должен. По своему положению консультант Кирпичников не обязан был также являться каждый день в институт. Но член-корреспондент АН СССР Трошин подчинился приказу КГБ. Власти стремились сохранить процесс диссидента Ковалева в тайне. И ради этого сокращали число друзей подсудимого, съехавшихся на суд. Смысл телеграммы, посланной из Ленинграда, состоял в том, чтобы профессора Кирпичникова на время суда административными средствами изгнать из Вильнюса. Когда ученый вернулся в институт, директор объявил ему выговор. Естественное чувство учителя к преследуемому ученику было публично объявлено политической демонстрацией. И как таковое наказано.

По тому же принципу подмены понятий большая группа борцов с общественным аморализмом была зачислена в список „государственных преступников". Среди тех, кто отбывает сейчас ссылку и заключение в лагерях и тюрьмах: физик А. Шаранский, биолог С. Ковалев, филолог Г. Суперфин, физик Ю. Орлов, историк В. Мороз и многие другие. Всем памятно также недавнее пребывание в психиатрических больницах специалиста в области кибернетики генерала П. Григоренко. В значительной степени по причинам нравственного порядка эмигрировали из СССР физик В. Чалидзе, математики Л. Плющ и А. Вольпин-Есенин, биологи Мюге и Ж. Медведев, литературовед А. Якобсон, лингвисты И. Мельчук, Т. Ходорович, физики В. Турчин, М. Азбель, А. Воронель. Неразрешимый этический конфликт с властью и сегодня заставляет покидать пределы страны многих ученых.

...Когда слушаешь некоторые западные радиопередачи на русском языке, кажется, что в СССР действует сплоченная группа диссидентов, некое общественное движение, каждый день вступающее в конфронтацию с властями. На самом деле ничего подобного нет. Да в условиях советского режима и быть не может. У тех, кого западные радиостанции именуют диссидентами, нет ни единой программы, ни общих целей. Беседуя с учеными, которые подписывают письма в защиту заключенных, фиксируют случаи нарушения Хельсинкских соглашений и т.д., я мог убедиться в поразительной разнородности их взглядов. Разнородность эта не случайна и не является только признаком обычной русской неорганизованности и разобщенности. В делах общественных люди эти стремятся сохранить свою независимость в такой же степени, как и в делах науки. На вопрос, ради чего он рискует своим покоем и свободой, ныне осужденный физик Ю. Орлов говорил мне, что цель — принудить власти Советского Союза к либерализации государственных институтов, к строгому исполнению законов, к либерализации общественных отношений. Он считает, что протесты общественности уже не раз заставляли режим идти на уступки и в целом смягчили политический климат страны.

Генерал Петр Григоренко, ныне оказавшийся в эмиграции, определял свои цели значительно более узко: он стремился к прямым, конкретным результатам — к освобождению того или иного несправедливо арестованного заключенного, к тому, чтобы изгнанные со своей родины крымские татары смогли беспрепятственно вернуться домой, Григоренко цитирует советским чиновникам Ленина и статьи Конституции СССР в надежде, что чиновники устыдятся творимых безобразий и выпустят на свободу очередную свою жертву. Он хочет приносить людям пользу сейчас же, немедленно, независимо от общественной ситуации.

Есть среди ученых-диссидентов и третья линия сопротивления. Это те, кто свои общественные поступки основывают на чувствах религиозных. Лингвист Татьяна Сергеевна Ходорович говорит: „Для тех, кто томится в тюремных камерах и лагерных бараках, нет ничего более страшного, чем мысль о том, что на воле их забыли. Наш долг состоит в том, чтобы подать этим несчастным уверенность, что они не одиноки. Мы сообщаем о них всему миру, как можем ободряем их, и эта моральная поддержка подчас важнее для заключенного, чем продовольственная посылка."

Может показаться, что у борцов за либерализацию общества (Ю.Орлов), прагматиков типа Петра Григоренко и христиан (Т.Ходорович) между собой нет ничего общего, кроме разве неприятия жестокостей тоталитарного режима. Но на деле всех их цементирует вполне позитивное стремление, все они борются за торжество подлинных моральных ценностей. Диссиденты-ученые объединены концепцией, по которой гражданин — не пешка в шахматной игре государственных интересов, но личность, свободно избирающая, где жить, чем заниматься и во что верить. Общественная борьба в СССР есть борьба людей совести с аморальным по своей сути партийно-государственным аппаратом.

...По словам академика-ортодокса Л.А. Арцимовича, советская наука „лежит на ладони государства и обогревается теплом этой ладони". Нашему читателю эта идиллическая картинка едва ли покажется достоверной. Ныне и охранителям режима, и либералам, и радикалам совершенно ясно, что управляемая наука лежит вовсе не на ладони, а крепко зажата в партийно-государственном кулаке. Одни видят в таком состоянии науки благо и даже достижение, другие пытаются с имперским кулаком бороться. Но никто из советских ученых свою творческую судьбу не в силах отделить от государства и его интересов. Никто... кроме верующих.

Еще лет пятнадцать-двадцать назад словосочетание „верующий ученый" я готов был воспринять как оксюморон. Ведь меня, как и всех моих современников, с юных лет учили, что наука опровергает религию, исключает веру. Мы, правда, слышали, что верующими были Ньютон и Фарадей, Пастер и Пирогов, но ведь это когда было... Тогда еще наука не дошла... Они просто не понимали... Был, правда, всем известный верующий ученый и в нашей стране — академик Иван Петрович Павлов, но религиозные чувства этого сына священника толковались как старческое чудачество или, на крайний случай, как дань семейным традициям. В конце пятидесятых годов, однако, религиозность, которую советские люди до того вынужденно скрывали, начала проступать все более открыто. Верующими христианами оказались многие ученые страны, и в том числе анатом А.А. Абрикосов, геохимик В.И. Вернадский, ориенталист Н.И. Конрад, офтальмолог В.П. Филатов, многие профессора, среди которых наиболее известны хирург С.С. Юдин и астроном Козырев. Нам стало известно также, что в эпоху научной революции вера среди ученых не изчезла и на Западе.[10] Для людей за железным занавесом этот факт прозвучал как откровение.

В те же примерно годы среди молодых столичных и ленинградских научных работников возник острый интерес к церковному искусству, иконе, архитектуре и храмовому пению. Ученая публика начала задумываться о судьбе разоренных наших храмов, заговорили о спасении памятников старины. Следующий этап религиозного пробуждения связан с появлением в середине 60-х годов книг Бердяева, Лосского, Франка, С. Булгакова. Из-за границы в московские квартиры проник журнал *Вестник русского христианского движения*. Все было внове для нас в этих книгах и журналах, внове, но не вчуже. У молодых математиков, физиков и биологов появились новые темы для бесед и размышлений: христианство и культура, христианство и мораль, христианство и наука. Издание в 1965 году на русском языке книги каноника Тейяра де Шардена *Феномен человека* еще более подлило масла в разгорающийся огонь жадного интереса к христианской философии. Правда, захватывая все более широкие круги интеллигенции, интерес этот вырождался подчас в моду, в игру. Неверующие университетские преподаватели принялись украшать свои квартиры иконами, студенты стали щеголять ладанками и нашейными крестами.

,,Возню'' с иконами и вышедшими за рубежом книжками серьезные люди долго игнорировали. Как и всякой моде, этой предсказывали короткую жизнь. Весьма ценимый нашей интеллигенцией писатель даже вывел в своей книге в качестве отрицательного персонажа очень ,,земную'' даму, которая, тем не менее, ,,по моде'' толкует о Бердяеве и спекулирует иконами. Таких дам в те годы в окололитературной и околонаучной среде было действительно немало. Но время шло, а ,,мода'' на христианские книги, на религиозные споры и раздумья как-то не спешила сойти со сцены. ,,Разговоры в гостиных'' стали приобретать все более конкретный характер. После одной из таких бесед в феврале 1973 года я записал в Дневнике:

,,Кандидат физико-математических наук Ф.В. утверждает, что наше отставание в естественных науках зависит не только от гонений, бездарного подбора руководящих научных кадров и разъединенности русской науки с мировым научным процессом. Главная беда состоит в том, что наш ученый **лишен цельного мировоззрения**. Марксизм — мертвый набор цитат — не наполняет душу ученого, не объясняет сегодняшнего реального мира. Европейское мировоззрение — христианство — с его целостным ощущением человека и четкой этической программой у нас мало кому из молодых ведомо. Духовная разорванность мира мешает постигать даже физику.''

К началу 70-х годов стремление познакомиться с христианством, осознать научные искания свои в системе христианского мировоззрения стало для многих молодых ученых насущным. В Москве появились кружки для изучения Ветхого и Нового завета. Вот запись, которую я сделал для себя, побывав на одном из таких тайных семинаров.

,,...Воскресное утро. Окраина Москвы. Долго бредем между скучных однообразных корпусов-коробок. И вдруг среди бетонно-хрущебной пустыни — оазис. В маленькой, донельзя заваленной книгами и бумагами современной квартирке люди беседуют о Нагорной проповеди. Хозяину квартиры без малого восемьдесят. Философ, историк, он двадцать лет провел в лагерях. Запуган. С улицы в его дом просто так не войдешь, надо иметь рекомендацию от кого-то из хозяйских друзей. Меня привел молодой математик, который занимается в семинаре уже второй год. Учитель сидит в старенькой вязаной кофте и валенках на убогом диване, а перед ним, вокруг покрытого вытертой клеенкой стола, полдюжины слушателей: мужчины и женщины. Средний возраст — 25-30 лет. Математик, метеоролог, психолог и другие неизвестные мне молодые люди сосредоточены и серьезны. Почти все делают записи. На прошлом занятии говорилось о Каббале, до этого об индуизме. Старик читает, держа в белой крупной руке исписанную школьную тетрадку, другой рукой с распяленными пальцами убежденно жестикулирует. Читает он медленно, с долгими паузами. По манере он скорее проповедник, нежели учитель. Монологи его прервать почти невозможно. Он легко впадает в пафос, горячится. Я не сказал бы, что комментарий его к Нагорной проповеди показался мне изощренным или поражал остротой мысли. Зато в его комментарии слышится истинная страсть, подлинная вера. И, очевидно, вера эта более всего и пленяет слушателей. Когда занятия подходили к концу, пришла вторая группа, как я узнал, тоже ученые. Вообще, дознаться, кто здесь кто, — трудно. Слушатели не склонны знакомиться друг с другом и даже не доверяют свои телефоны учителю...''

Итак, глаза страшатся, а руки дело делают: записывают тайные лекции, листают запретные книжки, ибо история и философия религии сейчас самое лакомое блюдо для молодых интеллектуалов России. Число кружков медленно, но неуклонно растет. За москвичами следуют провинциалы, за христианами — иудеи. Впервые за полвека на русской почве нарождается и собственная религиозно-философская литература. Математик член-корреспондент АН СССР пишет речь, смысл которой сводится к тому, что математика самим существованием своим свидетельствует о Боге. Речь широко распространяется в Самиздате. Лингвист-психолог депонирует в Институте информации труд, где напрямик ставит вопрос о том, что познать мир можно, только признав за ним внутреннюю организацию. Не обладающий внутренней организацией мир не дает исследователю оснований для экстраполяции уже прежде сделанных наблюдений, в таком мире нельзя было бы ожидать повторяемых ситуаций. Опыт естествоиспытателей показывает, однако, что окружающему нас миру внутренняя организация присуща. Признав бытие осмысленным, проникнутым внутренним единством и закономерно разворачивающимся, автор приходит к выводу о необходимости совмещать для естествоиспытателя научное мышление и религиозную веру. Таких трудов в обиходе современного советского читателя пока немного, поэтому в России с особенным энтузиазмом был принят проникнутый христианским мировоззрением сборник *Из-под глыб*. Авторы лучших статей этого сборника — Борисов, Шафаревич, Агурский — ученые.

Беседуя в разное время с исследователями об их вере, я смог убедиться в большом разнообразии религиозных представлений: одни веруют в Церковь, другие — в Христа-богочеловека, третьи — Христа-человека. Мне встречались также дзен-буддисты. Но наиболее распространены среди ученых пантеистические настроения, которые один из моих верующих собеседников определил как „предбожие".

Семидесятые годы внесли в жизнь страны еще один новый элемент. Среди ученых, как, впрочем, и среди других групп молодой интеллигенции, начал подниматься вал православия церковного. Для многих вера обратилась в образ жизни. Доктора и кандидаты наук, младшие и старшие научные стали появляться в церкви, причащаться, венчаться церковным браком, крестить детей. Какая часть научного миллиона испытала на себе веяние веры? Опрашивая московских и ленинградских исследователей об их отношении к религии, я, как мне кажется, заметил некоторые закономерности. Наибольшее число обращенных приходится на возраст 25-30 лет. Как правило, равнодушны к вере люди в возрасте между сорока и шестьюдесятью годами. Юный возраст большинства верующих опрокидывает весьма распостраненную у нас в прошлом версию о том, что религия есть не что иное, как попытка стариков спрятаться за веру в страхе перед смертью.

Другая закономерность относится к научному уровню верующих. Френсис Бэкон писал, что малые знания удаляют от Бога, а большие приближают. Корреляция между уровнем научных знаний, научной одаренности и религиозными чувствами несомненно существует. Люди, научно бездарные и тупые, среди неофитов мне почти не попадались. Чуждыми религиозности оказались администраторы от науки, которые, как известно, большой ученостью чаще всего не отличаются. Зато я видел охваченную пламенем восторженного христианства одаренную молодежь. В коллективах юных математиков, физиков, химиков и биологов удавалось наблюдать даже своеобразное метастабильное состояние, при котором достаточно появиться некоей активной точке, чтобы вокруг нее началась кристаллизация религиозных настроений и устремлений. Нередко кристаллизирующим началом оказывается любимый профессор или доцент. Маленькая, в 3-5 человек, ячейка обращенных начинает расти, разбрасывая новые очаги кристаллизации.

Большинство обращенных говорит о вере как о большой радости. Но к радости этой жизнь примешивает немалую толику горечи. Вступив на путь веры, интеллигент знает: отныне на службе его ожидает серия неприятных переживаний. Некоторые из антирелигиозных акций исходят от „любителей'', но есть преследования, строго запланированные государственным аппаратом. Устав высших учебных заведений СССР, например, обязывает преподавателя не только обучать студентов своему предмету, но и воспитывать на лекциях молодежь в духе преданности партии и советской идеологии. Этот параграф администрация пускает в ход всякий раз, когда желает избавиться от верующего лектора. Его обвиняют в неспособности правильно воспитывать студентов и лишают права преподавать. Если ученый не читает лекций, а является чистым исследователем, то его изгоняют из лаборатории с помощью контролируемых начальством публичных конкурсов на замещение должности. По конкурсу верующий пройти не может. Если в церкви замечен студент, то с ним церемонятся еще меньше: верующих студентов выгоняют из института **по просьбе комсомольской организации**. Ныне, однако, власти вознамерились решить вопрос о неуправляемых в науке радикально. В новом Положении ,,О порядке присуждения ученых степеней и присвоения ученых званий'' пункт 24 раздела третьего формулируется следующим образом: ,,Ученые степени могут присуждаться лицам, которые имеют глубокие профессиональные знания и научные достижения в определенной отрасли науки, широкий научный и культурный кругозор, владеют марксистско-ленинской теорией, положительно проявили себя на научной, производственной и общественной работе, следуют нормам коммунистической морали и руководствуются в своих действиях принципами советского патриотизма и пролетарского интернационализма''.[11] Пунк 24 дает, таким образом, парткомам НИИ, Ученым советам и ВАКу возможность не допустить в науку (отказать в защите диссертации) или изгнать из науки (лишить ученой степени) любое нежелательное лицо. Ведь объявить действия верующего или диссидента непатриотичными, несовместимыми с коммунистической моралью или пролетарским интернационализмом — ничего не стоит.

Трудности подстерегают уверовавшего и в частной жизни. Он должен серьезно обдумать, как ему впредь вести себя со своими детьми. Приобщить их к своей вере — значит в значительной степени испортить им биографию: верующих не примут затем в институты, им не позволят получить высшее образование. Большинство известных мне ученых решают для себя этот вопрос бескомпромиссно. Но немало есть и таких, которые не находят в себе мужества не коверкать жизнь детей. Недавно мой друг, доктор философских наук признался мне: „Я не решаюсь рассказать своим детям правду о своем мировоззрении. Я христианин и верую в Христа, но открыть это сыновьям невозможно. Я не хочу вводить их в конфликт с общественной ситуацией. У меня жизнь и без того изломанная, сложная. Сейчас среди молодых интеллигентов сильна тяга к духовности, религии. Буду надеяться, что и мои мальчишки найдут себя на этом пути, что в свой черед и они обратятся к вере...''

Новообращенный христианин-ученый может также ожидать конфликта с теми, с кем совсем еще недавно его соединяли единые, вроде бы, общественные взгляды. Интеллектуалы радикального направления нередко обрушиваются на своего уверовавшего товарища с укорами за то, что тот стал пассивным, терпимым к общественному злу. Я знаю случаи, когда обвинения в оппортунизме привели к разрыву многолетней сердечной дружбы честных и достойных людей. Обвинения в терпимости становятся более понятными, если вспомнить, что в 60-х годах и верующие, и неверующие боролись за свободу совести, свободу слова и человеческого духа в общем строю. Но с тех пор положение изменилось. Став людьми церкви, верующие обратились к исконному опыту взаимоотношения христиан с властью. Христиане предпочитают не предъявлять властям невыполнимых требований. В соответствии со своей верой они склонны большего требовать от самих себя, нежели от других. Когда я спросил христианина ученого-экономиста, как во время моих публичных выступлений мне лучше всего объяснить слушателям их нравственный долг в мире беззакония и террора, он посоветовал мне: ,,Скажи им примерно то, что сказано в Евангелии, — зло в мире было, есть и будет; невозможно, чтобы оно не приходило в мир; человеку же надлежит стараться лишь о том, чтобы зло не приходило в мир через него лично''.

Такую позицию приняли многие христиане-ученые СССР. Значит ли это, что они тем самым лишили себя возможности активно противиться злу, которое подстерегает их подчас в собственной лаборатории? Мне известен ряд случаев, когда, идя своим путем, верующие заявляли твердое ,,нет'' искусителям из штаба управляемой науки. Один такой эпизод произошел в 1974 году.

В июле радиостанция *Голос Америки* передала призыв ученых-биологов США к ученым мира прекратить некоторые эксперименты в области генной инженерии. Биологи писали об опасности, которая возникает при пересадке генов при конструировании организмов с неизвестными прежде качествами. Американцы предлагали созвать международный конгресс исследователей, чтобы договориться о запрещении во всем мире опытов по пересадке генов. Вскоре стало известно, что Академия наук США поддержала эту инициативу. Из гуманных соображений на определенный круг экспериментов генной инженерии был наложен мораторий. Обосновывая этот запрет, исследователи указывали, что опыты по пересадке генов могут, в частности, привести к созданию бактериальной культуры громадной убивающей силы. В руках агрессора такое оружие может оказаться опаснее атомной бомбы.

Прошло два месяца, и из уст уже не американских, а советских биологов я узнал продолжение этой истории. В сентябре 1974 года уже знакомый читателю академик Овчинников созвал в Президиуме Академии группу биологов. Докторов и известных академиков среди приглашенных не было, зато было много молодых кандидатов, а то и просто младших научных без степеней. С чего бы такая честь? Без лишних слов Вице-президент ввел приглашенных в курс дела. Им предлагается испытать свои силы в деле государственной важности. Американцы прекратили работы по созданию сверхмощного бактериологического оружия методами генной инженерии. Надо воспользоваться этой заминкой и форсировать оставленные ими опыты. Для этого создается группа из наиболее способных и работоспособных специалистов разных областей. Кто хочет принять участие в этом проекте? Группа штурма! Этакая морская пехота науки, если хотите! Биологический десант! Парни-молотки! Пускай без степеней! Можно даже евреев пригласить! Денег — навалом! Приборы — какие только надо, в любом количестве! Условие одно — в самые кратчайшие сроки выдать на-гора сверхвирулентную форму вируса или патогенного микроба. Методы генной инженерии в таких опытах дают отличный результат! О своем будущем участникам штурма беспокоиться не придется: получат они в свой черед и ученые степени, и государственные премии, и ордена.

У молодых глаза разгорелись: ведь не кто-то там обещает, а сам Овчинников, вон он какую карьерищу отгрохал себе к сорока годам! С таким — хоть на край света. И только один из приглашенных усомнился в достоинствах плана Вице-президента. Тридцатипятилетний кандидат биологических наук Вячеслав Г. высказался в том смысле, что если два не слишком дружелюбно настроенных друг к другу человека живут в общем деревянном доме и один из двух склонен изобретать спички, то, очевидно, второму лучше подумать о конструировании огнетушителя. Спички с обеих сторон могут только привести к пожару. Иными словами, Вячеслав Г. (с ним мы уже встречались в главе ,,Наука: оброк или барщина?'') деликатно намекнул высокому начальству, что если уж тот непременно хочет иметь дело с генной инженерией, то, может быть, следует использовать эту методику для создания сверхмощных вакцин, профилактических препаратов, которые оберегали бы народ на тот случай, если кто-то где-то за рубежом все-таки попытается раздуть огонь бактериологической войны.

,,Нет, нет, нет!'' — запротестовал академик Овчинников, ,,огнетушитель'' ему не нужен. На ,,огнетушитель'' никто **там наверху** внимания не обратит. Другое дело ,,спички''! Их можно демонстрировать на самом высшем уровне, и начальство, конечно же, оценит такую работу...

Так они и разошлись, не найдя общего языка: технократ-карьерист без Бога в душе и верующий христианин, не пожелавший, чтобы зло в этот мир проходило через него. Можно не сомневаться: академику Овчинникову удалось открыть в системе АН СССР секретную лабораторию, а может быть, даже целый институт для манипуляций с бактериологическим оружием. И даже набрать туда небесталантных мальчиков. Но, по счастью, не все готовы продать свою душу дьяволу. В начале 1976 года отказались заниматься генной инженерией два наиболее талантливых сотрудника Института белка АН СССР. Тридцати- и тридцатипятилетние физики, работающие по теории строения белка, они заявили заведующему своей лабораторией, что отказ их проистекает из соображений морального порядка. Эти двое не христиане, а евреи-иудаисты. Но что из того: подлинная вера всегда — любовь и никогда — убийство.

Я сделал попытку обсудить с московскими и провинциальными исследователями вопрос о взаимоотношении веры и науки. Для того, чтобы получить наиболее разнообразный спектр мнений, подготовил анонимную анкету. Сто экземпляров анкеты мои знакомые ученые роздали своим сослуживцам. Состояла анкета из трех вопросов:

1. Совместимы ли в нынешних условиях вера и научное творчество?

2. Как широко распространены, по Вашему мнению, религиозные настроения среди ученых нашей страны?

3. Как влияет вера ученого на его внутри лабораторную жизнь?

Анкету вручали научным работникам Москвы, Ленинграда, Фрунзе, Краснодара, Таллина и одного из подмосковных научных городков. Ее без разбора давали мужчинам и женщинам любого возраста и должностного положения. Исключение делалось только для заведомых стукачей. Из ста ознакомленных с анкетой отвечать на нее не пожелали 59 человек. Некоторые заявили при этом, что у них нет времени заниматься этими ,,идиотскими'' вопросами. Что же сообщили остальные 41?

Совместимость науки и веры в жизни современного ученого пять анкетируемых решительно отрицало. Двое назвали такое сочетание ,,вероятным''. Тридцать четыре ответили положительно. Вот наиболее интересные ответы.

Доктор философских наук, муж., 43 лет: „Да. Наука и религия вышли из одной точки и резбежались в разные стороны, как бы идя по кругу. Диаметр круга был пройден в XIX-м, начале XX века. Ныне наука и религия сближаются вновь".

Кандидат физ-мат. наук, преподаватель и исследователь в области физики, муж., 36 лет: „Да. Религиозные чувства и наука совместимы двояко. Они могут а) быть непротиворечивыми и взаимно поддерживать друг друга и б) выливаться в двойное сознание. Первое — идеал, к которому необходимо стремиться, второе то, что я очень часто вижу вокруг себя. Это не чисто советская проблема. И даже не научная. Она вытекает из нашей греховности. Для себя лично я не вижу смысла заниматься наукой без веры."

Лаборант с высшим образованием, физико-химик, муж., 27 лет: „Безусловно, если не принимать во внимание политические причины, заставляющие иногда выбирать между верностью Церкви и желанием работать в НИИ."

Доктор медицинских наук, экспериментатор, муж., 42 лет, верующий иудаист: „Да. Ибо Природа и Бог — это то же самое, существующее (или созданное когда-то) очень гармонично и мудро. Наука познает Природу, а религия Бога, что в сущности, одно и то же, хотя и осуществляется это познание разными методами."

Кандидат физ.-мат. наук, логик и психолог, муж., 49 лет: „Господи, помоги мне в неразумии моем, дабы я смог послужить Тебе разумом своим."

Относительно распространения религиозных чувств ответы получены чрезвычайно различные. Из 41 анкетируемого десять ответили: „Не знаю", двенадцать считают, что верующих в СССР мало или даже ничтожно мало. „Ноль процентов в общественных науках" — утверждает один из них.[12] Девятнадцать других попытались выразить число верующих ученых в процентах к научному миллиону. Цифры при этом названы были самые разнообразные: 0,3%, 0,7%, 1-2% (пятнадцать голосов), 5-10% (три голоса), 15% (один голос). Вот некоторые развернутые ответы:

Кандидат физ.-мат. наук, муж., 29 лет: ,,Для молодых более характерны религиозные искания. Более всего религиозные чувства присущи нынешним тридцатилетним'' (о тридцатилетних в этом смысле упоминают многие анкетируемые – автор) .

Старшая лаборантка, биолог, 30 лет: ,,Верующих советских ученых не встречала.''

Лаборант, физико-химик, муж., 27 лет: ,,Процент определить трудно, многие здорово конспирируются.''

Доктор медицинских наук, фармаколог, муж., 46 лет: ,,Надо различать scientists и men of science. Среди первых число верующих во много раз меньше, чем среди вторых. Кроме того, в наше время много людей играет в религиозность, т.к. это повышает их престиж в интеллектуальном обществе. В среднем, не более трети процента несут в себе подлинные религиозные чувства.''

Кандидат филологических наук, лингвист, муж., 37 лет, верующий мусульманин: ,,Если верить атеистам-социологам, то религиозность шире распространена среди малообразованного населения и несколько увеличивается у работников умственного труда. В моем круге знакомых религиозность, как правило, зависит от способности к конформизму и интересу к культуре предков.''

Вопрос о влиянии веры на научное творчество также обнаружил ряд разных точек зрения. Вот наиболее яркие из них.

Доктор биологических наук, иммунолог, муж., 48 лет: ,,Истинная религиозность как высшее духовное явление сообщает научному творчеству духовность, возвышенность, благородство, а самому ученому – чувство высокого духовного долга, которое на него возложено свыше.''

Младший научный сотрудник, без степени, биолог, муж., 30 лет: ,,Только через религиозность, т.е. глубокую веру в истину, лежит путь к фундаментальным открытиям. Религиозность – это, по-видимому, способность к творчеству.''

Кандидат физ.-мат. наук, муж., 42 лет: ,,Способность к творчеству дана немногим и кажется сверхестественной...''

Аспирант-философ, муж., 29 лет: ,,Чем больше творчества, тем больше веры.''

Доктор медицинских наук, экспериментатор, жен., 39 лет: ,,Религиозность положительно влияет на научное творчество, даже если она и построена на идеалистических представлениях о мироздании. Я думаю так оттого, что для прогресса нравственного и технического необходимо наличествование идей и представлений, превышающее нравстенные возможности общества в целом.''

Доктор философских наук, муж,. 43 года: ,,Я согласен с братьями Стругацкими, которые в своей книге *Обитаемый остров* пишут, что ,,совесть определяет цели ученого, а наука, мысль, ум дают средства для достижения этих целей. Религиозные чувства не позволяют мысли избирать дурные цели.''

Доктор медицинских наук, муж., 46 лет: ,,Религиозное чувство прежде всего должно улучшать отношения ученых в коллективе.''

Восемь из 39 анкетируемых уверены в том, что религиозность никак не влияет на научное творчество и внутринаучные отношения, а двое убеждены даже в том, что делать свое профессиональное дело религия ученому мешает. Наконец, есть и два особых мнения, которые также нельзя игнорировать.

Младший научный сотрудник без степени, математик, муж., 29 лет: ,,Сейчас наука пошла в сторону от веры.''

Кандидат физ.-мат. наук, физик-экспериментатор, муж., 36 лет: ,,Иногда (и в наших условиях нередко) наука оказывается полностью отделенной от духовной жизни уверовавшего. Наука становится для него только ремеслом, способом зарабатывать деньги. Духовная жизнь ученого сосредоточивается на вере, и человек начинает тяготиться наукой. Такому разделению способствует наш социальный порядок с его системой преследования верующих.''

...Социологи, возможно, сочтут, что мой опрос организован и проанализирован непрофессионально. Я и сам вижу его несовершенство. Но при всем том опрос этот с несомненностью показывает, что в миллионе, где еще совсем недавно безверие полагали обязательным условием „научной объективности'', а веру считали каким-то ископаемым чудовищем, религиозные чувства завоевывают все новые и новые души. Как и все люди, ученые верят по-разному. Но дары веры всегда одинаково благодетельны: одним она помогает стать добрее к своим коллегам, других подвигает на творческий поиск, третьих, наконец, удерживает от работы в той области, где зло обнаруживает себя в наиболее неприкрытом виде. Интересно, что лучше других истину эту постигают сейчас тридцатилетние. Ровесники Христа, они вступают в возраст самых главных своих свершений.

* * *

В этой книге примерно 350 страниц. Неуправляемым элементам управляемой науки посвящено в ней немногим более 30 страниц. Та же примерно пропорция сохраняется и в жизни между миллионом управляемых и живыми творческими элементами науки. Индекс неуправляемости растет медленно, очень медленно. Трудно представить, чтобы разнородное сообщество верующих, талантливых, сопротивляющихся в ближайшие годы хотя бы удвоило свой состав. Этому мешает не только террор властей, но и то глухое, упорное недоброжелательство, которое рядовые сотрудники УН СССР испытывают к каждому непохожему на них товарищу. Одномиллионная частица управляемой науки духовно чаще всего стоит ближе к партийному чиновнику, нежели к интеллектуальной элите из числа неуправляемых. И все-таки живое живет. Неуправляемые спасают отечественную науку от окончательного распада. И пока они стоят, еще есть надежда: УПРАВЛЯЕМАЯ НАУКА МОЖЕТ СТАТЬ НАУКОЙ ВООБЩЕ.

Москва
Апрель-сентябрь 1976 г.

Примечания

1. В сентябре 1975 года Институт по изучению рака в Нью-Йорке в числе первых пятнадцати иммунологов мира наградил Гарри Израилевича Абелева медалью за чрезвычайно важные исследования по иммунологии опухолевого роста. Руководителям американского ракового центра стоило, однако, больших усилий вручить эту медаль, так как советские власти не выпустили Абелева из страны. Вручение награды состоялось в Москве в мае 1976 года в чрезвычайно скромной обстановке.

2. В прошлом, в силу своего таланта и авторитета, неуправляемыми в той или иной мере заявляли себя физиолог И. П. Павлов, геохимик В. И. Бернадский, физики И. Е. Тамм и П. Л. Капица. Позднее власти утратили возможность управлять по своему усмотрению академиком А. Д. Сахаровым. Но для людей не столь крупных заявить о своей научной независимости значит вступить в рискованный, почти безнадежный конфликт.

3. *Бюллетень Московского общества естествоиспытателей*, 1954 г., т. 59, вып. 4: „Сальтомутации и метаморфозы'', стр. 67 – 79.

4. Там же.

5. Вакцину ввели нескольким тысячам допризывников в городе Гомеле. Все привитые перенесли тяжелейшее заболевание, а несколько десятков юношей оказались на пороге смерти. „Лекарственной эпидемии'' было посвящено спешное совещание Гомельского обкома КПСС. В Москву с жалобой был командирован Главный врач Гомельской санитарно-эпидемиологической станции. В Москве этот врач говорил, что за 30 лет своей работы не встречал препарата, который дал бы при испытании столь плачевные результаты.

6. Г. Геттинг: *Встречи с Альбертом Швейцером*. М. 1967, стр. 98.

7. А. А. Любищев: „Каким быть? (Мое пожелание молодежи). Ответы на вопросы журналиста Р. Е. Романовского, данные 25 мая 1956 г. Подлинник. Семейный архив в Ленинграде.

8. Э. А. Абелева, Г. И. Абелев: „Этика как элемент организации научного труда''. Рукопись. 1972 год.

9. Талантливый биофизик С. Ковалев (родился в 1938 г.), автор 65 научных работ, был обвинен в выпуске подпольной *Хроники текущих событий* и в декабре 1975 г. осужден на 5 лет лагерей строгого режима.

10. „Я думаю, что при статистической проверке среди ученых окажется несколько больше неверующих, чем среди других групп интеллигенции... хотя верующих ученых тоже не так мало''. Чарлз Перси Сноу: *Риддовская речь* 1959 года (= Rede Lecture, 1959: „The two cultures and the scientific revolution''. Цитирую по кн. *Наука и человечество*. Москва, 1970 г., стр. 88).

11. „О порядке присуждения ученых степеней и присвоения ученых званий''. Утверждено Советом Министров СССР 29 декабря 1975 г. за № 1067. Пункт 24, раздел III. См. *Бюллетень Министерства высшего и среднего специального образования СССР*. № 4, 1976, стр. 15. Прописные буквы добавлены М. Поповским.

12. Это неверно — автор.

СОДЕРЖАНИЕ